Python 绘图指南

分形与数据可视化

胡洁 著

電子工業出版社
Publishing House of Electronics Industry
北京•BEIJING

内 容 简 介

Python 是可视化的有力工具，被广泛地应用于科学计算和绘图领域。本书采用 Turtle、Matplotlib、NumPy 这三个 Python 工具，以分形与计算机图像处理的经典算法为例，通过程序和图像帮助读者一步步掌握 Python 绘图和数据可视化的方法和技巧，并且让读者感受到分形的魅力。

本书图文并茂，讲解细致，既是 Python 的绘图指南，也是分形的通俗化读物，适合熟悉 Python 基础知识，对分形和数据可视化感兴趣的 Python 绘图初学者。

图书在版编目（CIP）数据

Python 绘图指南：分形与数据可视化 / 胡洁著. —北京：电子工业出版社，2021.9
ISBN 978-7-121-36954-4

Ⅰ. ①P… Ⅱ. ①胡… Ⅲ. ①软件工具－程序设计－指南②可视化软件－指南
Ⅳ. ①TP311.561-62②TP31-62

中国版本图书馆 CIP 数据核字（2021）第 147416 号

责任编辑：黄爱萍
印　　刷：北京宝隆世纪印刷有限公司
装　　订：北京宝隆世纪印刷有限公司
出版发行：电子工业出版社
　　　　　北京市海淀区万寿路 173 信箱　　　邮编：100036
开　　本：720×1000　1/16　印张：16.5　字数：316.8 千字
版　　次：2021 年 9 月第 1 版
印　　次：2023 年 7 月第 2 次印刷
定　　价：89.00 元

凡所购买电子工业出版社图书有缺损问题，请向购买书店调换。若书店售缺，请与本社发行部联系，联系及邮购电话：（010）88254888，88258888。

质量投诉请发邮件至 zlts@phei.com.cn，盗版侵权举报请发邮件至 dbqq@phei.com.cn。

本书咨询联系方式：（010）51260888-819，faq@phei.com.cn。

前　言

分形与可视化

“云彩不是球体，山岭不是锥体，海岸线不是圆周，树皮并不光滑，闪电更不是沿直线传播的。”

——《大自然的分形几何》

“在计算机学科的分类中，利用人眼的感知能力对数据进行交互的可视表达以增强认知的技术，称为可视化，它将不可见或难以直接显示的数据转化为可感知的图形、符号、颜色、纹理等，增强数据识别效率，传递有效信息。”

——《数据可视化》

人类有一种与生俱来的“语言天赋”，即无须后天的训练和学习就可以流利地解读图像语言。一份数字化报表，人们需要逐条浏览，才能获知报表所记录的情况，但是柱状图可以让人一眼就知晓所传达的信息。一座城市，道路复杂、河流交错、人群聚居，但是只要一张地图，就可以让人快速了解这座城市的物理空间结构和人群分布。一家大型企业，有很多不同职能的部门，工作的细分程度也很高，但是只要一张组织结构图，就可以让人迅速地明了这家企业的层级关系和职责分工。

人眼是一个视觉信号输入处理器，这个处理器可以同时处理大量的信息，同时它具有很强的模式识别能力，可以快速地，甚至潜意识地解读图形、颜色、纹理等图像符号，解读的速度更是远远大于对数字或文本等形式的感知。正是因为人类视觉的这个特点，从文明初始起，人类便开始通过可视化来进行信息的记录、推理和分析，借助图形和图像来研究、探索和传播万事万物的原理和规律。分形理论的发展也是如此。

分形理论也被称为分形几何、大自然的几何学，它是著名数学家本华・曼德勃罗（法语：Benoît B. Mandelbrot）在 1975 年构思和发展出来的一种新的几何学。这种几何学完全不同于经典的欧氏几何，它把自然形态看作具有无限嵌套层次的精细结构，这种结构在不同的尺度下保持着某种相似性。也就是说，局部与整体相似，抑或局部是整体的缩影。分形理论既是科学，也是艺术，它的算法巧妙、图形精美，并且蕴含了深刻的自然哲学思想。这种思想根植于传统文化，在近代以科学实证的方式得到了充足的发展，被广泛地应用于各行各业。有兴趣的读者可参看附录 A 关于分形的介绍。

分形理论在发展的过程中，同样应用了可视化技术。科学家们建立模型，在计算机上进行各种实验，然后将实验数据可视化，并在形成图形和图像的过程中捕获和探索大自然各种形态的奥秘。在本书中，我们将采用 Python 绘图工具还原分形理论的这些计算机实验及可视化的过程。

Python 绘图

Python 是一门免费、开源的高级编程语言，有着简洁、易读、灵活、易维护和模块化的优良特性，并且可以轻松地与其他编程语言及软件集成。同时，Python 有着丰富的第三方工具库，其中的可视化工具既有基础的 Matplotlib，也有复杂的 Seaborn、Bokeh，这些工具的使用非常简便，代码可复用、可交互，是实现可视化的强大助力。跟其他数据可视化工具相比，Python 的优势如下。

- 对比 Excel。Python 绘图无须按照步骤手工一步一步地操作，而是如同记事本写文章一样，只需要输入几行代码，便可以调用数据，生成各式图表，并且可以复用。Python 作为一门编程语言，其绘图更灵活、更自由，可以画出 Excel 不具备的图表及各种特殊效果，比如自定义的可视化交互、动画、颜色渲染等。使用 Excel 最大的局限在于数据量不能太多，一旦数据量过多，计算机内存占用负荷就会升高，图形生成的效率就会降低，从而容易导致错误，但想要找出错误的原因也并不是一件容易的事。Python 擅长科学计算，因此更适合对大量数据进行处理和可视化，生成图形的效率也更高，同时，其简洁、清晰的代码风格也使得修改和定位错误更加容易。

- 对比 R 语言。R 语言是一种用于统计分析和绘图的语言，该语言的语法在表面上类似 C 语言，但在语义上是函数设计语言的变种。相比 Python，R 语言更适合科研绘图，其更专业也更难学习。而 Python 是一种代表简单主义思想的语言，其安装配置步骤简单，对于普通人来说，更容易学习和使用。学习 Python 绘图，只需要熟悉 Python 的一些基础知识，就能生成各种数据统计图表，并不需要太高的学习成本。
- 对比 SAS 软件。SAS 是由美国 North Carolina 州立大学于 1966 年开发的统计分析软件。SAS 把数据存取、管理、分析和展现有机地融为了一体。SAS 作为一个专业的商业软件，功能强大，统计方法齐、全、新，但是它的安装步骤复杂、价格昂贵，同时也需要用户具备一定的编程基础。对于不需要太复杂的统计分析，只要求对数据进行计算处理并生成常用数据统计图的普通用户来说，使用 SAS 软件的代价实在太高。而 Python 小巧、免费、灵活、多功能，更能符合普通用户的需求。

本书采用的 Python 工具为 Turtle、Matplotlib 和 NumPy，其中从 Turtle 模块开始入门，逐步过渡到专业级的 Matplotlib 库和 NumPy 库。Matplotlib 库是比较底层的 Python 可视化第三方库，有着可定制性强、图表资源丰富、简单易用、达到专业级别的特点。在 Python 中有许多可用于数据可视化的库，但大多数库都是基于 Matplotlib 库进行开发封装的，所以，学习 Python 数据可视化，就必须学习 Matplotlib 库。Matplotlib 库非常灵活，几乎可以生成任何类型的图形，无论是简笔画、艺术图还是数据统计图，都可以完美生成。

本书主要内容

本书采用 Turtle、Matplotlib、NumPy 这三个 Python 工具，以分形与计算机图像处理的经典算法为例，通过程序和图像帮助读者一步步地掌握 Python 绘图和数据可视化的方法和技巧，并且让读者感受到分形的魅力。

本书共分 9 章，主要内容如下。

第 1 章：海岸线有多长。采用 Python 自带的 Turtle 模块，探讨了海岸线的特点，并用科赫曲线在计算机上模拟了海岸线。这一章是分形和 Python 绘图的入门章节。

第 2 章：基因与生成元算法。采用 Turtle 模块探讨了生成元算法，并分析和展示了多个生成元的实例。

第 3 章：植物算法之美。从 Turtle 模块过渡到专业级的 Matplotlib 绘图库，探讨了 L 文法系统，并分析和展示了该系统所生成的多个分形图和植物形态模拟。这一章主要介绍 Matplotlib 绘图库从安装到具体使用的一系列基础知识。

第 4 章：凝聚、凝聚、凝聚。采用 Matplotlib 绘图库和 NumPy 库，探讨了扩散有限凝聚模型，并分析和展示了多个凝聚体。这一章主要介绍随机数、NumPy 库及 Matplotlib 库中的几个绘图函数。

第 5 章：拼贴与显影。采用 Matplotlib 绘图库和 NumPy 库，探讨了迭代函数系统，并分析和展示了多个 IFS 分形图和拼贴图。这一章主要介绍画布上的其他元素：标题、网格、x 和 y 轴标签、刻度、文本、注释、图例等。

第 6 章：优雅的曲线。采用 Matplotlib 绘图库和 NumPy 库，探讨了潜藏在螺旋背后的规律，并分析和展示了多个规律和图形。这一章主要介绍子图、极坐标及 LaTeX 排版系统。

第 7 章：奇异瑰丽的图案。采用 Matplotlib 绘图库和 NumPy 库，探讨了曼德勃罗集和朱利亚集，并分析和展示了曼德勃罗图形和多个朱利亚图形。这一章主要介绍网格坐标矩阵和 NumPy 库的相关函数，以及 Matplotlib 库的 Imshow 函数、事件处理和自定义 Colormap。

第 8 章：生命的迭代演化。采用 Matplotlib 绘图库和 NumPy 库，探讨了细胞自动机和生命游戏，并分析和展示了多种生命细胞分布图。这一章主要介绍动态演示图像和动画，以及 Matplotlib 库的 Animation 模块。

第 9 章：股票交割单数据可视化案例。这一章包含了一个完整的数据可视化项目案例，给读者提供了一个系统化的参考样本。

配套资源

本书在表述上尽可能地不使用数学公式，书中除截图外的所有图形均由 Python 编程自动生成。图形的源码均在配套资源各章目录下，源码的下载地址为：http://www.broadview.com.cn/××××。书中使用的源码和数据文件会在相关章节提示读者其文件位置。

目　录

第 1 章

海岸线有多长

本章绘图要点如下。

✧ Turtle 模块：Turtle 模块是 Python 标准库自带的模块，可用来绘制二维图形。该模块封装了底层的数据处理逻辑，向外提供更符合手工绘图习惯的接口函数，适用于绘制对质量、精度要求不高的图形。

✧ 递归：当所绘制的图形需要进行多次嵌套重复计算时，可采用递归策略降低程序的复杂性，减少程序的代码。

1.1 海岸线

独上高原，眺望沧海，海洋与陆地之间，蜿蜒而行的海岸线有多长呢？这个问题似乎很简单。按照传统的几何和数学观点，有形状的东西应该都可以被测量。例如，我们可以通过尺子来测量方桌的长和宽，从而计算它的周长。海岸线虽曲折，但只要测量足够精确，就可以得到一个具体的长度，但是问题在于，当用不同的度量标准来测量时，每次都会得出完全不同的结果。测量单位越小，测量出的海岸线长度就会越长。当以 1km 为单位测量海岸线时，近似长度短于 1km 的迂回曲线就会被忽略掉，而当以 1m 为单位测量海岸线时，则能测量出这些被忽略掉的迂回曲线，测出的海岸线长度将会更长。以此类推，测量单位越小，测得的海岸线越长，但海岸线长度并不会趋近一个确定的值，而是会无限地增大，所以海岸线的长度是不确定的，或者说在一定意义上海岸线的长度是无穷大的。

为什么会这样呢？因为作为海洋与陆地的分界线，海岸线的形状是极不规则、极不光滑的。海岸线由无数的曲线组成，假设我们用一把固定长度的直尺，例如米尺来测量，海岸线上两点之间小于 1m 的曲线，就只能用直线来近似地表示，因此测得的长度肯定是不精确的。即使用更短的尺子来测量，同样也无法测量到更细短的曲线。哪怕我们有一把 1nm 长（1nm 大约是 1m 的 10 亿分之一）的尺子，情况依旧如此。“长度”这样的度量方式，也许并不适合海岸线这类不规则的图形。

海岸线虽然很复杂，但是有着一个重要的性质——自相似性，即海岸线的任意一部分都包含着与整体相同或相似的细节。如果将一段海岸线的曲线放大，我们会发现，这部分被放大的曲线（我们称之为 A 曲线）的形状与更大范围内的海岸线的形状惊人地相似。如果继续放大 A 曲线中更小的一段曲线（我们称之为 B 曲线），那么 B 曲线的形状又与 A 曲线的形状非常相似。换句话说，任意一段海岸线的形状都像整个海岸线按比例缩小的形状。

1.2 科赫（Koch）曲线

科赫曲线是瑞典数学家科赫在 1904 年提出的一种不规则的几何图形。它的生成方法是把一条直线等分成三段，将中间的一段用夹角为 60° 的两条等长折线替代，形成一个生成元，然后把每条直线段都用生成元进行替换，经过多次替换、迭代，就会呈现一条弯曲、复杂的科赫曲线。可以在计算机上生成科赫曲线来模拟海岸线。

打开本书配套资源第 1 章中的“科赫曲线.py”文件，将其中的迭代次数 n 分别改为 1、2、3、6，运行程序即可分别得到科赫曲线第一次迭代、第二次迭代、第三次迭代及第六次迭代的图形，分别如图 1-1 ~ 图 1-4 所示。

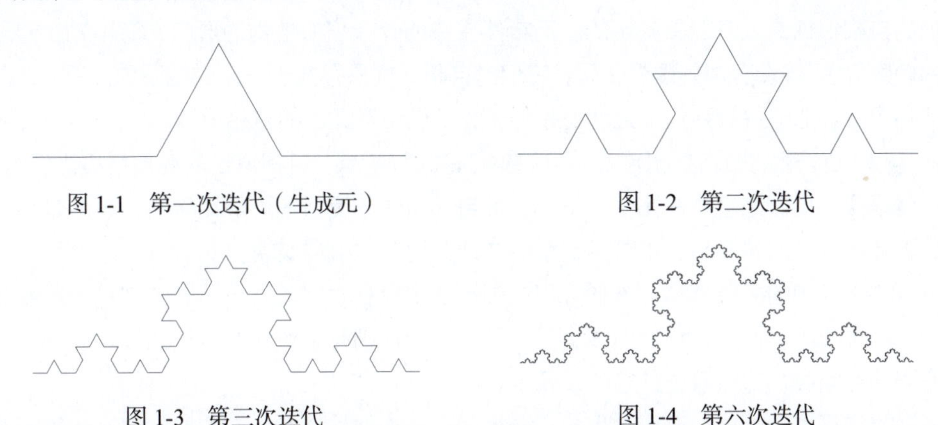

图 1-1　第一次迭代（生成元）

图 1-2　第二次迭代

图 1-3　第三次迭代

图 1-4　第六次迭代

可以看到，多次迭代后的科赫曲线是由无数的曲线组成的。科赫曲线和海岸线一样，具有同样的特征，即局部与整体相似，也就是说，局部是整体的缩影。科赫曲线是经典的分形图形之一，也是现实世界中很多结构的理想模型，比如海岸线和动脉等。

1.3　分形的特性

分形几何研究自然界中破碎的、不光滑的、不规则的形状，与经典的欧氏几何大致有以下区别。

（1）分形曲线上都是拐点，是不光滑的，无论在哪个区间；欧氏几何的图形一般在某个区间都是光滑的。

（2）从数学角度来看分形，分形可以无限地迭代下去，所以它的层次是无限的；欧氏几何的层次是有限的。

（3）分形强调局部与整体的关系，欧氏几何不强调局部与整体的关系。

（4）简单的规则往往可以生成复杂的分形图形；欧氏几何的图形则不同，仅有复杂的规则才能生成复杂的图形。

总的来说，分形几何一般具有以下特性。

（1）自相似性。自相似性指的是局部与整体相似，局部是整体的缩影。例如，科赫曲线可以看成是由许多大小不一的生成元所组成的，局部与整体之间，除尺度不同以外，其他都是相同的，整体的形状也和生成元相似。数学中的分形，比如科赫曲线，虽然可以用来模拟自然界中的分形（比如海岸线），但是两者之间还是有所区别的。数学中的分形是理想化的，是对自然事物形态的一种抽象，可以无限次地迭代，所以它们的自相似性是没有范围限定的。而自然界中的分形（如植物的形态、海岸线、云彩的轮廓等），就没有那么理想化了，它们的自相似性只存在于一定的范围内。所以，自然界中的分形一般被称作“近似自相似”或“统计意义上的自相似”。

（2）自仿射性。自仿射性是对自相似性的一种扩展。自相似性的变换是等比例的，也就是说，局部是整体等比例的缩小；而自仿射性的变换是不等比例的，也就是局部是整体不等比例的缩小。本书第 5 章会详细介绍自仿射性变换。

（3）精细的多层结构。分形几何的图形是由形状相似、大小不同的结构一层嵌套一层而组成的。例如，科赫曲线就是按照一定的规则无限迭代而成的曲线，它存在于有限的空间内，却随着迭代趋向于无限长。

（4）可以用简单的迭代法生成。分形图形反映的是自然形态的复杂性，这类图形无法用传统的数学方法来描述，比如海岸线，但是却可以采用简单的迭代法来生成。

（5）无法用标度来测量。标度是指计量单位的定标，比如米、分米、毫米、微米等。分形这类的不规则图形是没有确定标度的，比如不能用“长度”来对海岸线进行测量。分形的本质就是标度变化下的不变性，只能采用另一种方式来测量，这就是分形维数。分形维数可用来体现分形的基本特征。本书第 3 章将详细介绍分形维数。

1.4 算法

我们可以在计算机上使用以下方法递归生成科赫曲线的生成元。

首先，将线段 *AB* 三等分，描画完第一个三分之一长度 *AC* 线段后，将画笔按逆时针方向旋转 60°，接着描画三分之一长度 *CD* 线段，再按顺时针方向旋转 120°，描画三分之一长度 *DE* 线段，最后按逆时针方向旋转 60°，描画最后三分之一长度 *EB* 线段，如图 1-5 所示。

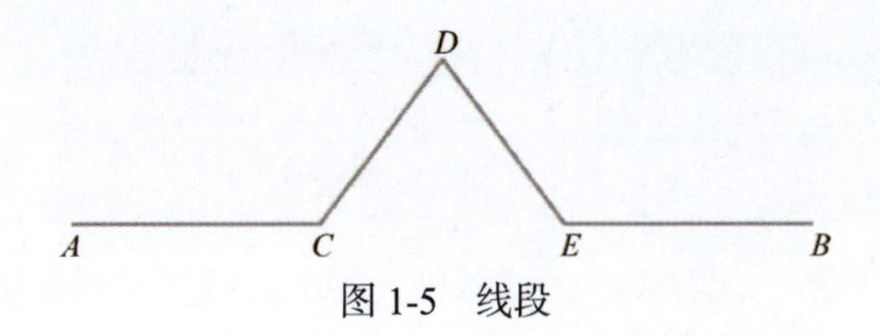

图 1-5　线段

具体步骤如下：

（1）假设线段 AB 初始长度为 L，将线段 AB 三等分，每段的长度均为 $L/3$，即线段 AC、CD、DE、CE、EB 的长度是相同的，都为 $L/3$；

（2）起始点为 A 点，画笔在 A 点的方向角度为 0，也就是水平向右的方向；

（3）画笔从 A 点开始，向前描画 $L/3$ 长度到达 C 点；

（4）在 C 点上，将画笔按逆时针方向（也就是向左）旋转 60°，此时，画笔在 C 点的方向角度为 60°，即与水平夹角为 60°；

（5）画笔从 C 点开始向前描画 $L/3$ 长度，到达 D 点；

（6）在 D 点上，将画笔按顺时针方向（也就是向右）旋转 120°，此时，画笔在 D 点的方向角度为-60°，即与水平向下的夹角为 60°；

（7）画笔从 D 点开始向前描画 $L/3$ 长度，到达 E 点；

（8）在 E 点上，将画笔按逆时针方向（也就是向左）旋转 60°，此时，画笔在 E 点的方向夹角为 0，即水平向右的方向；

（9）画笔从 E 点开始向前描画 $L/3$ 长度，到达结束点 B 点。

1.5　科赫曲线.py 源码

```
# 导入模块
import turtle

# 恢复海龟状态到 p 点
def restore(p):
    turtle.penup()                      # 抬起海龟画笔
    turtle.setpos(p[0],p[1])            # 画笔移动到 p 点
    turtle.pendown()                    # 放下画笔
    turtle.seth(p[2])                   # 设置海龟画笔的方向

# 获取海龟当前点状态
def get_point():
```

```
    x,y = turtle.pos()                     # 获取海龟的位置
    d = turtle.heading()                   # 获取海龟的方向
    return (x,y,d)                         # 返回海龟状态

# 生成器函数，A 为起始点，B 为结束点，L 为线段 AB 的长度，n 为递归次数
def Generator(A,B,L,n):
    if n == 1:
        # 绘制图形
        restore(A)                         # 恢复海龟状态到 A 点
        turtle.forward(L/3)                # 画笔向前移动 L/3 距离
        turtle.left(60)                    # 画笔方向向左旋转 60°（也就是逆时针旋转）
        turtle.forward(L/3)
        turtle.right(120)                  # 向右旋转 120°（也就是顺时针旋转）
        turtle.forward(L/3)
        turtle.left(60)
        turtle.setpos(B[0],B[1])           # 移动到 B 点，并画线
    else:
        # 获取中间点 C、D、E 的位置和方向，不显示图形
        restore(A)                         # 恢复海龟状态到 A 点
        turtle.pencolor((59,209,207))      # 画笔颜色和背景色相同
        turtle.forward(L/3)
        turtle.left(60)
        C = get_point()                    # 获取 C 点的海龟状态
        turtle.forward(L/3)
        turtle.right(120)
        D = get_point()                    # 获取 D 点的海龟状态
        turtle.forward(L/3)
        turtle.left(60)
        E = get_point()                    # 获取 E 点的海龟状态
        turtle.pencolor('white')           # 将画笔颜色设置为白色

        # 递归调用生成器，使用生成元替换线段 AC、CD、DE、EB
        Generator(A,C,L/3,n-1)
        Generator(C,D,L/3,n-1)
        Generator(D,E,L/3,n-1)
        Generator(E,B,L/3,n-1)

    return True

# 开始主程序
```

```
if __name__ == '__main__':
    # 隐藏画笔形状
    turtle.hideturtle()
    # 设置颜色模式为 RGB
    turtle.colormode(255)
    # 设置背景色为海蓝色
    turtle.bgcolor((59,209,207))
    # 设置画笔颜色为白色
    turtle.pencolor('white')
    # 设置画笔大小
    turtle.pensize(2)

    # 设置初始值
    A = (-450,0,0)                     # 线段的起点
    B = (450,0,0)                      # 线段的终点
    L = 900                            # 线段的长度
    n = 6                              # 迭代次数

    # 生成科赫曲线
    restore(A)                         # 恢复海龟状态到 A 点
    Generator(A,B,L,n)                 # 调用生成器函数绘制图形
```

迭代次数 *n* 为 6，运行结果如图 1-6 所示。

图 1-6　科赫曲线彩图

1.6　源码剖析

1.6.1　Turtle 模块

Turtle 模块是 Python 标准库自带的一个模块，用于绘制二维图形。在使用 Turtle 模块之前，需要使用 import turtle 语句导入该模块。

Turtle 在英文中的含义是海龟，可以想象一下：在画布的中间，有一只海龟四处行走，走过的痕迹就被绘制成了图形。在画布中，海龟的位置是以二维笛卡儿坐标的方式来确定的，也就是 *xy* 轴坐标，如图 1-7 所示。

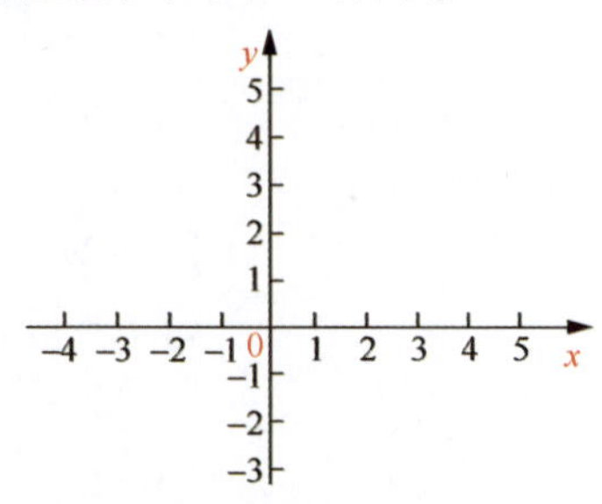

图 1-7 *xy* 轴坐标

海龟的初始位置在原点(0,0)处。海龟的状态除位置外，还有方向，方向以与水平的角度来确定，逆时针的角度为正数，顺时针的角度为负数。海龟的初始位置在原点上，初始方向为 0，也就是在原点上，向右朝向 *x* 正轴。

所以，海龟的状态可以用一个三元组（*x,y,d*）来表示，*x* 和 *y* 分别代表横坐标和纵坐标，*d* 代表方向。第 1.5 节科赫曲线.py 源码中主程序里的语句：

```
A = (-450,0,0)      # 线段的起点
B = (450,0,0)       # 线段的终点
```

分别用三元组（*x,y,d*）来表示海龟在 *A* 点和 *B* 点的状态。在 *A* 点，海龟的横坐标为−450，纵坐标为 0，方向为 0，即水平向右。而在 *B* 点，海龟的横坐标为 450，纵坐标为 0，方向为 0，即水平向右。海龟在 *AB* 之间的中间点 *C*、*D*、*E* 上的状态也同样是一个三元组。

下面列出了“科赫曲线.py”源码中所用到的 Turtle 模块的函数：

```
turtle.hideturtle()  # 海龟画笔是有形状的，如果只想看到绘制的图形，可以使用该函数把
                       画笔的形状隐藏起来
turtle.setpos(x,y)   # 移动海龟到指定位置，
```

使用 Turtle.setpos(x,y)改变海龟的位置，在默认情况下会在画布上留下痕迹，也就是一条直线。要想不留痕迹，就必须把海龟画笔抬起来，函数是 Turtle.penup，到达指定位置后，把画笔放下来，函数是 Turtle.pendown。

```
turtle.seth(angle)# 海龟方向旋转 angle 度，这个角度是相对于水平 x 正轴的，和海龟当前
的方向无关。angle 为正数，逆时针旋转；angle 为负数，顺时针旋转
turtle.pos() # 获取海龟的坐标位置
```

```
turtle.heading() # 获取海龟的方向
turtle.pensize(width) # 指定画笔的大小，参数 width 为一个正整数
turtle.pencolor(color)# 指定画笔的颜色
turtle.bgcolor(color) # 指定画布背景的颜色
```

Pencolor 和 Bgcolor 函数的参数 color 可以是字符串，如“red”“yellow”“white”等，也可以是一个 RGB 数字，如（255,255,0）。注意，在使用 RGB 数字前，必须调用 Colormode 函数指定颜色的模式：

```
turtle.colormode(255) # 指定颜色的色彩取值范围为 0～255 的整数
turtle.forward(distance) #画笔向前移动 distance 距离
# 海龟的方向向左（也就是逆时针）旋转 angle 度，这个角度是相对于海龟当前方向的
turtle.left(angle)
# 海龟的方向向右（也就是顺时针）旋转 angle 度，这个角度是相对于海龟当前方向的
 turtle.right(angle)
```

可以使用 Python 自带的帮助文件来查看模块函数的具体说明。帮助文件打开的方式：单击“开始”按钮，选择【所有程序】→【Python 3.6】 →【Python 3.6 Manuals (32-bit)】，显示窗口如图 1-8 所示。

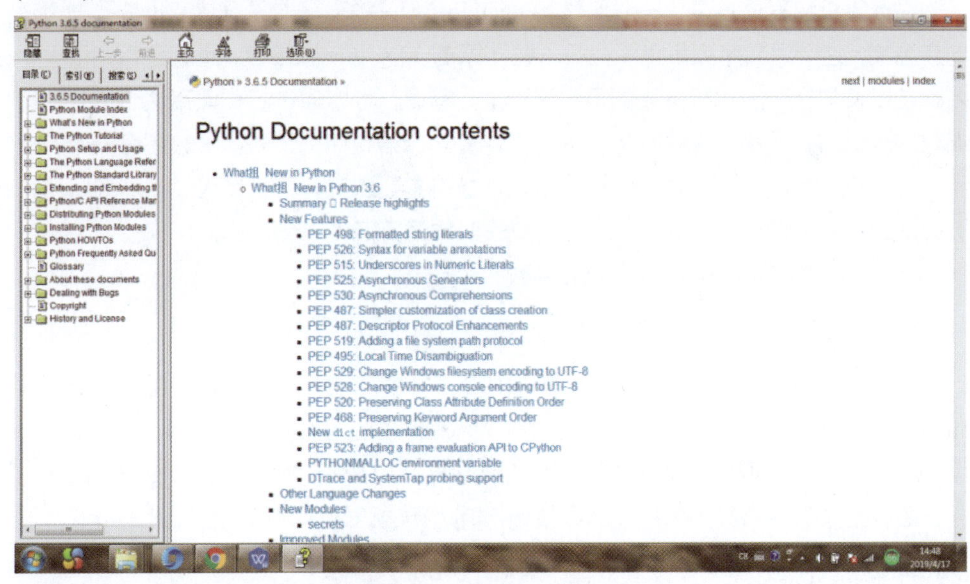

图 1-8　Python 显示窗口

单击“索引”按钮，在输入框中输入“turtle”，在下拉列表中选择“turtle (module)”，如图 1-9 所示。

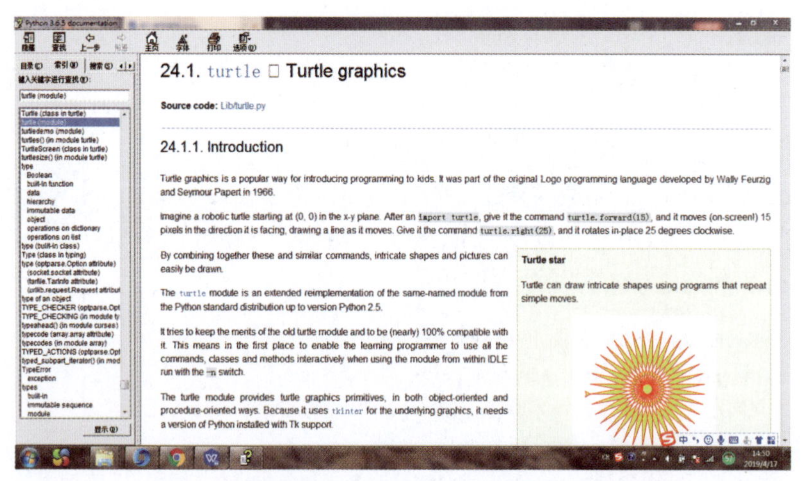

图 1-9　在下拉列表中选择“turtle (module)”

窗口右边的文档中包含了 Turtle 模块所有函数的说明和示例。

1.6.2　函数

在计算机编程语言中，一个函数（Function）用来命名一个子程序（也就是一个语句序列集，这个语句序列集用于执行一些计算）。定义了一个函数，也就是指定了一个名称，以及与这个名称相关联的语句序列集。稍后，可以通过名称调用这个函数，即调用这个语句序列集，来执行相关的一些计算。除语句序列集外，函数还有一个入口和一个出口，可以在入口输入一些参数，就像将参数放进一个机器里，然后进行一系列处理，再从出口输出一个成品，这个成品叫作返回值（return value）。

比如，以下 Turtle 模块中的 Left 函数：

```
turtle.left(angle)
```

这个函数的名称为 Left，括号里是它的输入参数，即角度 angle。该函数接收参数 angle，进行处理后返回的结果（即返回值）为海龟改变了方向后的状态，即一个三元组（x,y,d+angle）。调用这个函数后，海龟的方向向左（即逆时针）旋转 angle 度。

函数定义包括函数的名称及函数被调用时运行的语句序列集，定义方式如下：

```
def restore(p):
    语句序列集
```

def 是一个关键字，表示这是一个函数定义，函数的名称为 Restore，接收的参数为 p。函数的第一行叫作 header（头），其余部分叫作 body（体）。header 以一个冒号

（:）结束，body 可以包含任意数量的语句。

把一个复杂的程序分割、打包成函数，主要有以下几个好处。

（1）通过自定义一个函数，可以命名一组语句，这样能使程序更易于阅读。

（2）重复的代码可以包装在一个函数中。一个函数只要编写一次，调试成功后，就可以重复使用在单个或多个程序中。如果稍后需要修改，也只需要在一个地方（函数定义的地方）修改。

（3）一个复杂的程序被分割成几个简短的函数后，就可以对每个函数单独进行调试，调试成功后，再组合成一个完整的程序。这样方便调试，也容易定位错误。

在“科赫曲线.py”源码中，自定义了三个函数，分别为 Restore(*p*)、Get_point 和 Generator(*A*,*B*,*L*,*n*)，具体介绍如下。

（1）函数 Restore(*p*)可以将海龟的当前状态设置为参数所指定的状态。该函数只有一个输入参数 *p*，为海龟的一个状态，即一个三元组（*x*,*y*,*d*），*x* 和 *y* 分别代表横坐标和纵坐标，*d* 代表方向。该函数没有返回值。

（2）函数 Get_point 用来获取海龟当前的状态。该函数没有输入参数，但是有返回值，即一个三元组（*x*,*y*,*d*）。

（3）函数 Generator 用来在主程序中生成科赫曲线。Generator(A,B,*L*,*n*)函数包含 4 个输入参数：*A* 为起始点海龟的状态，也就是一个三元组（*x*,*y*,*d*）；*B* 为结束点海龟的状态，也是一个三元组；*L* 为线段 *AB* 的长度；*n* 为递归次数。该函数的返回值是 True，这个返回值只代表绘图完成，并没有太大的意义。可以看到，在主程序中，*A*、*B*、*L*、*n* 分别被赋值，并作为参数传递给 Generator 函数，Generator 函数根据参数值采用递归的方式自动绘制科赫曲线。

1.6.3　递归算法

“科赫曲线.py”源码中的 Generator 函数使用递归算法生成科赫曲线。递归（Recursion）是计算机编程的一种基本算法，指的是在函数所包含的语句序列集中调用自身的一种方法。递归采用的策略：先由上往下，原问题层层分解成子问题；再由下往上，子问题层层解决，直至最终解决原问题。所以，只需要用少量的程序就可以描述复杂问题的解题过程，程序的代码量和复杂度都会大大地减少。

构成递归所需要具备的条件如下。

（1）子问题的定义应该和原问题的定义一样，也就是子问题是原问题的简化和缩小。

（2）递归必须有一个出口，不能无限循环，也就是必须有一个终点，在这个终点，运行完成后就会退出程序。

也就是说，递归是有去有回的。“有去”指的是递归问题可以层层分解成子问题，这些子问题的定义与原问题的定义相同，都可以采用相同的方法来解决。“有回”指的是问题的分解不会无休止，而是会到达一个终点，从这个终点开始，问题不再分解，而是逐步解决，下层的问题解决了，上一层的问题也能解决，如此顺着原路返回，直到返回原点，将原问题解决。

下面举一个耳熟能详的递归故事。

“从前有座山，山里有座庙，庙里有一个老和尚和一个小和尚，小和尚要老和尚讲故事，老和尚说从前有座山，山里有座庙，庙里有一个老和尚和一个小和尚，小和尚要老和尚讲故事，老和尚说从前有座山，山里有座庙………”

这个故事里显示了三层嵌套，每一层的“老和尚”和“小和尚”实际上是不同的，可以说，第二层的“老和尚”和“小和尚”是第一层故事里的人物，可以看成是第一层人物的缩小版，同样，第三层的“老和尚”和“小和尚”又是第二层故事里的人物。如果这个故事继续讲下去，就会无限循环，但是这并不是递归。递归不能无休止地调用自身，必须在某一个点“小和尚不要老和尚讲故事了”，事件终止退出这个子故事，这个子故事导致上一层的子故事终止退出，如此顺着原路返回，直到返回开始的故事，将开始的故事终止退出。

自相似性本身就是一种递归，所以可以采用递归算法来生成分形图形。我们来看一下源码中的 Generator 函数，在这个函数的定义中 4 次调用了自身，具体如下。

```
# 生成器函数，A 为起始点，B 为结束点，L 为线段 AB 的长度，n 为递归次数
def Generator(A,B,L,n):
    if n == 1:
        # 绘制图形
        restore(A)                 # 恢复海龟状态到 A 点
        turtle.forward(L/3)        # 画笔向前移动 L/3 距离
        turtle.left(60)            # 画笔方向向左旋转 60° （也就是逆时针旋转）
        turtle.forward(L/3)
        turtle.right(120)          # 向右旋转 120° （也就是顺时针旋转）
        turtle.forward(L/3)
        turtle.left(60)
        turtle.setpos(B[0],B[1])   # 移动到 B 点并画线
    else:
        # 获取中间点 C、D、E 的位置和方向，不显示图形
        restore(A)
        turtle.pencolor((59,209,207))      # 画笔颜色和背景色相同
```

```
        turtle.forward(L/3)
        turtle.left(60)
        C = get_point()
        turtle.forward(L/3)
        turtle.right(120)
        D = get_point()
        turtle.forward(L/3)
        turtle.left(60)
        E = get_point()
        turtle.pencolor('white')        # 将画笔颜色设置为白色

        # 递归调用生成器，使用生成元替换线段 AC、CD、DE、EB
        Generator(A,C,L/3,n-1)
        Generator(C,D,L/3,n-1)
        Generator(D,E,L/3,n-1)
        Generator(E,B,L/3,n-1)
    return True
```

Generator 函数就是一个 if...else 语句，n 为迭代次数，当 n 不为 1 时，Generator(A,B,L,n)会获取线段 AB 之间的中间点 C、D、E 的海龟状态，按着绘图顺序在缩小了三分之一的线段 AC、CD、DE、EB 上调用 Generator 函数，迭代次数减 1；接下来，如果 n 还是不为 1，那么 Generator($A,C,L/3,n$-1)会获取线段 AC 之间的中间点 C_1、D_1、E_1 的海龟状态，按着绘图顺序在缩小了九分之一的线段 AC_1、C_1D_1、D_1E_1、E_1C 上调用 Generator 函数，迭代次数减 1；然后是 Generator($C,D,L/3,n$-1)、Generator($D,E,L/3,n$-1)、Generator($E,B,L/3,n$-1)。如此下去，直到迭代次数为 1。而当 n 为 1 时就到达了这个递归的终点，只有在这个终点的时候，才会实际地绘制图形。

Turtle 模块封装了底层的数据处理逻辑，为了不在程序中包含太多的数学计算，使程序看起来更简单，在程序中采用了一种笨办法来获取中间点 C、D、E 的海龟状态，也就是用和背景色颜色相同的画笔在画布上画一遍生成元，在绘图过程中获取中间点的海龟状态并进行保存，最后将画笔颜色恢复原样。

下面，在纸上运行一下函数 Generator(A,B,L,n)以帮助理解。

假设 n 为 2，因为 n 不等于 1，所以 Generator(A,B,L,2)执行 else 子句：获取中间点 C、D、E 的位置和方向，不显示图形。然后 4 次调用自身：

调用函数 Generator($A,C,L/3,n$-1)，$n = 2-1 = 1$，执行 if 子句恢复海龟状态到 A 点，绘制 AC 段图形，Generator($A,C,L/3,n$-1)终止，返回上层，继续执行函数 Generator(A,B,L,2)。

函数 Generator(*A*,*B*,*L*,2)继续调用函数 Generator(*C*,*D*,*L*/3,*n*-1)，*n* 等于 1，执行 if 子句恢复海龟状态到 *C* 点，绘制 *CD* 段图形，Generator(*C*,*D*,*L*/3,*n*-1)终止，返回上层，继续执行函数 Generator(*A*,*B*,*L*,2)。

函数 Generator(*A*,*B*,*L*,2)继续调用函数 Generator(*D*,*E*,*L*/3,1)，*n* 等于 1，执行 if 子句恢复海龟状态到 *D* 点，绘制 *DE* 段图形，Generator(*D*,*E*,*L*/3,1)终止，返回上层，继续执行函数 Generator(*A*,*B*,*L*,2)。

函数 Generator(*A*,*B*,*L*,2)继续调用函数 Generator(*E*,*B*,*L*/3,1)，*n* 等于 1，执行 if 子句恢复海龟状态到 *E* 点，绘制 *EB* 段图形，Generator(*E*,*B*,*L*/3,1)终止，返回上层，继续执行函数 Generator(*A*,*B*,*L*,2)。

函数 Generator(*A*,*B*,*L*,2)没有执行语句了，结束。

1.7 数据可视化 Tips

1.7.1 数据

1. 数据的定义

什么是数据？下面是关于数据的两种定义。

“数据（Data）是事实或观察的结果，是对客观事物的逻辑归纳，是用于表示客观事物的未经加工的原始素材。”

“数据是指对客观事件进行记录并可以鉴别的符号，是对客观事物的性质、状态及相互关系等进行记载的物理符号或这些物理符号的组合。它是可识别的、抽象的符号。”

在现实世界中，数据无处不在，我们生活在一个处处都是“数据”的时代。一个数据不仅是数字，而且是现实世界的一个记录、一个快照。

比如，在网上购物，何人、何时、何地购买了何物，这些是数据；证券交易，哪一个资金账户，在什么时候交易了什么股票，这些是数据；一个电话，传输的声音信号、通话的时长、通话的时间，这些是数据；一张照片，由大量的图像像素组成，这张照片的某个位置的某个像素是什么颜色，这些是数据，更重要的是，这张照片还包含了 5W 数据，即谁（Who）、什么时候（When）、什么地点（Where）、做了什么（What）及为什么（Why）。这些数据中包含了大量的信息。

所以，数据是对现实世界的一种简化、一种抽象的表达。那么，数据和我们之间是怎样的关系呢？又是如何影响我们的呢？

我们和数据之间是一个双向的关系。我们在使用数据的同时，也是数据海洋中的一部分。我们每天的活动，如发送微信、接打电话、地图导航、搜索信息、上传视频、发博文、查看物流信息、订外卖、收快递、打出租车等，这些交互行为创造了批量的数据。这些数据会和其他人的数据汇集在一起，被汇集到一起的数据彼此之间又有交互，从而引起连锁效应，反过来影响我们，并且影响我们周边的环境。

因此，对数据进行研究，从数据中找出模式、关联、趋势和规律，能够帮我们做出更好的决策并指导行动，从而创造一定的经济价值和社会价值。可视化就是表达数据，并找出数据中的模式、关联、趋势和规律的一种方法。

2. 数据和信息

数据可以是狭义上的数字，也可以是具有一定意义的文字、字母、数字符号的组合，还可以是图形、图像、视频、音频等。数据以抽象的方式表示了客观世界中事物的属性、数量、位置及相互的关系。例如，“1、2、3……”“物流情况”“通讯录”“北京、上海、杭州”等都是数据。

数据是采集的原始素材，粗略且没有经过加工。数据的表现形式有数字、文字、字母等，这些表现形式只有结合了数据的解释才有意义。数据的解释，也被称为数据的语义，是对数据含义的说明。例如，96是一个数据，可以是某门功课的成绩，也可以是某个人的血压值；“牛”“羊”可以是某种动物，也可以是某个人的生肖属相；30可以是某天的气温，也可以是某人的年龄，还可以是某公司某部门的人员总数等。数据只有有了语义，才是有意义的。

具有语义的数据经过加工处理，去除冗余的数据后，提炼出来的有用的内容才是信息。信息必须进行数字化转换，变成数据后才能够存储和传递。信息的表现形式和载体是数据。信息和数据之间既相互联系，又有着明显的区别。

从数据中提取信息并不是一件简单的事。数据有时不太精确，有时会变动，有时还会和周围的事物有着密切的关系。在提取信息的过程中，只有仔细观察数据产生的来龙去脉，关注整个数据集的全貌，才不会一叶障目、以偏概全，曲解了数据的含义，遗漏了数据所包含的真正有用的内容。

3. 数据的存储

数据的存储形式和存储介质是不同的，存储形式有电子表格、文本、数据库等，存储介质有磁介质、光介质和固态介质等。在如今的信息时代，数据的存储不再困难，大量的数据被存储在数据中心或数据仓库。数据中心通常会占用大量的空间，拥有成排的机架，以及在机架上堆叠起来的计算机。数据中心的计算机又叫服务器，这类计算机的处理器性能强、空间大，可以存储并处理海量的数据。

在计算机科学中，数据以二进制 0、1 的形式来表示，最基本的数字存储单位是位（Bit）。由 8 位（Bit）可组成 1 字节（Byte），1000 字节（Byte）可组成 1 千字节（Kilobyte）、1000000 字节（Byte）可组成 1 兆字节（Megabyte）等。

计算机中的数据可以是连续的值，比如声音、图像，被称为模拟数据；也可以是离散的，如符号、文字被称为数字数据。如今，计算机存储和处理的对象十分广泛，用来表示这些对象的数据也变得越来越复杂。这些数据包括结构性数据和非结构性数据。结构性数据，指的是能用一致的结构来表现的数据，如常见的数字、符号等。这类数据在逻辑上可以用数据库的二维表结构来表达，并且可以被存储在数据库中。非结构性数据，指的是无法用一致的结构来表现的数据，如图片、视频、音频、各类报表等。这类数据在逻辑上不能用数据库的二维表结构来表达。

据估计，现今的数据中有 95%的数据是非结构化的、复杂的数据，幸运的是，随着计算机技术的蓬勃发展，出现了越来越多的工具和方法，让这些数据的加工和处理，以及让隐藏在这些数据背后的信息的提炼和汇总，变得不再那么困难。

1.7.2 可视化

1. 可视化的定义

有数据才有可视化，可视化是对数据的抽象，而数据又是对现实世界的抽象。由此可推出，可视化是对现实世界的抽象的抽象。这样的表述虽然有些复杂，但说明了要完成一个好的可视化设计，需要从复杂的现实世界中进行两次抽象提取，这并不是一件容易的事。

可视化虽由来已久，但直至目前，对它的定义仍众说纷纭。可视化是一种工具还是一种媒介？可视化是统计图表还是数字艺术？可视化是展示数据还是探索规律？不同的人群可视化的目的不同，针对的数据对象不同，对可视化的理解自然也会不同。

也许，我们只需要把可视化看作一种方法，一种探索、展示、表达数据含义的方法即可。统计图表、数字艺术、分析数据、唤起情感，不同的场景有着不同的应用，这些都可以归为可视化的范畴。在可视化设计过程中，如果不具备统计学的知识，那么作品将只是插图和美术，数据不能展现出它的意义；如果不具备设计学和美学的知识，那么作品将只是枯燥的结果分析，而不能更有效地传递信息，并且激起读者探索的兴趣。甚至于，有些糟糕的设计和配色会直接导致用户反感和放弃。所以，许多优秀的可视化作品都是综合地运用统计学、设计学及美学得来的。

2. 可视化目前的应用

数据可视化就是依据数据的特性，选择合适的可视化方式，将数据直观地展示出来，帮助用户通过认识、理解数据的含义，发现这些数据背后隐藏的关联、模式和规律，并在实际生活中进行应用。

如今，在不同的领域，数据可视化被广泛地应用。

在商业领域，最常见的案例是电商平台通过记录消费者浏览消费平台的数据，结合数据挖掘、数据分析、数据管理等应用技术，对消费者进行特征分析。通过这些分析，商家可以更好地制定营销策略，并且开发出更有针对性的产品。

在城市治理领域，可视化让城市变得智慧，让城市的数据变得可知可感。智慧城市的数据可视化平台，将一个城市的全景呈现在一个基于地理信息系统的平台上。通过将城市运行核心的各项关键数据进行可视化，智慧城市可以帮助管理者优化配置、整合各类资源并提供决策支持，从而达到改善经济、产业、生态结构，提高城市运行效率的目标。智慧城市的应用领域包括基础设施、应急指挥、城市管理、公共安全等。在智慧城市的建设中，可视化系统是重中之重。可视化系统的设计质量和应用水准，直接影响智慧城市项目的综合效能和使用效果。

除智慧城市外，目前可视化被广泛应用的领域还有智慧公安、智慧园区、智慧航空、智慧交通等。

3. 可视化应具备的特性

一个优秀的可视化作品一般具备以下特性。

（1）应建立在对数据的深刻分析和理解上。对原始数据了解得越多，对数据的来龙去脉和背景资料就越清晰，对数据和它所代表的事物之间的了解就越深刻，才能够制作出有价值的数据图表。花一些时间去了解数据代表现实世界中的什么，以及应该在什么样的背景下解释它，才能够加倍地提升可视化的效果。

（2）数据是波动的、带有不确定性的，是有着不同形状和大小的。好的可视化能够排除数据中无用的干扰部分，帮助观察者快速地理解并把握身边实时的或非实时的重要内容。好的可视化能够将数据中的错误，如异常值、离散值、突发事件等，通过视觉形式直接、快速地呈现在观察者的面前，引起观察者的注意并采取相应的措施。

（3）便于阅读且十分精确。能够让观察者获得全新的视角，理解以前未曾考虑过的问题，并且去探索数据背后隐藏的模式和规律。

（4）可以让观察者既能看到宏观的内容，也能关注微观的细节，从而帮助观察者做出合理的决策。

（5）能够化繁为简。好的可视化可以通过简单的视觉反馈来表现复杂的问题，哪怕基于复杂的数据集合，界面的设计也能做到简洁、清晰而不失深度。

（6）内容一致，尊重事实，灵活多变。好的可视化可以通过反复迭代调整，来适应不断变化的需求和不同的用户环境。其中，不同的数据集可以采用不同的迭代周期。

4. 可视化面临的问题

目前，数据可视化所面临的问题如下。

（1）收集和导入的数据很有可能没有正确的格式、条目，或者数据有遗漏等。如何保证数据的准确性和完整性？如何减少数据整理的工作量？这些问题都是数据可视化前必须要考虑的。

（2）如何对多个源的数据进行整合？很多时候，只有把不同地方的数据源整合在一起，判断才有意义。查找什么样的数据？如何获取和快速访问这些数据？如何把这些不同类型的数据汇集在一起？如何存储和处理这些不同类型的数据？多类型、多来源的数据在进行可视化前都必须解决这些问题。

（3）在处理大量数据时，如何保证实时的交互性？当数据有数百万条时，可视化的显示速度必定会有延时，用户很难获得实时的体验。

（4）如何将数据可视化和数据挖掘结合并付诸应用？数据可视化是通过视觉来观察、假设和探索规律的，而数据挖掘是通过统计算法、机器学习等方法来发现模式和规律的。一些模式可以通过适度的可视化呈现出来。在可视化的过程中，如果结合数据挖掘，也可以发现许多微妙的趋势。如何将这两种方法有机地结合起来并应用，是数据可视化研究的一个方向。

（5）如何将数据可视化和分析推理技术结合并付诸应用？可视化常用来支持评估、计划和决策，与分析推理技术结合后，可以帮助管理者提升洞察力和分析能力。管理者可以通过追溯证据的起源、与多人交流推理等方式，来验证所做决策的合理性。

第 2 章

基因与生成元算法

本章绘图要点如下。

- ✧ 生成元算法：从重复性的绘图步骤中可找出规律，抽象成数据，保存在列表或元组里，然后依据抽象规则读取数据、调用绘图函数、生成所需的图形，从而降低程序的复杂性，减少程序的代码量。
- ✧ 绘图效率：当图形的数据计算量比较大时，可先统一计算，然后绘图，从而提高图形的生成效率。

2.1 一生二，二生三

“道生一，一生二，二生三，三生万物。”

——《道德经》

“生命究竟是什么？生命最初又是如何形成的？”经典理论无法解释自然界这些让人困惑的问题，直到分形理论的出现，才让这些问题有了一个可能的答案。简单而少量的规则是可以生成复杂结构的，自然界中的许多事物都是通过简单步骤的无数次重复（也就是分形迭代）演化而成的。

一个简单的生成因子（分形理论中称之为“生成元”）不断迭代，自我进化，越来越复杂，以至于逐步出现山川、草木、动物、人类及人类的思维。宇宙间的一切难道都是这样动态生成的吗？听起来不可思议，但或许这就是事实！

2.2 生成元

我们可以在计算机上做一个小实验，用“原形+生成元+迭代”的方式，也就是用生成元替换原形，反复迭代，从而生成一些复杂的图形。上一章的科赫曲线的原形是一条直线，生成元如图 2-1 所示。

科赫曲线就是用图 2-1 的生成元反复替换图形中的每条线段而形成的。如果保持原形为一条线段，改变生成元，那么多次迭代后，会生成一个怎样的图形呢？

生成元 1 的生成元如图 2-2 所示。

图 2-1　科赫曲线生成元　　　　图 2-2　生成元 1 的生成元

打开配套资源第 2 章中的“生成元.py”程序文件，将其中的迭代次数 n 分别改为 2、3、6，运行程序可分别得到生成元 1 的第二次迭代、第三次迭代及第六次迭代的图形。

第一次迭代同生成元。

第二次迭代如图 2-3 所示。

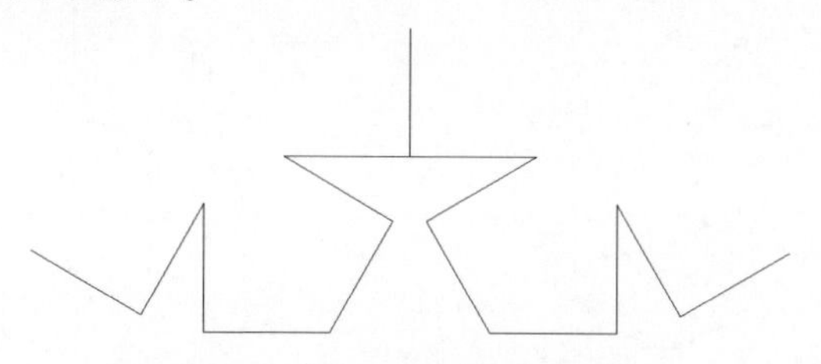

图 2-3　生成元 1 第二次迭代

第三次迭代如图 2-4 所示。

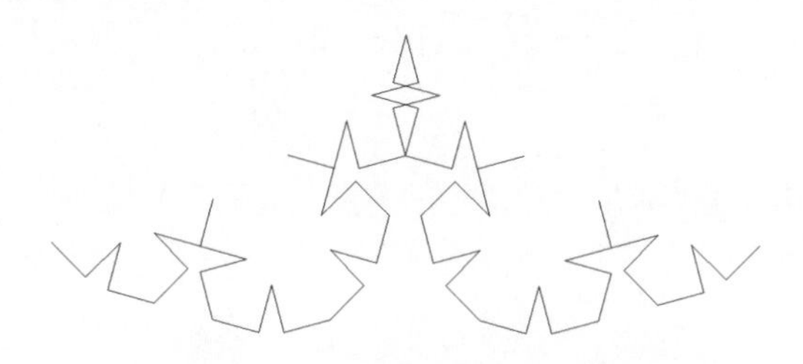

图 2-4　生成元 1 第三次迭代

第六次迭代如图 2-5 所示。

图 2-5　生成元 1 第六次迭代

生成元 2 的生成元如图 2-6 所示。

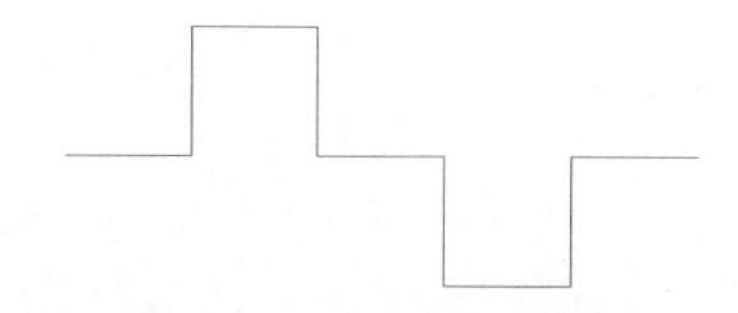

图 2-6　生成元 2 的生成元

打开配套资源第 2 章中的“生成元.py”程序文件，设置生成元 2 的生成元、缩小率，即将语句 gene = [−15,90,−150,90,'END']改为 gene=[0,90,−90,−90,90,−90,90,90,−90,'END']，将 ratio = 0.4082 改为 ratio = 0.2。

将其中的迭代次数 n 分别改为 2、3、4，运行程序可分别得到生成元 2 第二次迭代、第三次迭代及第四次迭代的图形。

第一次迭代同生成元。

第二次迭代如图 2-7 所示。

图 2-7　生成元 2 第二次迭代

第三次迭代如图 2-8 所示。

图 2-8　生成元 2 第三次迭代

第四次迭代如图 2-9 所示。

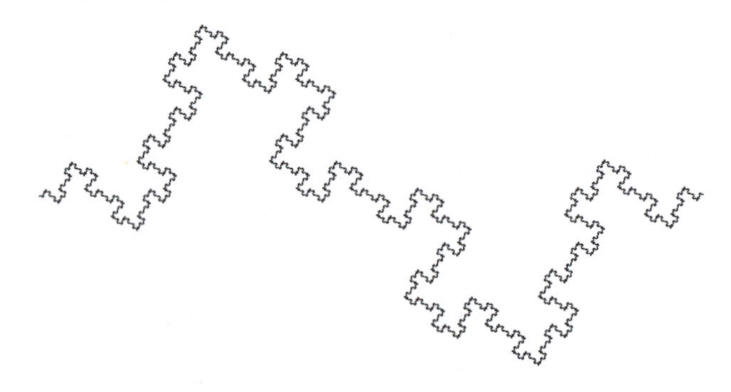

图 2-9　生成元 2 第四次迭代

可以尝试设计不同的生成元，多次迭代后，看看会生成怎样复杂的图形。为了更清晰地显示图形的细微结构，示例程序画笔的颜色选择的是默认的黑色，读者也可以选择自己喜欢的单个或多个颜色来生成更绚烂的图形。

2.3 算法

我们可以用一个列表 gene 来指定生成元，例如科赫曲线的生成元可以用列表 gene = [0,60,-120,60,'END']来表示，如图 2-10 所示。

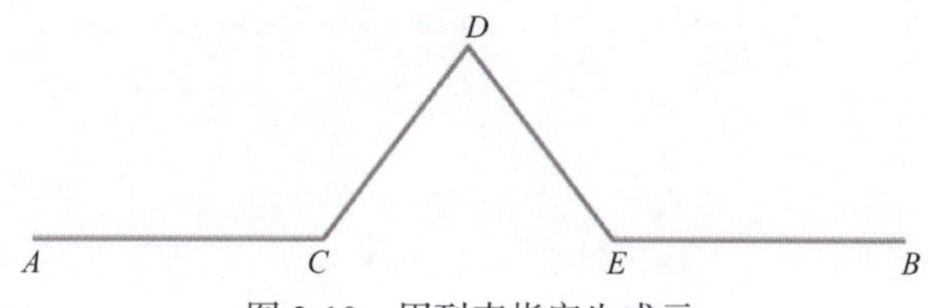

图 2-10　用列表指定生成元

列表中的数值表示旋转角的大小，正数表示逆时针旋转，负数表示顺时针旋转。*A* 点不旋转，为 0；*C* 点逆时针旋转 60°，值为 60；*D* 点顺时针旋转 120°，值为−120；*E* 点逆时针旋转 60°，值为 60；END 表示该生成元结束，程序读到这个值后，不会再继续读取数据。线段 *AC*、*CD*、*DE*、*EB* 的长度是相同的，都为 *AB* 的 1/3。

除生成元外，我们还需要一个缩小率 ratio，指的是下一次迭代的线段和原始线段的比率，也就是 *AC*/*AB*。在科赫曲线中这个比率是 1/3，约为 0.3333。

生成元 1 的生成元可用列表[−15,90,−150,90,'END']来表示，如图 2-11 所示。

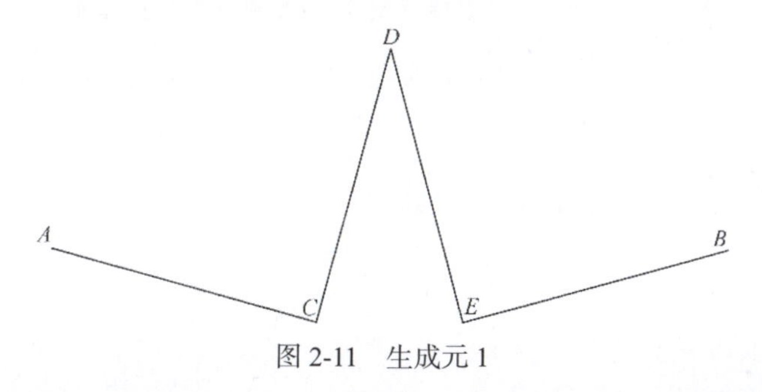

图 2-11　生成元 1

列表中的数值表示旋转角的大小，正数表示逆时针旋转，负数表示顺时针旋转。*A* 点顺时针旋转 15°，值为−15；*C* 点逆时针旋转 90°，值为 90；*D* 点顺时针旋转 150°，值为−150；*E* 点逆时针旋转 90°，值为 90；END 表示终止指定生成元。线段

AC、*CD*、*DE*、*EB* 的长度是相同的。

生成元 1 的缩小率 ratio（下一次迭代的线段和原始线段的比率），也就是 *AC*/*AB*，计算可得：

$$\text{ratio} = \frac{1}{2\sqrt{2}\cos 30°} \approx 0.4082$$

生成元 2 的生成元可用列表[0,90,−90,−90,90,−90,90,90,−90,'END']来表示，如图 2-12 所示。

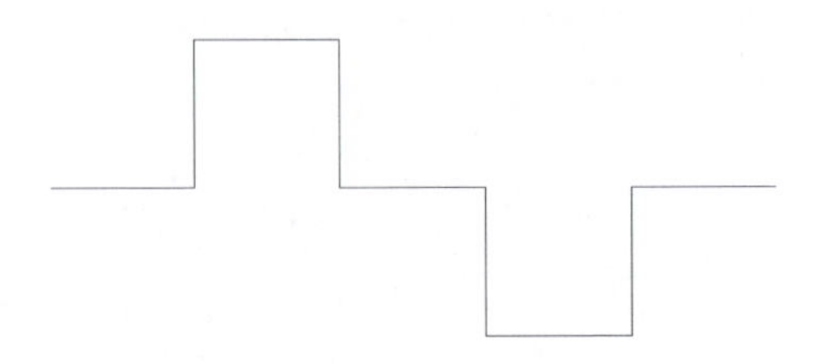

图 2-12　生成元 2

列表中的数值表示旋转角的大小，正数表示逆时针旋转，负数表示顺时针旋转。生成元 2 的缩小率为：

$$\text{ratio} = 1/5 = 0.2$$

几种曲线的生成元和缩小率如表 2-1 所示。

表 2-1　几种曲线的生成元和缩小率

	科赫曲线	生成元 1	生成元 2
生成元 gene	`[0,60,-120,60,'END']`	`[-15,90,-150,90,'END']`	`[0,90,-90,-90,90,-90,90,90,-90,'END']`
缩小率 ratio	1/3 ≈ 0.3333	0.4082	1/5 = 0.2

2.4　生成元.py 源码

```
# 导入模块
import turtle

# 恢复海龟状态到 p 点
def restore(p):
    turtle.penup()
```

```
        turtle.setpos(p[0],p[1])
        turtle.pendown()
        turtle.seth(p[2])

# 获取海龟当前点状态
def get_point():
    x,y = turtle.pos()
    d = turtle.heading()
    return (x,y,d)

# 生成器函数，A 为起始点，B 为结束点，L 为线段 AB 的长度，gene 为生成元，ratio 为缩小率，
n 为迭代次数
def Generator(A,B,L,gene,ratio,n):
    # 初始化
    restore(A)
    points = []

    # 获取图形各个点的位置和方向，不显示图形
    turtle.pencolor(b_color) # 画笔颜色和背景色相同，不显示图形
    for angle in gene:
        if angle == 'END':
            break
        else:
            angle = int(angle)
        if angle < 0:
            turtle.right(abs(angle)) # abs 函数取 angle 的绝对值
        else:
            turtle.left(angle)
        p = get_point()
        points.append(p)
        turtle.forward(L*ratio)
    points.append(B)
    turtle.pencolor(p_color) # 恢复画笔颜色

    if n == 1:
        # 绘制图形
        restore(A)
        for p in points:
            turtle.setpos(p[0],p[1])
    else:
```

```
        # 递归调用生成器，使用生成元替换中间线段
        i = 0
        while i <len(points)-1:
            Generator(points[i],points[i+1],L*ratio,gene,ratio,n-1)
            i = i+1

# 开始主程序
if __name__ == '__main__':
    # 隐藏画笔形状
    turtle.hideturtle()
    # 指定画笔的速度，参数 speed 为 0 到 10 之间的一个整数，1 最慢，10 最快
    turtle.speed(9)
    # 指定画笔大小
    turtle.pensize(1)
    # 设置颜色模式为 RGB
    turtle.colormode(255)
    # 背景颜色为青色,画笔颜色为白色
    b_color = (136,168,155)
    p_color = 'white'
    # 设置背景颜色
    turtle.bgcolor(b_color)

    # 原形为一条直线
    A = (-450,0,0)
    B = (450,0,0)
    L = 900

    # 设定生成元、缩小率和迭代次数
    gene = [-15,90,-150,90,'END']
    ratio = 0.4082
    n = 6

    # 生成图形
    restore(A)
    Generator(A,B,L,gene,ratio,n)
```

在源码中设定生成元 1 的数据，选择不同的背景颜色和画笔颜色，运行程序，可以得到不同风格的彩图，如图 2-13～图 2-15 所示。

图 2-13　生成元 1 彩图 1（青色 RGB(136,168,155) /白色）

图 2-14　生成元 1 彩图 2（(224,225,227) / (176,186,175)）

图 2-15　生成元 1 彩图 3（(181,138,93) / (214,226,206)）

2.5　源码剖析

在“生成元.py”源码中同样自定义了三个函数，分别为 Restore(*p*)、Get_point 和 Generator(*A*,*B*,*L*,gene,ratio,*n*)，前面两个函数和“科赫曲线.py”源码中的函数相同。

第三个函数 Generator(*A*,*B*,L,gene,ratio,*n*)除了采用生成元算法来生成曲线外，还采用统一计算、统一绘图的方式来生成曲线，从而提高了图形的生成效率。Generator(*A*,*B*,*L*,gene,ratio,*n*)函数共有 6 个参数，第 1 个参数 *A* 为起始点的海龟状态，即一个三元组（*x*,*y*,*d*）；第 2 个参数 *B* 为结束点的海龟状态，同样是一个三元组（*x*,*y*,*d*）；第 3 个参数 *L* 为线段 *AB* 的长度；第 4 个参数 gene 为生成元，可参看表 2-1 中不同生成元的列表值；第 5 个参数 ratio 为缩小率，可参看表 2-1 的值；第 6 个参数 *n* 为迭代次数。

在 Generator(*A*,*B*,*L*,gene,ratio,*n*)函数的定义中，采用一个嵌套元组的列表来表示递归过程中所要递归的中间点（如科赫曲线的 *C*、*D*、*E* 点）的信息，以及最后要绘制生成的图形所包含的点的信息，其中，每一个点都使用一个三元组（*x*,*y*,*d*）来表示。开始时，要初始化这个结构为一个空列表：

```
points = []
```

“生成元.py”源码中获取图形各个中心点的位置和方向，同样采用和“科赫曲线.py”源码中一样的笨办法，也就是用和背景色颜色相同的画笔在画布上画一遍生成元，在绘图过程中获取中间点的海龟状态并进行保存，最后将画笔颜色恢复原样，只是采用了读取生成元 gene 列表数据的方式来进行绘图：

```
turtle.pencolor(b_color) # 画笔颜色和背景色相同，不显示图形
for angle in gene:
    if angle == 'END':
       break
    else:
       angle = int(angle)
    if angle < 0:
       turtle.right(abs(angle)) # abs 函数取 angle 的绝对值
    else:
         turtle.left(angle)
    p = get_point() # 获取该点的海龟状态
    points.append(p)  # 将获取的点加入到列表 points 中
    turtle.forward(L*ratio)
points.append(B) # 将终点 B 加入到列表 points 中
turtle.pencolor(p_color) # 恢复画笔颜色
```

接下来，Generator(*A*,*B*,*L*,genu,ratio,*n*)函数开始递归调用自身，和“科赫曲线.py”源码不同，这里调用的次数不是 4 次，而是要依据传入的生成元 gene 的数据而定，比如生成元 1 和科赫曲线一样，都是递归调用自身 4 次，而生成元 2 递归调用自身的次数是 9 次。

同样，只有当迭代次数为 1 时，才真正地绘制图形：

```
if n == 1:
    # 绘制图形
    restore(A)
    # 遍历列表 points
    for p in points:
        turtle.setpos(p[0],p[1])
```

这里采用的是 Turtle 模块中的 Setpos 函数直接将列表 points 中的点用画笔连接起来。而当迭代次数不为 1 时，就使用保存在 points 列表中的中间点的信息，使用生成元替换中间线段：

```
else:
    # 递归调用生成器，使用生成元替换中间线段
    i = 0
    while i <len(points)-1:
        Generator(points[i],points[i+1],L*ratio,gene,ratio,n-1)
        i = i+1
```

可以看到，Generator 函数中的 L*ratio 是逐层缩小的，直到 n-1 等于 1 时才结束。比如科赫曲线，在递归第一层时，L*ratio 等于 L/3；向下分解到第二层时，L*ratio=(L/3)/3 等于 L/9；以此类推，层层分解、缩小，直到到达迭代次数，所以，ratio 这个参数被称为缩小率。

2.6 数据可视化 Tips

2.6.1 色彩

1. 颜色的特性

色彩离不开光。光是具有一定频率和波长的电磁辐射。我们肉眼所能见到的光线（也叫作可见光）是电磁辐射中的一个狭窄的分区，波长范围是 0.39 ~ 0.77 微米。

光波作用于人眼所引起的视觉经验就是颜色。不同频率的电磁波形成了不同的颜色，而我们对色彩的辨认其实就是肉眼受到电磁波辐射刺激后，所引起的一种视觉神经反馈。

颜色具有三个基本特性，即色调（也叫色相）、明度和饱和度（也叫纯度）。色调（Hue）主要取决于光波的波长。波长不同，色调也就不同。明度（Brightness）是指颜色的明暗程度。色调相同的颜色，明暗可能不同。饱和度（Saturation）是指某种颜色的纯度，纯色都是高饱和的，如红、蓝、黄等。不饱和的颜色通常混杂了白色、灰色或其他色调，如淡紫、粉红、黄绿等。

在信息可视化设计中，除形状、布局这两种基本的编码方式外，还有颜色可用来编码大量的数据信息。比如，可以用不同颜色来区分不同的数据，用亮色来表现关键数据，用独特的颜色来表达数据的特性等。

2. 色彩模型

色彩模型（也称色彩空间）是一种抽象的数学模型，通常用一组数值（3 个或 4 个值）来表示颜色。常用的色彩模型有 HSB、RGB 及 CMYK 三种。

HSB 是设计师们较频繁使用的一种色彩模型，也是基于颜色的三个基本特性和人眼视觉细胞而设定的色彩模型，其中，H 表示色调，S 表示饱和度，B 表示明度。

RGB 是采用三原色混色原理的一种色彩模型，常用于计算机上。三原色通常指的是红、绿、蓝，将红、绿、蓝按一定的比例混合，便可以产生其他颜色。RGB 中的 R 表示红色（Red）、G 表示绿色（Green）、B 表示蓝色（Blue）。

CMYK 色彩模式常用于印刷，同样采用了三原色混色原理，再加上黑色油墨，总共使用四种颜色进行混合和叠加。四种标准颜色分别是 C（Cyan，青色，又称为天蓝色）、M（Magenta，品红色，又称为洋红色）、Y（Yellow，黄色）、K（Black，黑色）。

在本书中，Python 绘图主要用 RGB 模型。R、G、B 的取值范围都是 0～255，各有 256 种取值。通常说的“纯红”用 RGB 值表示为（255,0,0），“纯绿”用 RGB 值表示为（0,255,0），“纯蓝”用 RGB 值表示为（0,0,255），“黄”色用 RGB 值表示为（255,255,0），“青”色用 RGB 值表示为（0,255,255），“粉红”色用 RGB 值表示为（255,0,255）。任意三个值必定对应一种颜色，比如配套资源第 1 章中的“科赫曲线.py”源码用以下的语句设置了背景色的颜色：

```
# 设置背景色为海蓝色
turtle.bgcolor((59,209,207))
```

(59,209,207)表示海蓝色，可以在 RGB 模式上再加上一个值，就是 RGBA (Red, Green, Blue, Alpha)，最后一个元素 Alpha 表示颜色的透明度。Alpha 值可以用百分比、整数或用 0～1 的实数来表示。如果一个像素的 Alpha 值为 0%，那么就是完全透明的

（也就是看不见的）；Alpha 值为 100%意味着完全不透明，也就是没有进行透明度处理；Alpha 值为 0～100%，表示像素可以透过背景显示出来，就像透过磨砂玻璃一样，呈现出半透明的效果。在计算机图形学领域，Alpha 值常用于 Alpha 合成（也叫透明合成）。Alpha 合成是一种将图像与背景结合的过程，在渲染图像时，通常会对目标图像中的多个子元素进行单独渲染，然后把多张子元素的图像合成为一张单独的图像，合成完成后就可以产生部分透明或全透明的视觉效果。

RGB 中的三原色除可以使用 0～255 的数字来表示外，还可以用十六进制符号来表示。每种颜色的最小值是 0（十六进制为#000000），最大值是 255（十六进制为#FFFFFF），这种表达方式又被叫作 HTML 颜色代码，在网页设计中经常会被用到。

3. 色彩的视觉心理

色彩本身并没有冷暖、轻重、软硬、前后及大小之分。人的眼睛感受到了光，在大脑中就会唤起记忆、产生联想，再由联想引起一系列不同的色彩心理反应，这些反应其实只是人类的一种心理错觉。

比如，红色会让人联想到太阳、火焰，黄色会让人联想到阳光、光明，蓝色会让人联想到星空、海洋，绿色会让人联想到草、树木，紫色会让人联想到紫罗兰、水晶。明亮的颜色会让人联想到蓝天、白云，暗沉的颜色会让人联想到泥土、钢铁，明亮但纯度不高的颜色会让人联想到动物柔软的皮毛，不同的联想给予了人们对不同的色彩关于冷暖、轻重、软硬的感受。

不同的色彩会在人眼视网膜的不同位置上成像。在视网膜后面成像的，有红色、橙色等长波长的颜色，会让人感觉比较靠前；在视网膜外侧成像的，有蓝色、紫色等短波长的颜色，会让人感觉比较靠后。由于视觉上有前后，所以色彩也会有大小的感觉。靠前的、暖色的、明亮的颜色就会显得大，而靠后的、冷色的、暗沉的颜色则会显得小，这些其实都是一种错觉。

4. 中国传统颜色

本书中的部分图形颜色采用中国传统颜色。中国传统颜色来自大自然，以天然植物、动物、矿物作为原料，色彩范围广，并融合了中国传统的自然哲学思想，温润柔和、不张扬，蕴涵着其独有的特色和魅力。

《中国国家地理》杂志社曾推出一款叫作“中国美色”的明信片，明信片中的色卡罗列了 98 种中国传统颜色，这些传统颜色来源于中国古代相关文物的经典配色，表 2-2 是其中一部分颜色的 RGB 值。

表 2-2　中国传统颜色中 12 色的 RGB 值

	茶色	黎色	绛紫	水绿	茶白	妃色	月白	黛色	黛蓝	檀色	靛青
R	179	119	139	212	245	238	217	74	65	177	31
G	93	102	68	242	248	92	236	66	82	111	125
B	68	76	86	232	241	53	242	105	100	97	179

2.6.2　配色方案

在可视化作品的设计中，配色是至关重要的一环，配色方案的好坏将直接影响可视化结果的表现力。和谐、美观的配色方案可以吸引用户去探索可视化所包含的信息，而不恰当的配色方案则会导致用户迷惑及对可视化的抵触。在设计配色方案时，通常要考虑许多方面，比如需要可视化的数据是什么样的类型？这些数据拥有哪些定性或定量的属性？将这些数据可视化的目的是什么？所面向的又是怎样的用户群体？等等。

颜色的运用和搭配并不是一件容易的事，需要大量地学习和实践。下面介绍一些基本的配色原理。

1. 色彩对比

色彩对比有色调对比、明度对比、饱和度对比、综合对比等。色彩之间由于色调不同、明度不同、饱和度不同而形成的对比效果，分别称为色调对比、明度对比、饱和度对比。色调对比的强弱程度取决于对比的色调在色环上的距离，距离越小对比越强，距离越大对比越弱。不同的对比效果可呈现出大方、高雅、活泼、清晰、模糊、柔和、强烈、华丽、古朴、粗俗、含蓄等多种感觉。

色彩对比与位置有着密切的关系。距离越近，对比的效果越强；距离越远，对比的效果越弱。当一种颜色包围住另一种颜色时，对比效果是最强的。

多种色彩组合后，对色彩的各个单项（包括色调、明度、饱和度、位置等）进行的对比，叫作综合对比。在实际设计过程中，一般都采用这种多层次、多角度的综合对比，这样的对比虽然复杂，但更能够达到预期的效果。

2. 色彩调和

色彩调和有两种类型：第一类是配置的色调性质相近，通过改变饱和度和明度，使整体深浅不一、浓淡有致、统一协调；第二类是配置的色调性质相远，特别是补色（色环中位置相对的两种颜色），通过某些方法使整体达到统一、协调。

色彩调和的方法有面积法、色彩间隔法、色彩统调法、削弱法等。面积法是让色彩的一方占有大面积，而让另一方占小面积，采用一方主导、另一方从属的方式来减少对比的强度。色彩间隔法是在色调之间，特别是在对比强烈的色调之间，嵌入金、银、黑、白、灰等线条或色块，用来分隔对比的色调，从而使色彩的对比有所缓冲，降低色彩的对比强度。色彩统调法是在色彩的组合中，加入某个共同的要素，让统一的色调去支配全体色彩，特别是对比强烈的色彩，比如嫩绿、粉红、浅黄、天蓝、银灰等组合，可以加入白色，让白色来统一支配全体色彩。削弱法是为对比强烈的色调设置不同的明度和饱和度，从而起到减少视觉冲突的作用。

3. 色彩形式美

色彩均衡是指将各种色彩要素（比如色彩的面积、色彩的强弱等）进行适当的布局，从而构建出一种稳定的视觉感受。这种形式是配色时最常用的一种方案。色彩比例是指色彩组合中各部分的比例关系，它随着形态、位置的变换而有所不同，可以直接影响整幅作品的风格和美感。色彩节奏是指通过色彩的重复、推移、变换、堆叠，令人体验到一种有节奏的、有韵律的秩序美。色彩重点是指在作品的某个部位强调、突出某种色彩，以起到吸引读者注意力的作用。

4. 经典配色作品

对于初学者来说，学习经典作品无疑是最适宜的一种方法，下面是笔者推荐的一些经典配色。

- 中国古典配色：中国古典配色的优秀素材有瓷器、国画、壁画、服饰、建筑、影视剧等。其中，最经典的配色之一当属敦煌配色。敦煌配色来自古老的民族瑰宝——敦煌壁画，其出色的原因不仅是经历了千年的沉淀，更是其所包含的颜色有百余种，例如胭脂、雄黄、铅丹、石黄等，色彩极为丰富，就像把天地万物、宇宙星辰都融入其中。有兴趣的读者可参看《中国传统敦煌图案与配色》一书。
- 莫兰迪配色：莫兰迪色据说是世界上最舒服的高级配色，它来自意大利艺术家乔治·莫兰迪的一系列静物作品，并以其名字命名。莫兰迪配色指的是一种色彩关系，在所有的颜色中都加入了适度的白色和灰色进行调和，将原本鲜艳的色彩转化成优雅的灰色调，仿佛蒙上了一层灰，从而产生一种柔和的、不张扬的平衡美感。
- 蒙德里安配色：蒙德里安配色是世界上公认的最经典的配色之一，已经持续流行了100多年，一直广受设计师、艺术家们的青睐。在三种原色中，黄色象征着阳光，蓝色象征着天空，红色则是中性的。将这三种原色和格子、几何图案进行组合、搭配，画面呈现出一种轻快、协调、有序的整体之美。三种原色的搭配简洁却不简单。当读者注视着画面时，颜色映在眼中，仿佛调色板一般，可以让人身临其境地感受三原色所混合调配出来的五彩斑斓。

5. 可视化配色注意事项

在信息可视化的配色中，除参考以上经典配色外，还有下面一些情况需要注意。

- 应尽可能避免配色过于鲜艳。配色过于鲜艳会干扰人的注意力，甚至会让人眼产生难受的“震颤效应”（Color Vibration）。
- 配色的对比度不能过低。文字（如标签、注释等）越小，与背景的对比度就要设置得越高，从而增强文本的可读性。
- 配色有可能受到色彩的环境互动效应(Interactive Contextual Effects)的影响，也就是说，两个颜色一样的色块在不同颜色的背景下可能显得不一样，两个不同颜色的色块在不同颜色的背景色下也可能显得一样，所以，在表现复杂的数据时，要加上形状、大小等可视化元素来增加辨识度，而不是只依赖于颜色的变化。
- 颜色在特定的场景中是有一定语义的，在设计时，需要考虑用户的背景。例如，红色通常代表“危险的”，但在股票市场的 A 股中代表“涨”；绿色通常代表“安全的”，但在股票市场的 A 股中代表“跌”。
- 当同一个数据项（指标）出现在多个不同的图表中时，该指标的颜色要保持一致，否则用户容易混淆，难以快速地识别该指标。
- 配色要符合人的认知习惯。比如，通常采用浅色代表小的数值，用深色代表大的数值。如果反过来，采用深色表示小的数值，采用浅色表示大的数值，就会容易让人困惑。
- 分类数据的配色使用的颜色最好少于 6 种，否则读者将无法区分颜色，也就无法理解每一个颜色的具体含义。如果类别过多，可以尝试使用其他视觉编码，例如位置、大小等，这样可以使图表更容易被阅读。

第3章

植物算法之美

本章绘图要点如下。

✧ Matplotlib 库：比较底层的 Python 可视化第三方库，有许多库都是基于它进行开发封装的。学习 Python 数据可视化，就必须学习 Matplotlib 库，它非常灵活、简单易用、图表资源丰富并且可以达到出版质量级别。Matplotlib 库几乎可以生成任何类型的图形，无论是简笔画、艺术图还是数据统计图。

✧ My_turtle 类：基于 Matplotlib 库进行的类似 Turtle 模块的一个简单封装。Matplotlib 的绘图方式，不符合手工绘图的习惯，如果你更习惯 Turtle 模块的绘图方式，可以扩充 My_turtle 类打造属于自己的绘图模块。

3.1 L 文法系统（L-System）

琼粒蕃滋争结穟，龙枝屈曲竞分形。

——宋·夏竦《奉和御制内苑嘉谷》

L-System 的字母 L，指的是美国生物学家 Aristid Lindenmayer。1968 年，他提出了一种方法，这种方法被用来研究植物的形态与生长。方法最初关注的是植物的拓扑结构，即植物的主干、旁支等之间的关系，之后加入了几何解释，由此形成了 L 文法系统。L 文法系统在 1984 年被引进计算机图形学领域，用于模拟自然景物形态。1990 年，*The Algorithmic Beauty of Plant*《植物的算法之美》一书出版，这本书详细地总结了由 Lindenmayer 领导的理论生物小组与 Prusinkiewiez 领导的计算机图形学小组合作进行的大量研究工作。

L 文法系统是一种采用文法（也就是仿照语言学中的语法）的方式来构造图形的算法，这种算法的核心概念是字符串的替换和构图。首先，初始形式是一个字母表和一个初始的符号串（又叫作公理 Axiom），然后，根据一组规则，将公理 Axiom 中的每个字符都依次替换，生成一个新的字符串，再在新的字符串上应用规则依次替换每个字符，如此反复迭代替换，直到迭代结束，形成一个最终的字符串。之后，用预先定义的、每个字符在几何绘图上的语义来解释这个最终的字符串，依据字符串中的字符来生成图形。简而言之，字符串就是图形的语义表达。

L 文法系统可定义为一个三元组 $\langle V, \omega, P \rangle$。

V：字母表（alphabet）。

ω：初始字符串，由字母表中的字符组成，不能为空。

P：生成规则集。

假设，

字母表 V：a，b

公理 ω：a

规则集 P：规则 1：a→ab；规则 2：b→a

字符串的替换过程如下：

```
a
ab
```

```
aba
abaab
abaababa
```

在规则集 P 中有两条规则，第一次替换是在初始的公理 a 上应用规则 1，将字符 a 变为字符串 ab；第二次替换先在字符串 ab 的字符 a 上应用规则 1，将字符 a 变为字符串 ab，再在字符串 ab 的字符 b 上应用规则 2，将字符 b 变为字符 a，由此整个的字符串变为 aba；第三次替换先在字符串 aba 的字符 a 上应用规则 1，变为 ab，再在字符串 aba 的字符 b 上应用规则 2，变为 a，最后，在字符串 aba 的字符 a 上应用规则 1，变为 ab，所以，整个字符串就变成了 abaab；以此类推，形成最终的字符串。

包含了几何绘图意义的 L 文法系统被称为“龟图”（turtle），龟图的状态可以用三元组(x, y, d)来表示，其中 x 和 y 分别代表横坐标和纵坐标，d 代表当前的方向。假设 δ 为角度增量，L 为步长。部分通用符号的图形学解释如下。

字符“F”：在当前方向向前进一步，步长为 L，并在两点之间绘制一条线段。假设在执行字符 F 前，龟图的状态为(x, y, d)，那么在执行字符 F 后，龟图的状态就变为(x_1, y_1, d)，方向 d 保持不变，横坐标 x 和纵坐标 y 会发生改变，新的 x_1、y_1 需要根据方向 d 的角度来进行计算，两者之间的关系如下：

$x_1 = x + L\cos(d)$，d 为角度，L 为步长

$y_1 = y + L\sin(d)$，d 为角度，L 为步长

字符“f”：在当前方向向前进一步，步长为 L，但是两点之间不会绘制线段，画笔只是移了一个位置而已。在执行字符 f 后，龟图的状态为(x_1, y_1, d)，同样是方向 d 保持不变，而新的 x_1、y_1 需要根据 x、y、d 来进行计算，计算的公式与字符 F 相同。

字符“+”：逆时针旋转 δ 度。假设在执行字符“+”前，龟图的状态为(x, y, d)，那么，在执行字符“+”后，横坐标和纵坐标保持不变，而方向角度会转换为 $d + \delta$，即龟图的状态为$(x, y, d + \delta)$。

字符“-”：顺时针旋转 δ 度。假设在执行字符“-”前，龟图的状态为(x, y, d)，那么，在执行字符“-”后，横坐标和纵坐标保持不变，而方向角度会转换为 $d - \delta$，即龟图的状态为$(x, y, d - \delta)$。

字符“[”：将龟图的当前状态压进栈（stack）。栈是一种数据存储的结构。在执行字符“[”后，龟图的状态并不会改变，而是会在栈里保存起来，供稍后调用。

字符“]”：从栈中取出保存的龟图状态。在执行字符“]”后，龟图的当前状态就会被从栈中所取出的状态所替换。字符“[”和字符“]”常被用于绘制植物的分支结构。

以上是本书源码中所用到的 L 文法系统的符号，除此之外，L 文法系统还有一些其他常用符号。L 文法系统常用符号如表 3-1 所示。

表 3-1　L 文法系统常用符号

字符	解释
F	在当前方向向前进一步，步长为 L，画线
f	在当前方向向前进一步，步长为 L，不画线
+	逆时针旋转 δ°
-	顺时针旋转 δ°
[	Push，将龟图当前状态压进栈
]	Pop，将图形状态重置为栈顶的状态，并去掉该栈中的内容
|	原地转向 180°
\nn	增加角度 *nn*°
/nn	减少角度 *nn*°
Cnn	选择颜色 *nn*
<nn	在此基础上增加颜色 *nn*
>nn	在此基础上减少颜色 *nn*
@nnn	将线段长度乘以 *nn*
其他	可以自定义一些符号，为每个符号增加图形学解释

3.2　经典的分形图形

经典的分形图形除了科赫曲线，还有科赫雪花、分形龙、康托尔（cantor）三分集、Arboresent 肺、Siepinski 垫片等。L 文法系统可以用“公理+规则+解释”的方式来生成其中一些经典的分形图形，在这里，我们只介绍前三种的 L 文法系统的生成方式。

3.2.1　科赫曲线（Koch Curve）

第 1 章采用了递归算法来生成科赫曲线，第 2 章采用了生成元算法，在这里，我们也可以用 L 文法系统的方式来生成它。科赫曲线的 L 文法如下。

V（字母表）：F，+，-　　　　ω（公理）：F

P（规则集）：F → F+F--F+F　　　　δ（角度增量）：60°

则，

初始（公理）：F（即一条长度为 L 的线段）。

第一次迭代后的字符串：F+F--F+F。

在初始字符串 F 上应用规则集 P 中的规则，字符 F 被替换为 F+F--F+F。对照符号的图形学解释，可以得知这个替换所得的字符串的含义是：F 在海龟当前方向上向前进一步并绘制线段，+ 将海龟方向逆时针旋转 60°，F 在海龟改变了的方向上向前进一步并绘制线段，两个 - 将海龟方向两次顺时针旋转 60°，F 在海龟改变了的方向上向前进一步并绘制线段，+ 将海龟方向逆时针旋转 60°，F 在海龟改变了的方向上向前进一步并绘制线段，由此绘制出来的图形就是：科赫曲线的生成元，如图 3-1 所示。

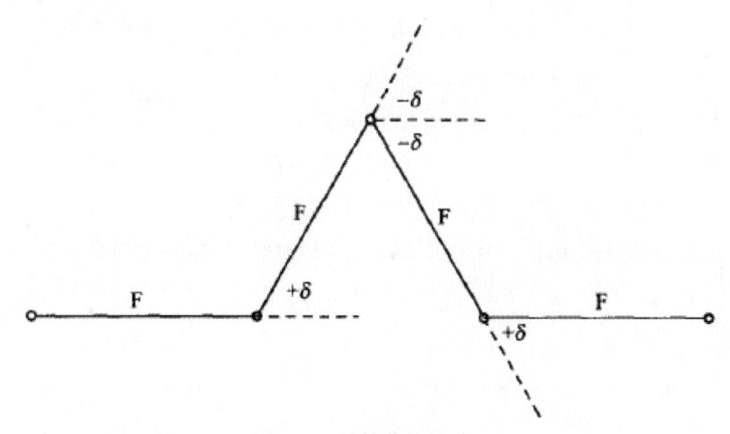

图 3-1　科赫曲线生成元

第二次迭代后的字符串：F+F--F+F+F+F--F+F--F+F--F+F+F+F--F+F。

第三次迭代后的字符串：F+F--F+F+F+F--F+F--F+F--F+F+F+F--F+F+F+F--F+F+F+F--F+F--F+F--F+F+F+F--F+F--F+F--F+F+F+F--F+F--F+F--F+F+F+F--F+F+F+F--F+F+F+F--F+F--F+F--F+F+F+F--F+F。

……

打开配套资源中第 3 章目录下的“L 文法系统.py”程序文件，将语句 L_system(dragon,A,L,n)改为 L_system(koch,A,L,n)，函数的第一个参数为科赫曲线 L 文法的数据结构。可将迭代次数 n 设置为 4，在运行程序后，就可以得到科赫曲线第四次迭代后生成的图形，如图 3-2 所示。

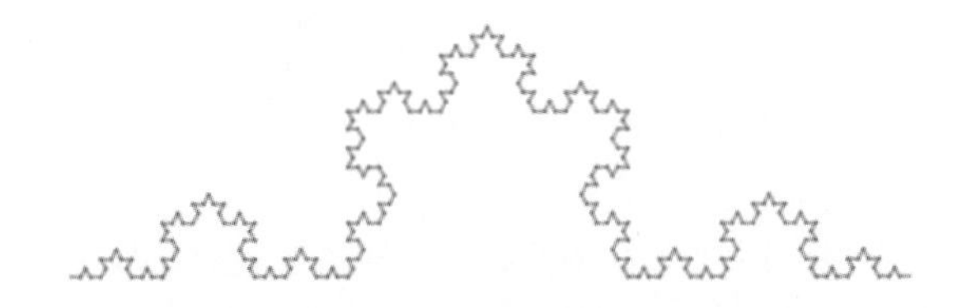

图 3-2　科赫曲线第四次迭代后生成的图形

3.2.2　科赫雪花（Snowflake Curve）

科赫曲线是用生成元反复来替换图形中的每条线段而形成的曲线，它的原始形状是一条线段。但如果要改变的原始形状为一个等边三角形，并在这个等边三角形的每一边上都使用和科赫曲线相同的生成元来反复进行替换，也就是分别在等边三角形的三边上生成三条科赫曲线，由这三条科赫曲线来组成一条形状类似雪花的几何曲线，这条几何曲线就被称为科赫雪花。科赫雪花具有以下特点。

（1）图形有多个转折点，但是整条曲线是连续的，并且永远也不会相交。

（2）在每次迭代变化后，整体的面积都会有所增加，但增加是有限的，永远都不会超过上限，上限是原始等边三角形的外接圆的面积。

（3）在每次迭代变化后，曲线长度都会有所增加，所以从某种意义上来说曲线是无限长的。

（4）具备“自相似性”，即局部与整体相似，局部是整体的缩影。

可以看到，科赫雪花的这些特点完全符合分形几何的特点。

科赫雪花的 L 文法如下。

V（字母表）：F，+，-　　　　ω（公理）：F--F--F

P（规则集）：F → F+F--F+F　　　　δ（角度增量）：60°

则：

初始（公理）：F--F--F。

对照表 3-1 的图形学解释，可以知道初始字符串 F--F--F 的含义：F 在海龟当前方向上向前进一步并绘制线段，两个 - 将海龟方向两次顺时针旋转 60°，F 在海龟改变的方向上向前进一步并绘制线段，两个 - 将海龟方向两次顺时针旋转 60°，F 在海龟改变的方向上向前进一步并绘制线段，这样绘制出来的图形是一个等边三角形。

第一次迭代后的字符串：F+F--F+F--F+F--F+F--F+F--F+F。

第二次迭代后的字符串：F+F--F+F+F+F--F+F--F+F--F+F+F+F--F+F--F+F--F+F+F+F--F+F--F+F--F+F+F+F--F+F--F+F--F+F+F+F--F+F--F+F--F+F+F+F--F+F。

……

打开配套资源中第 3 章目录下的“L 文法系统.py”程序文件，将语句 L_system(dragon,*A*,*L*,*n*)改为 L_system(koch_snow,*A*,*L*,*n*)，函数的第一个参数为科赫雪花的文法结构的数据表达。可将迭代次数 *n* 设置为 4，在运行程序后，可生成科赫雪花第四次迭代后形成的图形如图 3-3 所示。

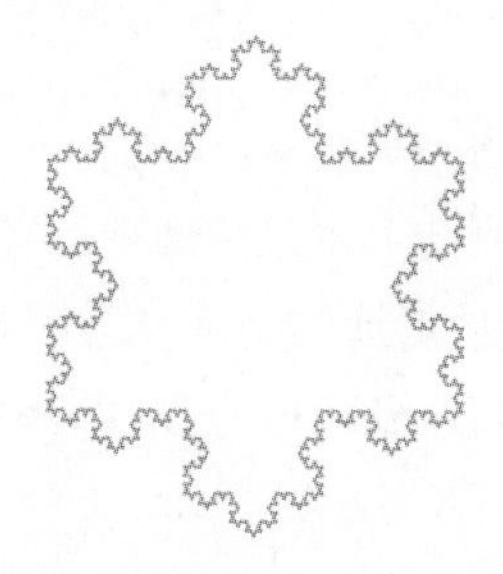

图 3-3 科赫雪花第四次迭代后形成的图形

3.2.3 分形龙（Dragon Curve）

取一张细长的纸条，将纸条对折，将对折后的纸条再次对折，再次对折……

纸条对折会形成一条弯弯曲曲的折线，但一张纸条最多对折六七次就很难再折动，也就很难知道纸条经过几十次对折后会有的形状。“纸条对折一次”的动作用数学的语言来表述，就是几何图形的一次“迭代”，所以，我们也可以在计算机上用几何图形的迭代来模拟纸条无数次的对折，因为最终形成的曲线形似一条蜿蜒盘曲的龙，所以该曲线也被叫作分形龙或“中国龙”。分形龙具有以下特点。

（1）图形可以看成是由许多与自己相似的部分所组成的，即具备“自相似性”。

（2）在初始迭代时，图形是一条折线；而随着迭代次数越来越多，图形看起来会越来越像一个“面”。分形龙究竟是一维“线”，还是二维“面”呢？

分形龙是由一张纸条反复折叠而成的，当这张纸条被无限地折叠时，其所包含的每个小线段都会缩小成一个点，这些点会聚集、铺满图形所在的面。所以，也可以将被无穷次迭代后的分形龙看作一个二维的面，这也是分形图形的奇妙之处。

像科赫曲线、科赫雪花、分形龙这样奇怪的几何图形，需要采用与经典几何学不同的另一种维数概念来形容。这种维数概念叫作分形维数，它既有整数维数，也有分数维数。

分形龙的 L 文法如下。

V（字母表）：F，X，Y，+，-

（字符 X、Y 在表 3-1 的图形学解释中没有含义，所以只用于替换。）

ω（公理）：FX

P（规则集）：规则 1，F →；规则 2，Y → +FX--FY+；规则 3，X → -FX++FY-

“规则 1，F →”表示删除字符 F

δ（角度增量）：45°

则，

初始（公理）：FX。

第一次迭代后的字符串：-FX++FY-。

首先，在初始字符串 FX 的字符 F 上运用规则 1 来进行替换。接着，在 FX 的字符 X 上运用规则 3 来进行替换，最后形成的字符串为：-FX++FY-。

第二次迭代后的字符串：--FX++FY-+++FX--FY+-。

第三次迭代后的字符串：---FX++FY-+++FX--FY+-+++-FX++FY---+FX--FY++-。

……

打开配套资源中第 3 章目录下的“L 文法系统.py”程序文件，在运行程序后，可以生成分形龙第十次迭代后所形成的图形，如图 3-4 所示，第十次迭代替换形成的字符串也会在 IDLE 窗口中显示（也可将迭代次数 *n* 设置为其他数值）。

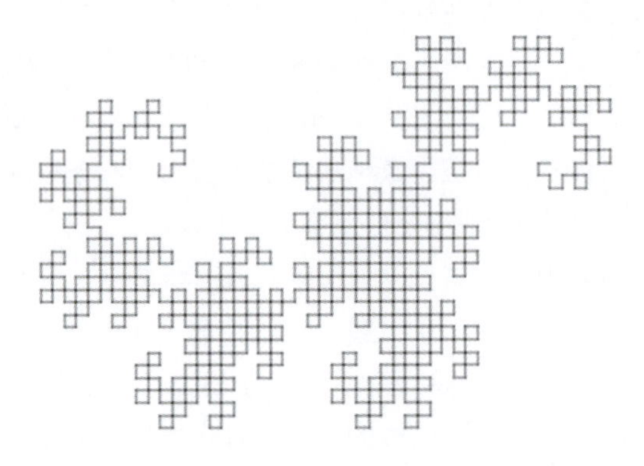

图 3-4 分形龙第十次迭代后所形成的图形

3.3 分形维数

经典几何学中的维数叫作拓扑维数，它采用了确定一个对象位置所需要的变量个数来作为维数。比如，在直线上确定一个点需要一个坐标，也就是，在直线上确定一个原点后，可以采用与这个原点的距离来确定直线上其他点的位置；在平面上确定一个点需要两个坐标（x,y）；在三维空间中确定一个点需要三个坐标（x,y,z），现实生活中的三维空间也可以采用经度、纬度和高度来确定位置。在经典几何学中，三维以内，都有现实世界的物体所对应，比如：点是0维、线是一维、面是二维、体是三维，而当维数大于三时，现实世界中就没有了对应物，只能凭借想象，比如加上了时间的四维。但是不管怎样，经典几何中的维数是一维一维地往上加的，初始是整数，增量也是整数，比如1、2、3、4、5、6等，所以也被称作整数维数。

经典几何学从拓扑角度来看维数，那么，从测量的角度来看，维数又是怎样的呢？在测量的层面上，维数是可变的。比如一个物体（球、正方体、圆柱体，甚至建筑物等），从远处看，它是一个点：0维，因为在相距过远时，物体的大小是可以忽略不计的；靠近一些，可以看清物体，这时物体是三维的、立体的；再靠近一些，贴近物体的表面，看到的是二维的、平面的。所以，测量观察的尺度不同，一个对象的维数也会随之变化。只有确定了尺度，才能确定对象的维数。从测量角度重新理解，反映出了经典几何学维数概念的局限性。1919年，德国数学家费利克斯·豪斯多夫（F.Hausdorff，1868—1942年）给出了维数的新定义，对经典几何的维数概念进行了扩展，为维数的非整数化提供了理论基础。

分形的本质是标度变化下的不变性，和经典几何学有着截然不同的特性，所以，分形集（或分形图形）的特征并不能使用经典的整数维数来描述，而只能采用另外一种方式，也就是分形维数来描述。分形维数包括整数维数和分数维数，每一个分形集都对应着一个分形维数，这个维数可以是整数的，也可以是分数的。

可以采用自相似性的方式来定义分形图形的维数。首先将图形缩小N分之一，接着，使用M个缩小之后的图形来组成原来的图形，维数d就等于：$d = \ln(M)/\ln(N)$，ln指以常数e为底数的自然对数，N为缩小比例，M为拼接个数。采用这样的方式计算出来的维数，又叫作自相似维数，但只有当分形图形可以等比例拼贴时，才可以采用这样的方式来定义。经典的几何图形，比如线段、长方形、立方体等，也可以采用自相似性的方法来计算它们的维数。

比如，一条线段缩小二分之一后，缩小的线段长度为原线段的一半，可以用这样的两条与自身相似的缩小的线段来组成原有的线段；一个长方形边长缩小二分之一后，缩小的小长方形大小为原来的四分之一，可以用4个这样的小长方形来组成原有的长方形；一个立方体边长缩小二分之一后，缩小的小立方体大小为原有的八分之一，可以用8个这样的小立方体来组成原有的立方体。所以，由公式：$d=\ln(M)/\ln(N)$，可知：

一条线段的维数：$d=\ln(2)/\ln(2)=1$。

一个长方形的维数：$d=\ln(4)/\ln(2)=2$。

一个立方体的维数：$d=\ln(8)/\ln(2)=3$。

科赫曲线的维数，也可以采用这样的方法来计算。首先，将原曲线缩小三分之一，然后，可以用 4 个这样的小科赫曲线来组成原来的科赫曲线。所以，科赫曲线的维数 $d=\ln(4)/\ln(3)=1.2618\ldots$，可以看到，维数是分数，分数就像一个刻度指标，可以想象，在 1 到 2 之间应该存在着多种多样的复杂图形，每一种图形分别对应着一个分数，而科赫曲线只是其中的一种而已。

采用自相似性的方式来计算维数最为直观，也最容易求解，但是这种方式，并不能得到所有的分形图形的维数。自相似性的方式，只适用于各个组成部分完全相等的情况，当整体可以划分成几个部分、但是各个部分并不完全相等时，就会计算困难，甚至无法求解。

除了自相似维数，分形维数定义还有其他的一些方法，这些不同的计算方法，在数学上有着不同的难度，有兴趣的读者可查看相关的资料，这里不再详述。

3.4 植物形态模拟

L 文法系统，可以用“公理+规则+几何解释”的方式来模拟不同植物的生长形态。下面将介绍几种分形树的 L 文法系统的生成方式。

3.4.1 分形树

科赫曲线没有断点，没有分叉，是可以一笔绘制而成的。而树则不同，树是有分支结构的，分支结构在某些关键点会出现多个行走方向，所以必须引进“[”和“]”符号来保存和调用每个关键点的信息，以便返回。符号“F”表示树干和分支，每个分支点至少有左、右两个生长方向，“+”表示树枝向左生长，“-”代表树枝向右生长。当遇到分支点时，可以用符号“[”将当前树枝的状态保存下来，当绘制完向左的生长方向后，再用符号“]”把前面保存下来的分支点状态取出来，返回该分支点，继续绘制向右方向的分支。采用这样的方法，可以生成不同的树的形态。

- 分形树 1 的 L 文法如下。

V（字母表）：F，+，-，[，]　　ω（公理）：F

P（规则集）：F -> F[-F]F[+F]F　　δ（角度增量）：25°

则，

初始（公理）：F。

第一次迭代后的字符串：F[-F]F[+F]F。

第二次迭代后的字符串：F[-F]F[+F]F[-F[-F]F[+F]F]F[-F]F[+F]F[+F[-F]F[+F]F]F[-F]F[+F]F。

在第一次迭代后的字符串上应用规则，+、-、[、] 都保持不变，所有的字符 F 都替换成 F[-F]F[+F]F。

……

打开配套资源中第 3 章目录下的“L 文法系统.py”程序文件，将起始点 A 的方向改为 90°，即将语句：A = (0,0,0) 改为：A = (0,0,90)；将语句 L_system(dragon,A,L,n) 改为 L_system(tree1,A,L,n)，第一个参数为分形树 1 的文法结构，将迭代次数 n 分别设置为 1 和 4，运行程序后，可以分别生成分形树 1 的生成元和第四次迭代形成的图形，如图 3-5 和图 3-6 所示。

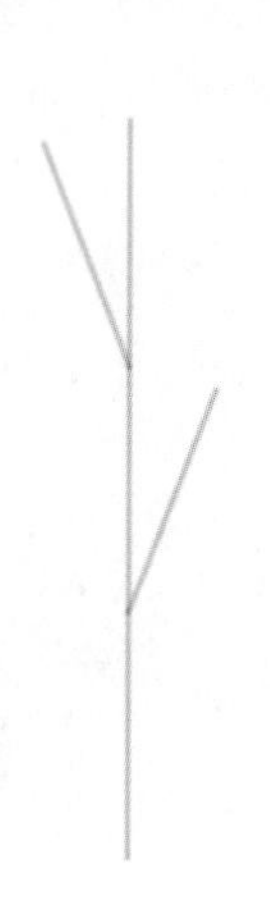

图 3-5　分形树 1 生成元

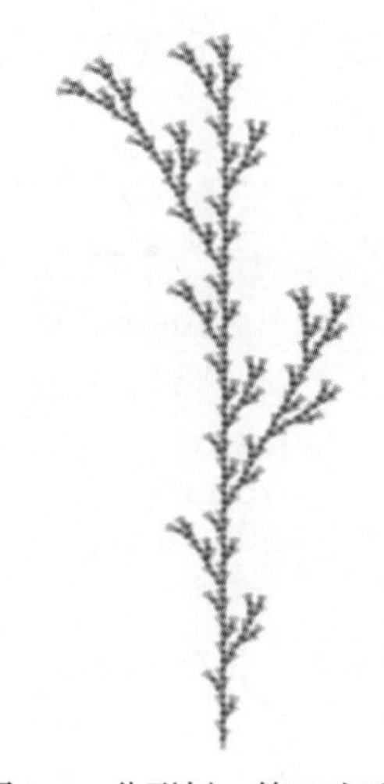

图 3-6　分形树 1 第四次迭代

- 分形树 2 的 L 文法如下。

V（字母表）：F，+，-，[，]　　　　ω（公理）：F

P（规则集）：F　-> F[+F]F[-F][F]　　　　δ（角度增量）：25°

打开配套资源中第 3 章目录下的“L 文法系统.py”程序文件，将起始点 A 的方向改为 90°，即将语句：A = (0,0,0)改为：A = (0,0,90)；将语句 L_system(dragon,A,L,n) 改为 L_system(tree2,A,L,n)，第一个参数为分形树 2 的文法结构，将迭代次数 n 分别设置为 1 和 4，在运行程序后，可以分别生成分形树 2 的生成元和第四次迭代形成的图形，如图 3-7 和图 3-8 所示。

图 3-7　分形树 2 的生成元

图 3-8　分形树 2 的第四次迭代

- 分形树 3 的 L 文法如下。

V（字母表）：F，X，+，-，[，]　　　　*ω*（公理）：X

P（规则）：X　-> F-[[X]+X]+F[+FX]-X　　　　*δ*（角度增量）：22.5°

打开配套资源中第 3 章目录下的“L 文法系统.py”程序文件，将起始点 *A* 的方向改为 90°，即将语句：*A* = (0,0,0)改为：*A* = (0,0,90)；将语句 L_system(dragon,*A*,*L*,*n*)改为 L_system(tree3,*A*,*L*,*n*)，第一个参数为分形树 3 的文法结构，将迭代次数 *n* 分别设置为 1 和 5，在运行程序后，可以分别生成分形树 3 的生成元和第五次迭代形成的图形，如图 3-9 和图 3-10 所示。

图 3-9　分形树 3 生成元

图 3-10　分形树 3 第五次迭代

- 分形树 4 的 L 文法如下。

V（字母表）：F，X，Y，+，-，[，]　　　　*ω*（公理）：F

P（规则集）：规则 1：F → FF-[XY]+[XY]

规则 2：X → +FY　　　　规则 3：Y → -FX

δ（角度增量）：22.5°

打开配套资源中第 3 章目录下的“L 文法系统.py”程序文件，将起始点 *A* 的方向改为 90°，即将语句：*A* = (0,0,0)改为：*A* = (0,0,90)；将语句 L_system(dragon,*A*,*L*,*n*)改为 L_system(tree4,*A*,*L*,*n*)，第一个参数为分形树 4 的文法结构，将迭代次数 *n* 分别设置为 1 和 5，在运行程序后，可以分别生成分形树 4 的生成元和第五次迭代形成的图形，如图 3-11 和图 3-12 所示。

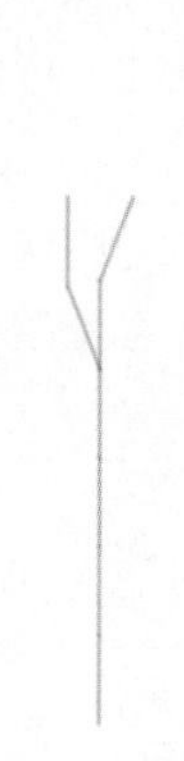

图 3-11　分形树 4 生成元

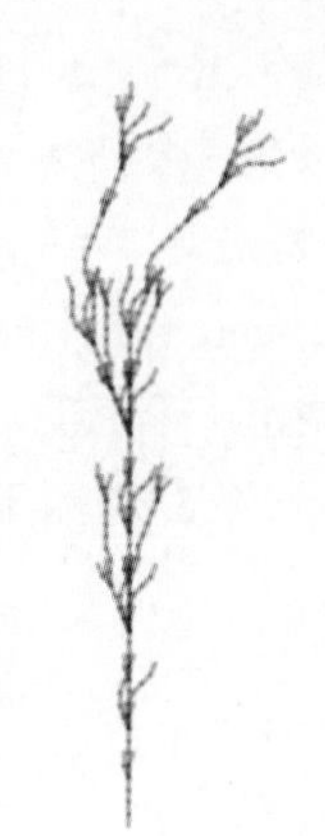

图 3-12　分形树 4 第五次迭代

- 分形树 5 的 L 文法如下。

V（字母表）：F，R，+，-，[，]　　　　*ω*（公理）：F

P（规则集）：规则 1：F → F[-FR-FR-FR]F[+FR+FR+FR]F[FR]

规则 2：R → RF[+R][++R][+++R][-R][--R][---R]R

δ（角度增量）：22°

打开配套资源中第 3 章目录下的“L 文法系统.py”程序文件，将起始点 *A* 的方向改为 90°，即将语句：*A* = (0,0,0) 改为：*A* = (0,0,90)；将语句 L_system(dragon,*A*,*L*,*n*) 改为 L_system(tree5,*A*,*L*,*n*)，第一个参数为分形树 5 的文法结构，将迭代次数 ***n*** 分别设置为 1 和 3，在运行程序后，可以分别生成分形树 5 的生成元和第三次迭代形成的图形，如图 3-13 和图 3-14 所示。

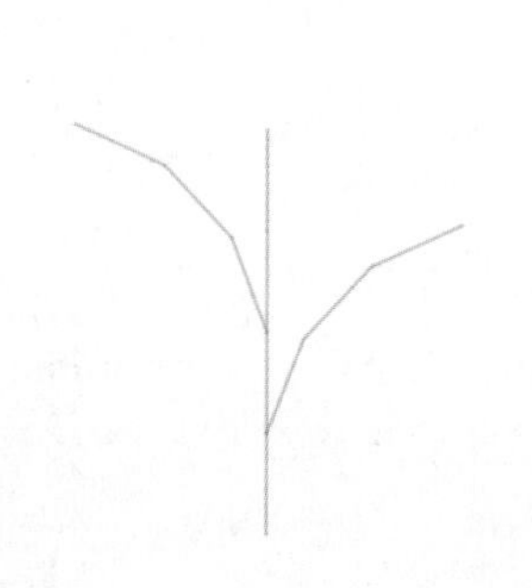

图 3-13　分形树 5 生成元

图 3-14　分形树 5 第三次迭代

- 分形树 6 的 L 文法如下。

V（字母表）：F，+，-，[，]　　　　　　　　*ω*（公理）：F

P（规则集）：F → +F[+F]--F[---F]+F　　　　*δ*（角度增量）：15°

打开配套资源中第 3 章目录下的“L 文法系统.py”程序文件，将起始点 *A* 的方向改为 90°，即将语句：A = (0,0,0) 改为：*A* = (0,0,90)；将语句 L_system(dragon,*A*,*L*,*n*) 改为 L_system(tree6,*A*,*L*,*n*)，第一个参数为分形树 6 的文法结构，将迭代次数 *n* 分别设置为 1 和 4，在运行程序后，可以分别生成分形树 6 的生成元和第四次迭代形成的图形，如图 3-15 和图 3-16 所示。

图 3-15　分形树 6 生成元

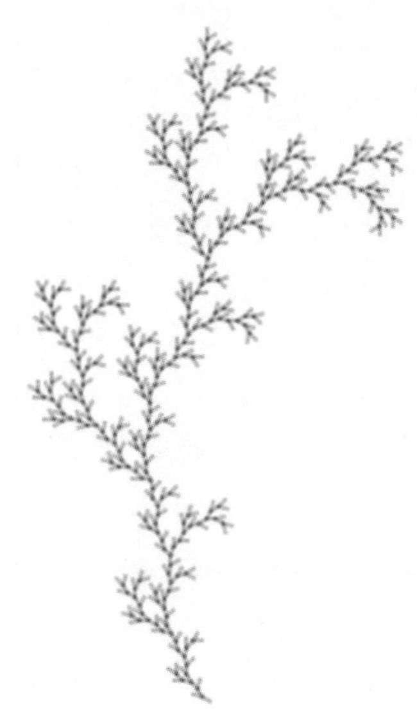

图 3-16　分形树 6 第四次迭代

- 分形树 7 的 L 文法如下。

V（字母表）：F，X，+，-，[，]　　　　　　　　*ω*（公理）：X

P（规则）：规则 1：X → F+[[X]-X]-F[-FX]+X　　　规则 2：F → FF

δ（角度增量）：25°

打开配套资源中第 3 章目录下的“L 文法系统.py”程序文件，将起始点 *A* 的方向改为 90°，即将语句：*A* = (0,0,0)改为：*A* = (0,0,90)；将语句 L_system(dragon,*A*,*L*,*n*) 改为 L_system(tree7,*A*,*L*,*n*)，第一个参数为分形树 7 的文法结构，将迭代次数 *n* 分别设置为 1 和 5，在运行程序后，可以分别生成分形树 7 的生成元和第五次迭代形成的图形，如图 3-17 和图 3-18 所示。

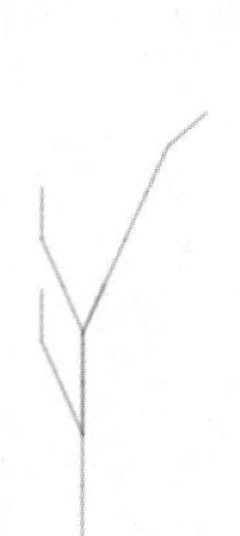

图 3-17　分形树 7 生成元　　图 3-18　分形树 7 第五次迭代

以上示例仅供参考，读者也可以设计自己的公理和规则，甚至修改、扩充符号的图形学解释，来模拟和生成多种多样的植物形态和分形图。

3.4.2　随机分形树

在 L 文法定义中，采用不同的规则来代表不同的形态，在迭代替换时，这些形态可以依据不同的概率来随机应用，这样就能够生长出更自然、更生动的随机分形树。以下是一种随机分形树的 L 文法。

V（字母表）：F，+，-，[，]　　ω（公理）：F

P（规则集）：规则 1：F → F[+F]F[−F]F　　概率：0.3

规则 2：F → F[+F]F[-F[+F]]　　概率：0.4

规则 3：F → FF+[+F+F]-[+F]　　概率：0.3

δ（角度增量）：25°

初始（公理）：F

第一次迭代后的字符串：有 30%的概率可能是规则 1 产生的 F → F[+F]F[−F]F，有 40%的概率可能是规则 2 产生的 F → F[+F]F[-F[+F]]，还有 30%的概率可能是规则 3 产生的 F → FF+[+F+F]-[+F]。在随机分形树的迭代过程中，每一次迭代只能根据概率，来应用其中的一条规则。所有设定的规则的概率加起来总和必须为 100%。在配套资源第 3 章目录下的“L 文法系统-随机.py”程序中采用的方式是：在每一次迭代前，首先生成 0~1 中的一个随机数，然后根据所生成的随机数，来选择这次迭代替换所要采用的规则。当随机数小于等于 0.3 时，选择规则 1；大于 0.3 并且小于等于 0.7 时，选择规则 2（因为规则 2 的概率是 0.4）；大于 0.7 时，选择规则 3。

第二次迭代后的字符串：同样采用随机数的方式，选择所要替换的规则，每一次程序的运行都有可能选择不同的规则，所以，具体生成的字符串也会不同，所绘制而成的图形也就各具形态。

……

打开配套资源中第 3 章目录下的“L 文法系统-随机.py”程序文件，运行程序，会在指定目录下生成并保存 10 张后缀名为.png 的图形文件(其中每一张图形所设定的迭代次数皆为 4)。从 10 张图形文件中所选出的 3 张图形，如图 3-19～图 3-21 所示。

图 3-19　随机“树”1

图 3-20　随机“树”2

图 3-21　随机“树”3

由此可见，这些图形不像之前的图形那样规整，“随机”的加入，让树的生长多了些恣意，一股蓬勃的生命力仿若扑面而来。或许，正是因为有了“随机”，这个世界才充满了活力。

3.5　L 文法系统.py 源码

```
# 导入模块
import matplotlib.pyplot as plt
import math

# 使用 Matplotlib 库，定义自己的 Turtle 类
class my_turtle:
    # 构造方法，自动执行
    def __init__(self,A):
        # 初始化实例属性
        self.x = A[0]    # x 轴坐标
```

```
        self.y = A[1]    # y 轴坐标
        self.d = A[2]    # 方向

    # 获取 Turtle 当前状态
    def get_point(self):
        return (self.x,self.y,self.d)

    # 恢复状态到 p 点
    def restore(self,p):
        self.x = p[0]
        self.y = p[1]
        self.d = p[2]

    # 向前进一步，画线
    def forward(self,L):
        # 计算下一点的坐标
        # 调用了 Python 自带的 math 模块的 cos()函数，cos()函数的参数必须转换成弧度
        x1 = self.x+L*math.cos(self.d*math.pi/180)
        #调用了 Python 自带的 math 模块的 sin()函数，sin()函数的参数必须转换成弧度
        y1 = self.y+L*math.sin(self.d*math.pi/180)

        # 两点之间画线
        X = [self.x,x1] # 包括两个点的 x 坐标
        Y = [self.y,y1] # 包括两个点的 y 坐标
        plt.plot(X,Y,c=p_color,alpha=1) # 绘制线段

        # 设置当前状态为下一点的状态
        self.x = x1
        self.y = y1

    # 向前进一步，不画线
    def go(self,L):
        x1 = self.x+L*math.cos(self.d*math.pi/180)
        y1 = self.y+L*math.sin(self.d*math.pi/180)

        self.x = x1
        self.y = y1

    # 向左转 angle 度
    def left(self,angle):
```

```
            self.d = self.d+angle

        # 向右转 angle 度
        def right(self,angle):
            self.d = self.d-angle

# L 系统函数，LS 为图形文法结构，A 为起始点，L 为步长，n 为迭代次数
def L_system(LS,A,L,n):
    angle = LS['angle'] # 获取图形结构的角度增量
    axiom = LS['axiom'] # 获取图形结构的公理
    P = LS['P']         # 获取图形结构的规则

    # 字符串重写
    i = 0
    new_str = axiom # 初始字符串为公理
    # 重复迭代替换，直到达到迭代次数
    while i < n:
        s = []
        # 遍历字符串中的每个字符
        for alpha in new_str:
            k = 0
            for rule in P:
                origin,desti = rule.split('->')
                if alpha == origin :
                    if desti:
                        s.append(desti)
                    k = 1
            if k == 0:
                s.append(alpha)
        new_str = ''.join(s)
        print(new_str)
        i = i+1

    # 实例化生成一个 my_turtle 对象
    t1 = my_turtle(A)

    # 解释字符串,绘图
    stack = [] # 采用列表实现栈
    # 遍历字符串
    for alpha in new_str:
```

```
        if alpha not in plot_V:
            continue
        if alpha == 'F':
            t1.forward(L)
        elif alpha == 'f':
            t1.go(L)
        elif alpha == '+':
            t1.left(angle)
        elif alpha == '-':
            t1.right(angle)
        elif alpha == '[':
            C = t1.get_point()
            stack.append(C)
        elif alpha == ']':
            A = stack[-1]
            del stack[-1]
            t1.restore(A)

# 定义符号的图形学解释
plot_V = {'F':'Move forward by line length drawing a line',
          'f':'Move forward by line length without drawing a line',
          '+':'Turn left by turning angle',
          '-':'Turn right by turning angle',
          '[':'push',
          ']':'pop',
          }

# 科赫曲线图形结构
koch = {'angle':60,
        'axiom':'F',
        'P':['F->F+F--F+F']
        }

# 科赫雪花图形结构
koch_snow = {'angle':60,
             'axiom':'F--F--F',
             'P':['F->F+F--F+F']
             }
```

```
# 分形龙图形结构
dragon = {'angle':45,
          'axiom':'FX',
          'P':['F->',
               'Y->+FX--FY+',
               'X->-FX++FY-']
          }

# 分形树 1~7 图形结构
tree1 = {'angle':25,
         'axiom':'F',
         'P':['F->F[-F]F[+F]F']
         }
tree2 = {'angle':25,
         'axiom':'F',
         'P':['F->F[+F]F[-F][F]']
         }
tree3 = {'angle':22.5,
         'axiom':'X',
         'P':['X->F-[[X]+X]+F[+FX]-X']
         }
tree4 = {'angle':22.5,
         'axiom':'F',
         'P':['F->FF-[XY]+[XY]',
              'X->+FY',
              'Y->-FX']
         }
tree5 = {'angle':22,
         'axiom':'F',
         'P':['F->F[-FR-FR-FR]F[+FR+FR+FR]F[FR]',
              'R->RF[+R][++R][+++R][-R][--R][---R]R']
         }
tree6 = {'angle':15,
         'axiom':'F',
         'P':['F->+F[+F]--F[---F]+F']
         }
tree7 = {'angle':25,
         'axiom':'X',
         'P':['X->F+[[X]-X]-F[-FX]+X',
              'F->FF']
```

```
    }

if __name__ == '__main__':
    # 指定背景颜色
    b_color = 'white'
    # 指定画笔颜色
    p_color = 'black'

    # 设置窗口的默认颜色
    plt.rcParams['figure.facecolor'] = b_color

    # 设置起始点
    A = (0,0,0)
    # 设置步长
    L = 30
    # 设置迭代次数
    n = 10

    # 调用 L-system 函数生成字符串并绘制图形
    L_system(dragon,A,L,n)

    # 设置 x,y 轴的单位长度相等
    plt.axis('equal')
    # 隐藏坐标轴
    plt.axis('off')
    # 保存图形为文件
    plt.savefig('E:\\1.png',facecolor=b_color)
    # 在屏幕上显示图形
    plt.show()
```

3.6　Matplotlib 库

Matplotlib tries to make easy things easy and hard things possible.
（“Matplotlib 让容易的事容易，让困难的事变成可能。”）

——John Hunter, Matplotlib 创建者

前两章，我们使用了 Python 自带的 Turtle 模块来进行绘图。但 Turtle 模块是教学级别的绘图模块，其设计初衷是为了创造一种生动的方式来吸引孩子学习编程，所以并不适合科学绘图和应用层面的高质量绘图。本章我们将开始熟悉一个更强大的绘图库 Matplotlib。

Matplotlib 是一个用于 2D 绘图的 Python 程序包，能够绘制出版级别的高质量图形。它支持交互式和非交互式绘图，并且可以将图像保存为多种输出格式（PNG、PS 等）。除此之外，它还有高度可自定义性，灵活并且易于使用。

3.6.1 安装

首先，确保已经安装 Python 3.6 以上版本，然后用 pip 工具来安装 Matplotlib 库。打开 cmd 窗口，输入：pip install matplotlib，pip 工具会自动搜索、下载并安装 Matplotlib 和相关库，中间过程如图 3-22 所示。

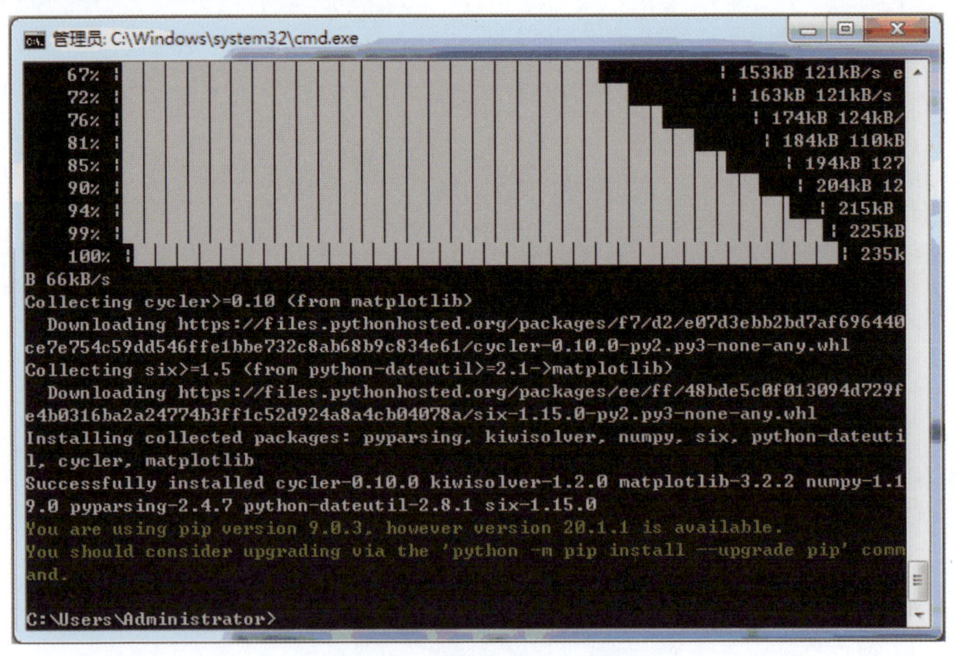

图 3-22　安装 Matplotlib 库

在安装完成后，可以用 Python -m pip list 查看本机安装的所有模块，确保 Matplotlib 已经安装成功，如图 3-23 所示。

也可打开 IDLE 窗口，输入以下语句，来获得 NumPy 库、Matplotlib 库的版本，并且检验库是否可以使用，安装结果如图 3-24 所示。

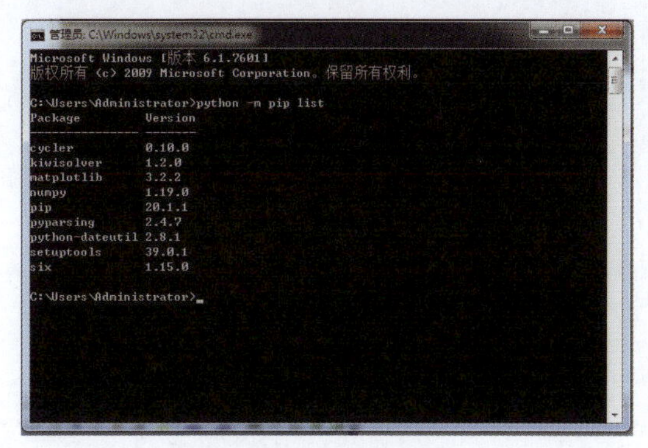

图 3-23　安装模块

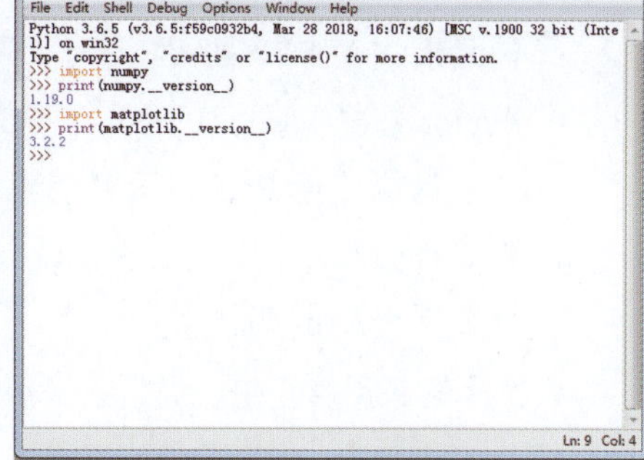

图 3-24　安装结果

3.6.2　组成部分

一幅 Matplotlib 图包括以下组成部分。

- Figure（面板）

Matplotlib 中的所有绘图区域都是位于 Figure 对象（即面板或画布）中，一个绘图区域只能在一个 Figure 对象之中。

- Axes（坐标系）

一个 Figure 对象下可创建一个或多个 Axes 对象用于绘制图像。一个 Axes 对象就是一个绘图区域。

- Axis（坐标轴）

一个 Axis 对象就是一个坐标轴，比如二维图形的 x、y 坐标轴，或三维图形的 x、y、z 坐标轴。Axis 对象存在于 Axes 对象之中，注意 Axes 和 Axis 的区别。

- Artist（艺术元素）

在面板上看到的每件事物都是一个 Artist，包括 Figure 对象、Axes 对象、Axis 对象、Text 对象、Line2D 对象、Patch 对象等。Text 对象是文本对象，用来控制画布中的文本；Line2D 对象是线对象，用来控制画布中的线；Patch 对象是图形对象，用来控制画布中的图形。当 Figure 被渲染（render）时，面板上的所有 Artist 都会被绘制到画布上。Matplotlib 库会自动完成这个过程，我们只需要调用相关函数即可。

3.6.3　使用方式

Matplotlib 有以下两种使用方式。

- OO（面向对象）方式：在编程过程中，必须输入相关语句，显式地创建 Figures

和 Axes 对象，并调用这些对象的方法。OO 方式可精细地控制面板上的各种元素，在绘制复杂图形时，采用这种方式，代码会更清晰、易读。

- Pyplot 方式：依赖 Pyplot 来隐式、自动地创建和管理 Figures 和 Axes 对象，并且可以使用 Pyplot 函数在当前 Axes 对象上绘制图形。采用 Pyplot 方式，在编程过程中，不需要输入语句来生成和管理 Figures 和 Axes 对象，使用较方便，代码也更简洁。

在实际的应用操作中，经常会采用这两种方式的组合来进行图形的绘制。这里，只介绍 Pyplot 方式，后续在第 6 章涉及更复杂的图形时，将会介绍 OO 方式。

Matplotlib.Pyplot 是一个命令风格的函数集合，其中的函数可直接作用于当前的 Axes 对象，并且函数调用后的各种状态会被保存起来，以便随时跟踪当前图像和绘图区域。在使用前，需要先用 import 语句导入 Matplotlib.Pyplot 模块，因为模块名过长，所以可以采用 as 语法，为模块名设置别名，语句如下：

```
import matplotlib.pyplot as plt
```

模块别名设置为 plt。

3.6.4 折线函数 Plot

Matplotlib.Pyplot 模块中的 Plot 绘图函数可用来绘制各种线，在数据统计图中，多用于绘制折线图。折线图会在稍后的 4.9.3 小节进行介绍。

Plot 函数的一般调用形式：

```
plot([X], Y, [fmt], **kwargs)                              # 单条线
plot([X], Y, [fmt], [X2], Y2, [fmt2], ..., **kwargs)       # 多条线
```

下面对 Plot 函数中的参数做详细解释：

X：x 轴数据，列表或数组，可选，缺少时系统会采用默认值。

Y：y 轴数据，列表或数组，必须输入值。

fmt：控制曲线的格式字符串，可选，缺少时系统会采用默认值。fmt 由颜色字符（color）、线型字符（line style）和点型字符（marker）组成，具体形式为“[color][marker][linestyle]”，color、linestyle、marker 的可选择项如表 3-2～表 3-4 所示。

表 3-2　颜色字符

字符	颜色
b	蓝色 blue
g	绿色 green
r	红色 red
c	蓝绿色 cyan
m	红紫色 magenta
y	黄色 yellow
k	黑色 black
w	白色 white

表 3-3　线型字符

字符	描述
-	实线（solid line style）
--	短画线（dashed line style）
-.	点画线（dash-dot line style）
:	点线（dotted line style）

表 3-4　部分点型字符（取自官方文档）

标记	符号	描述	标记	符号	描述
.		点	8		八边形
,		像素	s		正方形
o		圆	p		五边形
v		向下三角形	P		加号（有填充）
^		向上三角形	*		星形
<		向左三角形	h		六边形 1

续表

标记	符号	描述	标记	符号	描述
>	▶	向右三角形	H	⬢	六边形 2
1	Y	三叉向下	+	+	加号
2	⅄	三叉向上	x	×	x
3	≺	三叉向左	X	✖	X（有填充）
4	≻	三叉向右	D	◆	菱形
|	|	垂直线	d	♦	细菱形
_	—	水平线	None、or		无

label：添加图例时，需赋值；图例会在第 5 章详细介绍。

**kwargs：采用关键字参数对单个属性赋值，可更精细地控制颜色、线和点，以下是一些关键字。

color（颜色）or c：例如，color='green'

linestyle or ls（线条风格）：例如，linestyle='dashed'

linewidth or lw（线条宽度）：例如，linewidth=2

marker（点型）：例如，marker ='o'

markerfacecolor（点颜色）：例如，markerfacecolor ='blue'

markeredgecolor（点的边缘颜色）：例如，markeredgecolor ='black'

markersize（点尺寸）：例如，markersize=12

alpha（透明度）：为 0 到 1 之间的一个浮点数，0 为完全透明，1 为完全不透明

以下是 Plot 函数的一些示例。

- 示例 1

在 IDLE 窗口中输入以下语句：

```
>>> import matplotlib.pyplot as plt
>>> Y = [2,4,3,5]
>>> plt.plot(Y)
[<matplotlib.lines.Line2D object at 0x075815D0>]
>>> plt.show()
```

运行结果如图 3-25 所示。

Plot 函数可以不输入 x 轴数据，系统会依据 y 轴数据的个数来自动生成对应的 x 轴数据。示例中自动生成的 x 轴数据为[0,1,2,3]，数据从 0 开始，个数与 y 轴数据相同。缺少格式时，系统采用默认的格式：线型为实线，颜色为蓝色，没有标记或点（marker）。

- 示例 2

在 IDLE 窗口中输入以下语句：

```
>>> import matplotlib.pyplot as plt
>>> X = [1,2,3,4,5]
>>> plt.plot(X,[x**2 for x in X],'ro--')
[<matplotlib.lines.Line2D object at 0x0752ADB0>]
>>> plt.show()
```

运行结果如图 3-26 所示。

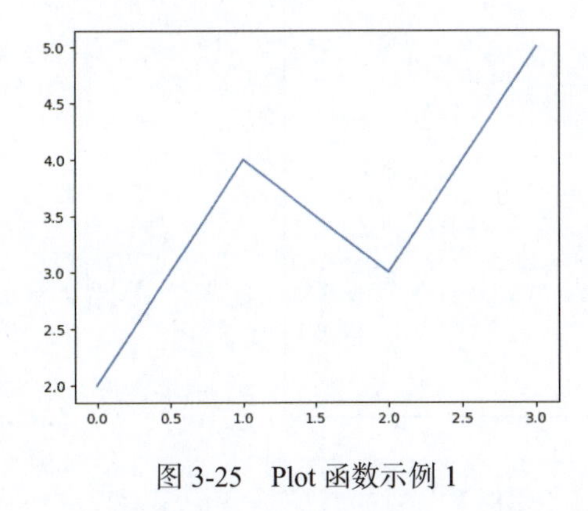

图 3-25　Plot 函数示例 1

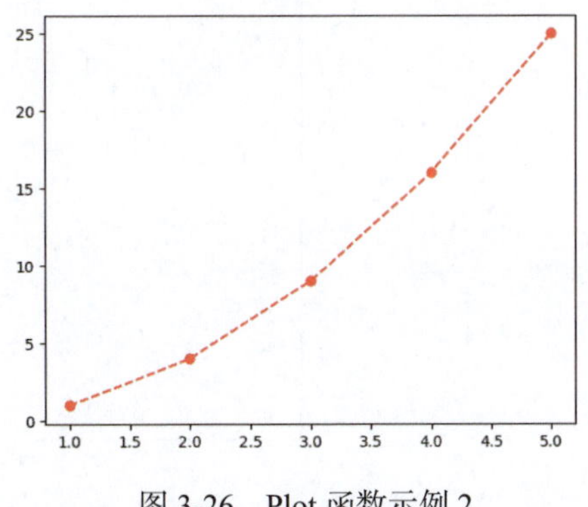

图 3-26　Plot 函数示例 2

y 轴数据采用列表推导式的方式，依据 x 轴数据计算而成。`[x**2 for x in X]`等同于以下语句：

```
Y = []
for x in X:
    y = x**2
    Y.append(y)
```

所得的 Y 列表的值为[1,4,9,16,25]。可以看到，列表推导式的方式要更方便也更简洁。

fmt 字符串“ro—”用来确定格式：表示颜色为 r（红色），点型为 o（圆形），线型为--（短画线）。

- 示例 3

在 IDLE 窗口中输入以下语句：

```
>>> import matplotlib.pyplot as plt
>>> X = range(6)
>>> plt.plot(X,[x**2 for x in X],'ro',X,[x*3 for x in X],'g-.')
[<matplotlib.lines.Line2D object at 0x06B0A610>, <matplotlib.lines.Line2D
object at 0x06B0A6B0>]
>>> plt.show()
```

运行结果如图 3-27 所示。

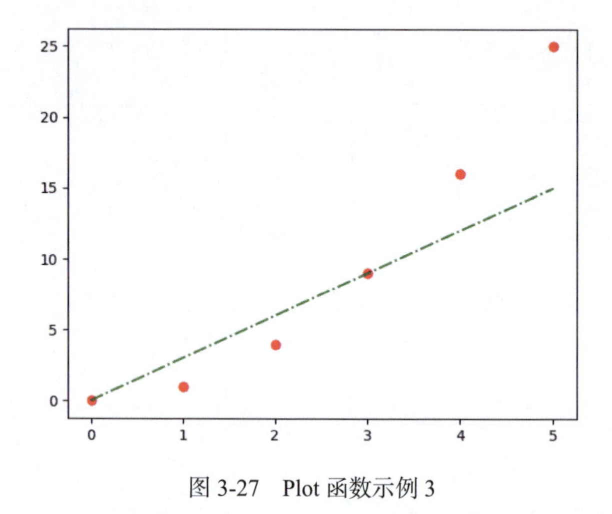

图 3-27　Plot 函数示例 3

x 轴数据由 Range 函数生成，Range(6)生成并返回列表[0,1,2,3,4,5]。fmt 字符串“ro”只有点型无线型，所以生成的图形有点无线；“g-.”只有线型无点型，所以生成的图形有线无点。

- 示例 4

在 IDLE 窗口中输入以下语句：

```
>>> import matplotlib.pyplot as plt
>>>  X = range(10)
>>>  Y = [x**2 for x in X]
>>> plt.plot(X,Y,'r*-',alpha=0.3,lw=2,markeredgecolor='white',
markerfacecolor='blue',markersize=10)
[<matplotlib.lines.Line2D object at 0x06B0AB30>]
>>> plt.show()
```

运行结果如图 3-28 所示。

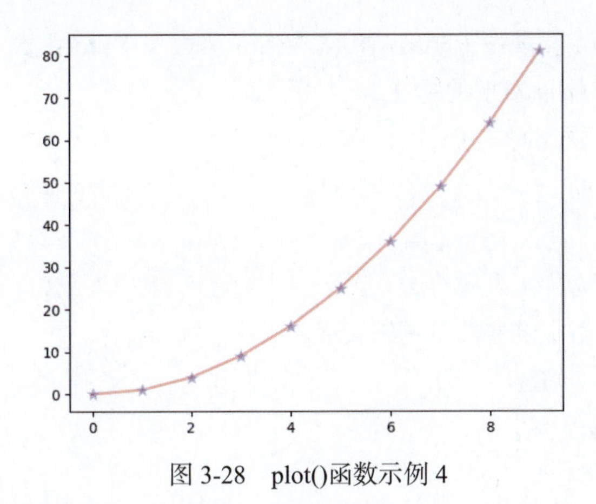

图 3-28　plot()函数示例 4

fmt 字符串“r*-”确定格式：颜色为 r（红色），点型为*（星形），线型为-（实线）。关键字 alpha 设置颜色的透明度为 0.3，lw 设置线条的宽度为 2，markeredgecolor 设置点边缘的颜色为白色，markerfacecolor 设置点的颜色为蓝色，markersize 设置点的大小为 10。fmt 格式字符串和关键字参数可单独使用，也可混合使用。

3.6.5　显示模式

Matplotlib 有两种显示模式

- 阻塞（block）模式：调用 Plt.Plot 函数后不显示图像，需要调用 Plt.Show()才能打开窗口，显示图像。
- 交互（interactive）模式：调用 Plt.Plot 函数后会直接打开窗口，显示图像。

在 Python 脚本中，Matplotlib 默认是阻塞模式，所以，一个完整的 Matplotlib 绘图脚本如下：

```
import matplotlib.pyplot as plt
X = [1,2,3,4,5]
plt.plot(X,[x**2 for x in X])
plt.show()
```

模式的切换可使用以下两个函数：

```
plt.ion()   # 打开交互模式
plt.ioff()  # 关闭交互模式
```

下一章，我们将使用交互模式来模拟凝聚态。

3.6.6 坐标轴函数

Matplotlib.Pyplot 模块中的 Axis 函数、Xlim 函数和 Ylim 函数，可以用来设置 x 轴、y 轴的坐标轴范围以及相关属性。

- Axis 函数的调用形式

```
xmin, xmax, ymin, ymax = axis() # 返回 x 轴、y 轴当前坐标范围
xmin, xmax, ymin, ymax = axis([xmin, xmax, ymin, ymax]) # 设置 x 轴、y 轴坐标范围
xmin, xmax, ymin, ymax = axis(option) #设置坐标轴相关属性
```

下面对 Axis 函数中的参数做详细解释。

xmin：x 轴的最小值。

xmax：x 轴的最大值。

ymin：y 轴的最小值。

ymax：y 轴的最大值。

option：该参数用来设置坐标轴的相关属性，以下是一些常用的属性值。

- off：隐藏坐标轴。
- equal：坐标轴的单位长度保持一致。

其余属性值请参见官方文档。

函数返回值：当前 x 轴、y 轴的取值范围 xmin, xmax, ymin, ymax。

可以在 IDLE 窗口中输入以下语句来查看函数的调用结果：

```
>>> import matplotlib.pyplot as plt
>>> plt.axis()
(0.0, 1.0, 0.0, 1.0)
>>> plt.axis([1,10,1,10])
(1.0, 10.0, 1.0, 10.0)
```

- Xlim 函数的调用形式

```
left, right = xlim()        # 返回 x 轴当前坐标范围
xlim(left, right)           #设置 x 轴坐标范围
xlim(right=3)               #设置 x 轴最右边坐标
xlim(left=1)                #设置 x 轴最左边坐标
```

可以在 IDLE 窗口中输入以下语句来查看函数的调用结果：

```
>>> import matplotlib.pyplot as plt
>>> plt.xlim()
(0.0, 1.0)
>>> plt.xlim(1,10)
```

```
(1.0, 10.0)
>>> plt.xlim(left=2)
(2.0, 10.0)
>>> plt.xlim(right=15)
(2.0, 15.0)
```

- Ylim 函数的调用形式

```
bottom, top = ylim()        # 返回 y 轴当前坐标范围
ylim(bottom, top)           # 设置 y 轴坐标范围
ylim(top=3)                 # 设置 y 轴最上坐标
ylim(bottom=1)              # 设置 y 轴最下坐标
```

可以在 IDLE 窗口中输入以下语句，来查看函数的调用结果：

```
>>> import matplotlib.pyplot as plt
>>> plt.ylim()
(0.0, 1.0)
>>> plt.ylim(1,5)
(1.0, 5.0)
>>> plt.ylim(top=3)
(1.0, 3.0)
>>> plt.ylim(bottom=-1)
(-1.0, 3.0)
```

3.6.7　图像保存到文件

我们可以用 Matplotlib.Pyplot 模块中 Savefig 函数来保存图像。例如输入：

```
plt.savefig('E:\\plot1.png')
```

图像文件会被保存到 E:盘根目录下。保存的文件类型可通过文件名后缀来指定，上面这条语句保存的是一个 png 图像，如果使用.pdf 为后缀，就会得到一个 PDF 文件。Savefig 函数支持的文件格式包括：eps、pdf、pgf、png、ps、raw、rgba、svg、svgz。如果输入的是一个错误的格式如.bmp，就会提示以下错误：

```
ValueError: Format 'bmp' is not supported (supported formats: eps, pdf, pgf,
png, ps, raw, rgba, svg, svgz)
```

除文件名外，Savefig 函数还有以下一些常用设置：

- dpi：dpi 是一个量度单位，指的是每英寸的像素，也就是图像的精度。dpi 越低，清晰度越低。一般的折线图通常设置为 100 dpi，而图像设置为 300 dpi。默认为 100 dpi。

- facecolor：设置图像的背景颜色，默认为白色。
- transparent：设置为 True 时，图像背景为透明；默认为 False，图像背景为不透明。
- bbox_inches：设置为 tight 时，可删除 figure 周围的空白部分。
- 比如输入以下语句：

```
plt.savefig('E:\\plot1.png',dpi=300,transparent= True,bbox_inches='tight')
```

我们会得到一幅 png 图，这幅图 300 dpi，有透明的背景，并且画布周围没有空白。

3.6.8 颜色格式

在 Matplotlib 中指定颜色，除了可以使用前面表 3-2 中“b”“r”“g”等颜色名称缩写外，还有以下一些常用方式：

- 颜色全称，如“yellow”“white”“blue”等，即 color='red'。
- RGB (Red, Green, Blue) 或 RGBA (Red, Green, Blue, Alpha)元组，例如，color=(0.1, 0.2, 0.5) or color=(0.1, 0.2, 0.5, 0.3)，0.3 表示颜色的透明度。注意：这里的数值是 0 到 1 之间的浮点数，和常见的 RGB 格式不同，使用时需将常见 RGB 的三色数值分别除以 255，即（Red/255，Green/255，Blue/255）。
- 十六进制的颜色字符串（格式和 HTML 代码相同），例如 color='#FF00FF'。
- 灰度强度，一个 0 到 1 之间浮点数的字符串，例如 color='0.7'。

3.6.9 RcParams 变量

Matplotlib.Pylot 模块中使用了一个配置文件，这个文件简称为 Rc 配置或 Rc 参数。在模块载入时，这个文件会被调用，包含的配置信息会被保存到 RcParams 变量中。在程序中，可以通过 RcParams 变量来查看和改变模块的各种默认属性，比如窗体大小、窗体颜色、每英寸点数、线条宽度等。可在 IDLE 中输入以下语句查看 RcParams 变量中的所有默认属性：

```
print(plt.rcParams)
```

显示结果如图 3-29 所示。

我们可以使用下面的方法来更改这些默认属性：

```
plt.rcParams['figure.figsize'] = [6.0,8.0]     # 更改 figure 窗体的默认大小
plt.rcParams['figure.facecolor'] = 'black'     # 更改 figure 窗体的默认颜色
```

```
plt.rcParams['axes.facecolor'] = 'black'          # 更改绘图区域的默认颜色
plt.rcParams['lines.color'] = 'black'             # 更改线的默认颜色
plt.rcParams['font.sans-serif']=['SimHei']        # 用来正常显示中文标签
plt.rcParams['axes.unicode_minus']=False          # 用来正常显示负号
```

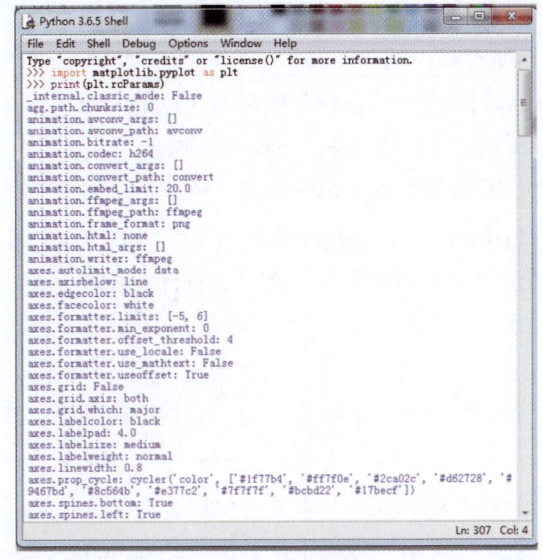

图 3-29　显示结果

3.7　源码剖析

3.7.1　栈和分形树

栈（Stack）是计算机科学领域中一种重要的数据结构。栈又名堆栈，原义指的是存储货物的地方，所以在计算机领域中，栈指的是数据暂时存储的地方。在本章的 L 文法系统中，就是采用了栈的概念来暂时保存各个分支点的龟图状态。那么，这个数据暂时存储的地方有什么样的结构特点呢?

一个栈就像是一个有着顶、底两端的储蓄盒，元素只能从栈的顶这一端来进出。栈的操作有两种：进栈和出栈。进栈（Push）指的是在一个栈的顶端放上一个新元素，新元素即成为了最上面的栈顶元素；出栈（Pop）指的是从一个栈的顶端删除最上面的栈顶元素，下面的元素即成为新的栈顶元素。可以把栈想象成在桌上整齐堆叠的一摞书，一本书必须放在前一本书的上面，这样一本一本地堆叠上去，如果我们想要取出最下面的那本书，就必须要把压在它上面的书，按着次序一本一本地拿开才行，这就叫作“先入后出”。

L 文法系统中用字符“[”表示进栈，“]”表示出栈，分形树 1 第一次迭代生成的字符串：F[-F]F[+F]F，其中，[-F]和[+F]分别绘制的是树的右分支和树的左分支，第一个 F 绘制的是树的主干，到达某个点（也就是长度为 *L* 的地方，可称为 *A* 点）后，使用“[”将 *A* 点的龟图状态压入栈中，然后，“-”顺时针旋转、F 画线，绘制树的右分支，绘制完成后，使用“]”将先前在栈中保存的 *A* 点的龟图状态取出，画笔移到 *A* 点上，F 继续画线绘制树的主干，接下来的[+F]也是同样，数据进栈，绘制树的左分支，绘制完毕，数据出栈，画笔移到取出的数据上，F 继续画线绘制树的主干。第二次迭代时生成的字符串：F[-F]F[+F]F[-F[-F]F[+F]F]F[-F]F[+F]F[+F[-F]F[+F]F]F[-F]F[+F]F，在这个字符串里，每一个分支都需要绘制自己的右分支和左分支，栈就非常适合用来保存各个分支点的信息。因为栈的特点是“先入后出”，分支的数据会在主干的数据上面，分支的分支的数据会在分支的上面，取数据时，先取出的是分支的分支的数据，然后是分支的数据，最后才是主干的数据，所以，绘图的顺序也就是：主干 → 右分支 → 右分支的右分支 → 右分支 → 右分支的左分支 → 主干 → 左分支 → 左分支的右分支 → 左分支 → 左分支的左分支 → 主干。

在 3.5 节的“L 文法系统.py”源码中，采用了 Python 的列表 Stack 来实现栈。首先，初始化为空列表：

```
stack = []
```

在遍历字符串的字符时，如果字符为“'[':”，那么获取该点的数据，将数据加入列表的尾部；如果字符为“']':”，那么，用负索引值，从列表的尾部取出数据，将海龟画笔的状态设置为该数据，并删除列表中的该数据，源码中以下语句实现了该功能：

```
elif alpha == '[':
    C = t1.get_point()
    stack.append(C)
elif alpha == ']':
    A = stack[-1]
    del stack[-1]
    t1.restore(A)
```

3.7.2 类和对象

在面向对象编程中，类（Class）和对象（Object）是两个最基本的概念。类是一种抽象的数据类型，它将现实世界或思维世界中的实体抽象出来，并将这些实体的数据（也称作属性）以及应用在数据上的各种操作（也称作方法）封装在一起。而对象是类的具体化，是用类作为模板生成的具体事物。比如汽车（Car）为一个类（Class），那么，具体的每一辆车就是Car类的一个对象（Object），每个对象包含了汽车的颜色、品牌、名称等；又比如猫（Cat）为一个类，那么，具体的每一只猫就是Cat类的一个对象。

由上面的例子可以看到，类是一个抽象的概念集合，它不存在于现实的时间和空间里，表示的是一个共性的产物；而对象表示的是一个具体的个体，是确实存在的实物。具体的对象可以通过类实例化后而产生，会分别拥有自己独立的属性值，并且，能够通过行为来改变各自的属性值。比如猫Cat这个类，属性有名字、颜色、大小、体重等，而行为（或方法）有吃、跑、睡觉等。如果根据这个Cat类生成了一个具体的对象，那么，每个对象都会有自己独立的名字、颜色、大小、体重等属性，并且拥有吃、跑、睡觉等行为。它们的属性也会随着行为而改变，比如跑得多了，体重就会减轻；吃得多了，体重就会增加等。

在3.5节的“L文法系统.py”源码中，我们定义了一个my_turtle类，该类是基于Matplotlib库进行的类似Turtle模块的一个简单封装，可以看作自定义了一个画笔类，将my_turtle类实例化后，就是一支支具体的、可用来绘图的画笔，也就是my_turtle这个类的对象。

My_turtle自定义类

```
# 使用matplotlib库，定义自己的turtle类
class my_turtle:
    # 构造方法，自动执行
    def __init__(self,A):
        # 初始化实例属性
        self.x = A[0]    # x轴坐标
        self.y = A[1]    # y轴坐标
        self.d = A[2]    # 方向

    # 获取turtle当前状态
    def get_point(self):
        return (self.x,self.y,self.d)

    # 恢复状态到p点
    def restore(self,p):
        self.x = p[0]
        self.y = p[1]
```

```
        self.d = p[2]

    # 向前进一步，画线
    def forward(self,L):
        # 计算下一点的坐标
        x1 = self.x+L*math.cos(self.d*math.pi/180)
        y1 = self.y+L*math.sin(self.d*math.pi/180)

        # 两点之间画线
        X = [self.x,x1]
        Y = [self.y,y1]
        plt.plot(X,Y,c=p_color,alpha=1)

        # 设置当前状态为下一点的状态
        self.x = x1
        self.y = y1

    # 向前进一步，不画线
    def go(self,L):
        x1 = self.x+L*math.cos(self.d*math.pi/180)
        y1 = self.y+L*math.sin(self.d*math.pi/180)

        self.x = x1
        self.y = y1

    # 向左转 angle 度
    def left(self,angle):
        self.d = self.d+angle

    # 向右转 angle 度
    def right(self,angle):
        self.d = self.d-angle
```

这个类非常简单，只有少量的属性和方法，用来实现 L 文法系统中 F、f、+、-符号的图形学解释。这些属性和方法会在 3.5 节“L 文法系统.py”源码中的 L_system 函数中用到。

类是一个模板，而对象则是根据模板创建的实例。例如，源码中的 L_system 函数通过以下语句创建了一个 my_turtle 类：`t1 = my_turtle(A)`

其中，输入参数 A 为一个三元组（*x*,*y*,*d*），*x* 和 *y* 分别代表横坐标和纵坐标，*d* 代表当前的方向。在这里，变量 *t*1 就是 my_turtle 类实例化生成的一个对象，接下来，就可以通过这个对象 *t*1 来访问和执行类的属性和方法。

my_turtle 类包括了以下属性和方法。

（1）属性。self.x：*x* 轴坐标；
self.y：*y* 轴坐标；
self.d：方向。
self.前缀表示这是实例属性，是属于单个对象的。

（2）方法。_init_(self,A)：构造对象的方法；
get_point(self)：获取 turtle 对象的当前属性，即（*x*,*y*,*d*）三元组；
restore(self,p)：恢复 turtle 对象状态到 *p* 点，也就是设置 turtle 对象的属性为 *p* 点的状态，参数 *p* 也是一个（*x*,*y*,*d*）三元组；
forward(self,L)：向前进一步，画线，计算出下一点的坐标后，调用了 Matplotlib.Pyplot 模块的 Plot 绘图函数在两点之间绘制线段；
go(self,L)：向前进一步，不画线。海龟状态设置为下一点的坐标值；
left(self,angle)：向左转 angle 度，也就是更改海龟的方向 d 的值为 d+angle。
right(self,angle)：向右转 angle 度，也就是更改海龟的方向 d 的值为 d-angle。

方法中的 self 是一个形式参数，表示已经实例化的对象本身，比如：

当执行语句 *t*1 = my_turtle(0,0,0)时，Python 会自动执行 my_turtle 类的_init_()构造方法来构造 *t*1 对象，用传入的参数(0,0,0)来初始化 *t*1 对象的属性。语句执行完成后，*t*1 对象的 *x*、*y*、*d* 属性的值变为 0、0、0，此时，self 等于已经实例化的对象本身 *t*1。

当执行语句 *t*2 = my_turtle(0,10,90)时，Python 会自动执行 my_turtle 类的_init_()构造方法来构造 *t*2 对象，*t*2 对象的 *x*、*y*、*d* 属性的值则被赋值为 0、10、90，此时，self 等于已经实例化的对象本身 *t*2。

所以，在类中定义方法时，方法的第一个参数必须是 self，这样才能使用某个特定对象的属性值。但是，类实例化生成对象后，通过对象来调用方法时，Python 会默认将已生成的对象（比如 *t*1 对象、*t*2 对象），作为值传递给 self 参数，所以，在编写程序时，并不需要显式地把值传给 self 参数，也就是说，可以像下面这样调用对象的方法。

```
t1 = my_turtle((0,0,0))
t1.get_point()
```

```
t1.forward(10)
t2 = my_turtle((0,10,90))
t2.get_point()
```

上面的语句生成了 my_turtle 类的 2 个对象：*t*1 对象和 *t*2 对象。*t*1 对象调用 get_point 方法时，Python 的内部机制是：把 *t*1 对象作为值，传递给 get_point 方法的 self 参数，所以，get_point 方法返回的是 *t*1 对象的当前属性。同样，*t*2 对象调用 get_point 方法时，Python 的内部机制是：把 *t*2 对象作为值，传递给 get_point 方法的 self 参数，所以，get_point 方法返回的是 *t*2 对象的当前属性。只有采用这样的构造，Python 才能知道要获取哪一个特定对象的属性值或者针对哪一个特定对象来进行操作。

3.7.3 L 系统函数

在 3.5 节的“L 文法系统.py”源码中，自定义了一个 L_system(LS,*A*,*L*,*n*)函数来实现 L 文法系统，函数共有 4 个输入参数，分别是：LS 为图形文法结构，一个字典；*A* 为起始点，一个（*x*,*y*,*d*）三元组；*L* 为步长；*n* 为迭代次数。

L_system 函数共分三个部分，第一部分用来获取图形文法结构，源码中用字典来表示各个分形结构的 LS 文法，比如：

```
# 科赫曲线图形结构
koch = {'angle':60,
        'axiom':'F',
        'P':['F->F+F--F+F']
        }
```

其中，angle 是角度增量；axiom 是公理；P 是规则。所以，L_system 函数采用以下方式来获取 LS 文法：

```
    angle = LS['angle']     # 获取图形结构的角度增量
    axiom = LS['axiom']     # 获取图形结构的公理
    P = LS['P']             # 获取图形结构的规则
```

第二部分，重复迭代替换，直到达到迭代次数，生成最终的字符串：

```
    # 字符串重写
    i = 0
    new_str = axiom # 字符串，初始为公理
    # 重复迭代替换，直到达到迭代次数
    while i < n:
        s = [] # 设置一个列表，对字符串中每一个字符单独进行处理
        # 遍历字符串中的每个字符
```

```
    for alpha in new_str:
        k = 0 # k为1表示该字符已替换，为0表示该字符没有替换
        # 依据规则，进行字符替换
        for rule in P:
            origin,desti = rule.split('->')
            if alpha == origin :
                if desti:
                    s.append(desti)
                k = 1
        if k == 0:
            s.append(alpha)
    new_str = ''.join(s)
    print(new_str) # 在IDLE窗口打印生成的字符串
    i = i+1
```

第三部分，依据生成的字符串，调用 my_turtle 类实例化的对象来绘制相应的图形。

```
# 实例化生成一个my_turtle对象
t1 = my_turtle(A)

# 解释字符串，绘图
stack = []  # 采用列表实现栈
遍历字符串
for alpha in new_str:
    # 如果字符不在字母表中，直接跳过
        if alpha not in plot_V:
            continue
        if alpha == 'F':
            t1.forward(L)
        elif alpha == 'f':
            t1.go(L)
        elif alpha == '+':
            t1.left(angle)
        elif alpha == '-':
            t1.right(angle)
        elif alpha == '[':
            C = t1.get_point()
            stack.append(C)
        elif alpha == ']':
            A = stack[-1]
            del stack[-1]
            t1.restore(A)
```

3.8 数据可视化 Tips——可视化材料

数据是对现实世界的一种抽象，可视化又把数据抽象成了各种图形。设计完成一幅可视化作品，需要准备的材料包括：数据、空间结构、视觉元素、背景信息等，如果将可视化的过程比作烹饪，数据就好比原材料；空间结构就是盛放的器皿，也许是椭圆形的鱼盘，或是冷菜碟子；视觉元素则是对原材料的加工，或雕花、或切片煎炸、或炖煮着色；而背景则是摆盘时衬托的点缀物，如西兰花、薄荷片或大红椒。那么，要如何准备这些材料，并将这些材料进行合理的处理和搭配呢？这也是可视化设计中必须要考虑的问题。

可视化的基础是数据，不同类型的数据可以采用不同的加工方式，适用于不同的可视化元素来进行表示，比如，折线图适合表示连续变化的数据，柱状图、条形图适合表示分类数据，热图则适合表示空间数据等。所以，在设计可视化方案前，先要了解的是，有哪些数据类型，以及这些数据类型又具备怎样的特性。

除了数据，还可以用三种可视化材料来表达数据，这三种材料分别为：空间结构、视觉元素（如形状、大小、颜色等）及背景信息。明亮、活泼的颜色与灰色、柔和的颜色所表达的含义是不同的；二维的直角坐标系空间中左上方的点和右下方的点的含义是不同的；圆点、三角形和星形这些不同的形状含义更是不同的。不论是统计图表还是数字艺术，可视化都是基于数据和这三种材料所创建的。这些材料在一起协同工作，共同构成了一幅可视化作品。所以，在进行可视化设计时，需要合理选择并安排各种材料，使视觉的形式和所针对的数据类型相匹配，并且保证这些材料之间能够有效地相互作用，比如强化或者削弱。

3.8.1 数据类型

数据的类型有很多种划分方式，具体如下。

1. 从广义上来划分，数据可分为两类：离散的数据和连续的数据。

离散的数据可用来描述不同种类的不同物品，比如苹果、台灯、水管就是“离散的”或者是“名称”上不同的物品，它们相互之间没有内在的联系；连续的数据则是那些可以以一定的顺序呈现出来的数据，比如一天中连续的几个小时，温度、湿度的变化等。

2. 从性质上来划分，数据可分为四类：定位的数据、定性的数据、定量的数据及定时的数据。

定位的数据用来确定位置，比如各种坐标数据等；定性的数据用来表示事物的属性，比如水果、蔬菜等；定量的数据用来表示事物的数量，比如宽多少、重量多少等；而定时的数据则用来表示事物的时间，比如几点、几分、几秒等。

3. 从结构上来划分，数据可分为六类：一维、二维、三维、时态的、树的和网络的，后三类数据的结构性更强。

（1）线性数据是一维的，包括电子表格、文本文档、字典、名字列表、账本等，这一类数据都可以按照顺序的方式来进行组织。

（2）地图数据是二维的，包括地理图、平面布置图、报纸版面等，这一类数据中的每一个条目都覆盖了一个完整区域的某个部分。

（3）现实世界中的对象，比如分子、人体、建筑物等，这些具有体积并且和其他事物有着复杂关系的数据都是三维的数据。如计算机辅助医学影像、建筑制图、机械设计、化学结构建模和科学仿真等系统，就是为了处理这些复杂的三维关系。

（4）时间点状态的数据是时态数据，这类数据可用来监视交通状况、研究统计趋势、分析地震闪电等，在电子商务、数据仓库、地理信息系统等领域应用广泛。时态数据的来源，可以手动输入，也可以使用观测传感器来收集，或者使用模拟模型来生成。对于时态数据来说，进行可视化时最关心的问题是某个时间点上发生了什么事件，以及这个时间点的前、后和自身之间的关系。

（5）树结构的数据。树有分支结构、具备层次性，比如族谱、组织机构等。对于树结构的数据，在进行可视化时所要关心的问题是路径、层次、子树及叶节点。

（6）网络结构的数据。在一个复杂的网络之中，有无数多个节点。一个节点对应一个数据点，这个数据点可以是简单的数据，也可以是复杂的数据对象，比如前面的地图数据、三维对象、树结构数据等。在网络中，当两个节点之间存在着某种特定的关系时，就可以构建一个链接将两个节点关联起来。对于网络结构的数据，在进行可视化时所关心的问题是各个节点的属性及节点之间的关联。

4. 从绘图上来划分，数据可分为三类：分类数据、时序数据和空间数据。

（1）在数据分析中，常常会把事物进行分类。分类可以使数据具有某种结构，从而更利于统计和分析。从分类数据上，可以看到数据集的范围，还可以看到各个分类的分布、结构和模式。柱状图就是这样的表现方式，它等同于一个列表，图中的每一个柱体都代表了一个分类的值。而如果把分类看成是独立的单元，把所有的分类放在一起，就可以看到由各部分组成的整体，这样的方式也是饼图的表现方式。

（2）时序数据更关注的是起伏变化和周期循环。柱状图（或条形图）用来表现时序数据时，坐标轴将不再使用分类，而采用时间。在数据分析中，可以用很多种方法来观察时序数据的模式，比如折线图、散点图等。

（3）空间数据有着自然的层次结构，比如国家、省、市、区、街道等。空间数据类似于分类数据，只是其中包含了地理要素。在进行可视化空间数据时，可以分层次、分粒度来进行展示，比如等值区域图就采用了颜色作为视觉元素，不同区域会根据不同的数据来进行填色，颜色饱和度高的区域表示大的数值，而颜色饱和度低的区域则表示小的数值。

3.8.2 空间结构

在编码数据时，需要把视觉元素，放到一个结构化的空间的某个位置上。这个结构化的空间，以及在这个空间中所遵循的规则，被称作坐标系和标尺。

坐标系一般分为三种：直角坐标系、极坐标系和地理坐标系。

（1）直角坐标系也被称为笛卡儿坐标系，是法国哲学家、数学家笛卡儿所创建的。直角坐标系的创建连接了代数和几何的概念。直角坐标系由两条互相垂直、并有公共原点的数轴组成，其中横轴为 x 轴，纵轴为 y 轴。在直角坐标系中，（x,y）的值对代表的就是一个相对于原点的位置，比如，（0,0）为原点，而（2,3）就表示该点水平方向距离原点为 2，垂直方向距离原点为 3。

（2）极坐标系（Polar Coordinates），是一个圆形的网格。在极坐标系中，点的位置是通过“角度”和“到原点的距离”来确定的。极坐标系中的原点 O 叫作极点，从 O 引出的一条水平线 Ox 叫作极轴，角度往逆时针方向为正值。极坐标系中的任何一个位置 M 都可以用（r, θ）或（ρ, θ）来表示，（r, θ）或（ρ, θ）叫作点 M 的极坐标。r 表示点 M 到原点 O 的距离叫作点 M 的极径。θ 表示从 Ox 到 OM 的角度叫作点 M 的极角。极坐标系强调的是角度和方向。饼图用的就是极坐标系。

（3）地理坐标系采用了经度和纬度，有时候还包括高度，来映射地球上任何一点的位置。经度和纬度分别是相对于赤道和子午线的角度。纬度线是东西向的，标识地球上的南北位置。经度线是南北向的，标识地球上的东西位置。地理坐标系，早期被应用于天文地理，而今，随着卫星等勘测手段的发展，中国北斗导航体系的建立与完善，更是被广泛地应用。

视觉元素需要被放到某个坐标系的某个位置上，标尺就是用来标定元素所存放的具体位置的一种方法。比如，在直角坐标系中，标尺就是横坐标轴和纵坐标轴。标尺可分为：线性标尺、对数标尺、分类标尺和时间标尺。

在线性标尺中，数值之间的间距处处相等。数值以等距离的方式增量，可用来增强图表的可读性。

而对数标尺则随着数值的增大而压缩，它更关注的是百分比的变化，而不是原始的计数，所以，对数标尺更适用于大范围的数值。

分类标尺通常和数字标尺一起使用，用于在视觉上分隔分类数据。分类标尺之间的间隔，通常和数值并没有太大的关系，可以为了增强可读性而进行调整。分类标尺需要关注类别之间的顺序，以符合读者的认知习惯，方便读者进行比较。

时间标尺既可以把连续的数据画到线性标尺上，也可以根据年、月或者星期等时间维度来进行分类，将时间作为离散的数据来进行处理。

3.8.3　视觉元素和背景信息

不同的视觉元素组成了可视化作品的图形或图像，也可以说，可视化就是用视觉元素来编码数据的，而读者阅读可视化作品，就是反向将可视化元素解码成数据，通过解码来理解作品所表达的内容。所以，在视觉元素的编码过程中，必须依据数据本身的特点和可视化的目标，来准确、合理地进行组织和安排，否则，就很容易造成读者的困惑和不解。视觉元素一般包括形状、大小、位置、颜色、方向和角度等。

（1）形状

几何形状的图形，相较于数值、文字的表达要更直观、高效，也更容易阅读和理解。比如，线条可以在网络图中表示数据之间的关系，哪些数据连接在一起，连接的方式是什么，是单向的还是双向的等。线条的粗细可用来表示关系的强弱。线条的方向可以用来表示数据趋势的变化。又比如，矩形这样的简单形式，在条形图、柱状图或直方图中，通过对多个矩形进行排列，既可以展现数据之间的比较情况，也可以表现出一个数据集的分布趋势、集中趋势和数值范围。矩形或者其他图形还可以用来描述不同的数据类别及相互之间的关系。不同的形状和符号，可以在图表中清晰地区分出不同的类别，甚至不需要用到颜色。

（2）大小

大的物体表示大的数值。一维空间用长度，二维空间用面积（比如圆形或矩形)，三维空间用体积（如立方体或球体）。柱状图或条状图通常用长度作为视觉元素，柱体越长，表示数值越大。长度是从图形的一端到另一端的距离，用长度比较数值时，必须要能看到线段的两端，所以长度的坐标最小值要从 0 开始，否则，就不能保证数据的准确性。面积的大小应该按照整个面积来进行扩大或缩放，而不是长宽，这样就可以保证比例的正确性。体积也是如此。

（3）位置

形状和大小可用来表示数据之间的关系，而位置表示的则是数据的层次性。在直角坐标系中，一个数据点的位置就是 x、y 坐标值。在一个给定的空间（比如直角坐标系）中可以通过位置来展示出所有的数据，其中，一个数据表现为一个点。大量的数据绘制完成后，就可以从图中一目了然地看到数据的上升趋势、下降趋势、聚集和离群情况，这是位置的优势，也是散点图的优势。而位置的劣势是：当数据点比较密集的时候，特别是点重叠的时候，就很难分辨出每一个点分别代表的是什么。

（4）颜色

颜色能够提高图像的易读性。不同的分类通常采用不同的颜色，深浅不一的颜色可以展示出视觉分离的效果。关于颜色可查看 2.6 节的介绍。

（5）方向和角度

方向一般用在折线图上，表现的是数据的增长、下降以及波动的情况。方向要注意的是：在不同的比例下，相同数据的变化看起来会有所不同，一个小的数据变化如果放大比例就会看起来很大，而一个大的数据变化缩小比例则会看起来很小。所以，需要根据实际的情况来进行调整，若变化小但很重要，那么就要放大比例来强调差异；若变化小且不重要，则要避免将比例放大。

角度通常用来表示整体中的部分。从 0 到 360° 之间的任何一个角度，都隐含着一个对应角，这个对应角与其可以组成一个完整的圆形，所以，饼图的视觉元素就是圆形中角度的相对关系，而圆环图则不同，它切除了可用来表示角度的圆的中心，所以，圆环图的视觉元素是弧长。

（6）背景信息

背景信息需阐明数据的含义和读图的方式。背景信息最常用的方式有：标注坐标轴标签、制定度量单位，采用图例说明每一种视觉元素（形状、大小、颜色等）的含义，设置描述性标题，采用注释来描述数据，以及高亮显示重要的内容等。背景信息可增强可视化作品的可读性，增强可读性可查看 5.8 节的介绍。

3.8.4 材料的整合

一幅可视化作品就是依据数据的类型，将形状、大小、标尺、背景信息等材料进行合理的组织和安排后，以达成某个特定的目标。

比如，在一个直角坐标系中，水平轴用数字标尺表示年度利润，垂直轴用分类标尺表示公司名称，长度作为视觉元素，长度越长表示利润越高，这样，就可以形成一幅比较不同公司年度利润的条形图。又比如，在极坐标系中，角度为分类标尺，面积大小为视觉元素，就可以形成一幅能够反映整体中部分的饼图。

组合的方式并没有定式，比如，在直角坐标系中，散点图可以用多种视觉元素，至少编码 5 种信息，分别为 x 坐标值、y 坐标值、形状、大小和颜色；又比如，直角坐标系中的折线图，可以根据情况，只采用线，也可以增加标记、方向、大小或颜色来更清晰地表达数据。形状、位置、方向、颜色等视觉元素的组合，可以用来编码更多的信息。

可视化作品如果没有清晰地描述数据，或者图形和相关数据之间的联系并不明显，那么形状、大小、颜色等这些视觉元素也就没有意义，作品也就没有任何价值。所以，在整合可视化材料时，需要考虑数据的特征，以及它所包含的信息，组织好形状、大小、颜色、背景等视觉元素，使图表更清晰、易读，并且能够达成可视化的目的。

3.9 L 文法系统—随机.py 源码

```
# 导入模块
import matplotlib.pyplot as plt
import math
import random

my_turtle 类的源码，此处省略……

# L 系统函数，LS 为图形文法结构，A 为起始点，L 为步长，n 为迭代次数
def L_system(LS,A,L,n):
    # 获取图形结构的角度增量、公理和规则
    angle = LS['angle']
    axiom = LS['axiom']
    P = LS['P']

    # 字符串重写
    i = 0
    new_str = axiom
    while i < n:
        s = []
        for alpha in new_str:
            k = 0
            p = random.random()  # 生成 0~1 之间的一个随机数
            # 根据随机数，选择替换规则
            if  p <= 0.3:
                rule = P[0]
            elif p > 0.3 and p <= 0.7:
                rule = P[1]
            else:
```

```
            rule = P[2]

         origin,desti = rule.split('->')
         if alpha == origin :
            if desti:
               s.append(desti)
               k = 1
         if k == 0:
            s.append(alpha)
      new_str = ''.join(s)
      print(new_str)
      i = i+1

   # 实例化生成一个 my_turtle 对象
   t1 = my_turtle(A)

   # 解释字符串，绘图
   stack = []
   for alpha in new_str:
      if alpha not in plot_V:
         continue
      if alpha == 'F':
         t1.forward(L)
      elif alpha == 'f':
          t1.go(L)
      elif alpha == '+':
          t1.left(angle)
      elif alpha == '-':
          t1.right(angle)
      elif alpha == '[':
          C = t1.get_point()
          stack.append(C)
      elif alpha == ']':
          A = stack[-1]
          del stack[-1]
          t1.restore(A)

# 定义符号的图形学解释
plot_V = {'F':'Move forward by line length drawing a line',
        'f':'Move forward by line length without drawing a line',
        '+':'Turn left by turning angle',
        '-':'Turn right by turning angle',
```

```
         '[':'push',
         ']':'pop',
         }

# 随机分形树图形结构
tree = {'angle':25,
       'axiom':'F',
       'P':['F->F[+F]F[-F]F',
           'F->F[+F]F[-F[+F]]',
           'F->FF+[+F+F]-[+F]']
       }

if __name__ == '__main__':
  # 指定背景颜色
  b_color = 'white'
  # 指定画笔颜色
  p_color = 'black'

  # 设置窗口的默认颜色
  plt.rcParams['figure.facecolor'] = b_color

  # 设置起始点
  A = (0,0,90)
  # 设置步长
  L = 30
  # 设置迭代次数
  n = 4

  for i in range(10):
     # 调用 L-system 函数
     L_system(tree,A,L,n)

     # 设置 x,y 轴的单位长度相等
     plt.axis('equal')
     # 隐藏坐标轴
     plt.axis('off')
     # 保存图形为文件
     plt.savefig('E:\\'+str(i)+'.png',facecolor=b_color)
     # 清除当前 Figure 对象
     plt.clf()
```

第 4 章

凝聚、凝聚、凝聚

本章绘图要点如下。

✧ Random 模块：Python 标准库自带的一个模块，可用来生成符合各类分布特征的随机数，从而模拟真实的随机现象。

✧ NumPy 库：一个 Python 第三方库，通常用来生成和处理大量的绘图数据。

✧ Matplotlib 的绘图函数：Matplotlib 包含许多绘图函数，可用来生成各种数据统计图。其中，最基本的两个函数是 Plot 和 Scatter，一个多用于画线，另一个多用于画点。熟练掌握这两个函数，可以生成各式各样的图形，且不仅仅局限于数据统计图。

4.1 扩散有限凝聚模型（DLA）

忽如一夜春风来，千树万树梨花开。

——岑参《白雪歌送武判官归京》

玻璃上千姿百态的霜花，树上晶莹闪烁的雾凇，松花蛋表面白色松针状的花纹，海底呈树枝状、鲜艳美丽的珊瑚，天空中的闪电，石头上的裂纹，这些形态和结构是如何形成的呢？

仔细观察一下，就会发现这类结构都有一个共同点，它们都是通过聚集，或凝结或结晶或冻黏而形成的一个凝聚体。无论是在自然界，还是在实验室，这样的结构有很多，如大气中尘埃的集聚、晶体的枝蔓生长、电极下的沉积痕迹等，这些结构通过聚集而成，生长的过程是动态的、随机的、不可逆的，同时也具备了分形特征（自相似性）。

1981 年，美国埃克森公司的 Thomas A.witten 和 Leunard M.Sander 提出了著名的 DLA 模型，即扩散有限凝聚模型（Diffusion Limited Aggregation，DLA），这个模型可用来模拟生成凝聚体结构。

DLA 模型的思想很简单：先在一个平面方形的中心放入一个种子粒子，平面也可以是其他形状，种子粒子是静止不动的；然后在方形区域边界的某个位置上，随机释放一个新的粒子，新的粒子以随机的方式行走，当行走碰到种子粒子时，就会与静止的种子粒子凝聚成一个整体（形成一个小的凝聚体），当行走碰到区域边界时，就会消失；接着在方形区域边界的某个位置上，再随机释放一个新的粒子，新粒子同样随机行走，碰到已形成的凝聚体则凝聚，碰到区域边界则消失。重复这样的过程，会渐渐凝聚出一个越来越大的凝聚体，也就是 DLA 凝聚体（Cluster）。我们可以很容易地在计算机上模拟这个过程，释放 1000 个、2000 个或 10000 个粒子，最终会生成各种各样的分形结构。

粒子的释放是随机的，粒子的运动也是随机的，区域的边界是固定的（方形、圆形或其他形状），种子粒子是固定的（中心的一个点、下方的一根线或其他），凝聚的规则也是固定的（碰到凝聚体则凝聚，碰到边界则消失）。“随机”加上“规则”，DLA 模型可以这样模拟自然界的许多生长过程，或许，这就是自然界许多事物的生长规律！有“规则”，才能一生二，二生三，三生万物；有“随机”，有变化，才能有活力，生命才有可能诞生。如果说前三章中所展示的是分形“简单产生复杂”的这一面，那么从第 4 章开始，我们将慢慢接触分形的另一面——“混沌孕育秩序”。

4.2 混沌和秩序

《道德经》开篇是：“道可道，非常道；名可名，非常名。无，名天地之始，有，名万物之母。”天地之始的“无”就是混沌，万物之母的“有”就是秩序。在中国传统的自然哲学思想中，描述混沌和秩序最形象的莫过于阴阳太极图。阴鱼、阳鱼从一片混沌之中分离而出，却依然保持着混沌的特性，整个太极图中鱼形的流动，示意着这是一种动态的平衡，阴、阳只要有一方失衡，这个世界就将重回混沌。混沌是不稳定的，秩序也是不稳定的，它们都只不过是这个世界的某个时刻的一个状态而已，而状态之间是可以相互转换的，所以混沌中会产生秩序，秩序也会回归混沌。

对于混沌和秩序，古人更多的是从自然哲学思想的层面上进行理解的，直到 20 世纪初混沌理论的出现，科学家们才开始以科学实验的方式来研究混沌和秩序之间的关系，研究从自然界中所发现的越来越多的不规律现象，以及这些现象与混沌之间的关系，比如天气的随机变化、细胞的新陈代谢、金融股市的规律、文明的兴衰、人类神经中的刺激传导等。有的科学家认为“混沌理论是物理学的第三次革命”，无论这样的说法是否夸张，不可否认的是，这门才兴起的科学革命，已与相对论、量子力学并行，一起被列为 20 世纪最伟大的发现。

混沌的定义有很多种，比如：“混沌是一种缺乏周期性的秩序。”“混沌是一种存在于类似钟摆的简单确定性系统中的、明显的随机复现的形态。”

这些专业的解释有些难以理解，那么，究竟什么是混沌呢？

某个系统内部的一个微小运动，通过一系列复杂事件链的作用后，或者说经过一系列事件的连续处理后，其作用被放大了，并且最终产生了巨大的影响，这就是混沌的一种表现。一个复杂的系统，尽管知道系统的初始条件和确定的运动方程，却无法推出一个确定的结果，得到的结果往往是随机的。这类随机性并非来自外在，而是来自系统的内部。这种内在的随机性（混沌）具有一个重要的特性，那就是对初值的变化非常敏感，也就是“失之毫厘，谬以千里”。

是不是很熟悉？这就是经典的“蝴蝶效应”：南美洲亚马逊河流域热带雨林中的一只蝴蝶，偶尔扇动几下翅膀，在两周以后会引起美国得克萨斯州的一场龙卷风。“蝴蝶效应”是一种混沌现象，是美国气象学家洛伦茨于 20 世纪 60 年代提出的。这位气象学家在电脑上模拟气候变化时，发现气象预报对初始条件非常敏感。在大气运动的过程中，即使再小的误差，都会被逐级放大，从而造成天翻地覆的结果。所以，长期准确地预测天气是不可能的。

混沌理论展示了这样的一个世界：一方面，它是有规律可循的，遵循着基本的物理法则；另一方面，它又是复杂的、无序的、不可预测的。而混沌和分形之间又是怎样的关系呢？可以说，分形能够呈现出混沌的抽象性质。分形整个形体的内部存在着一种重复的模式，即有规律可循；而模式精细的结构及其中随机的存在，则展示了混沌的“不可预测”的本质。

4.3 凝聚体

4.3.1 凝聚体类型 1

凝聚体类型 1 的 DLA 模型如下。

在一个平面方形的中心放入一个静止的种子粒子，在区域边界的某个位置上随机释放粒子，也就是说，种子在中心点，而区域是方形的。

假设方形区域四个顶点的坐标分别为（0,0）、（0,100）、（100,0）、（100,100）。

首先，在区域的中心（坐标(50,50)）放置一个静止的种子粒子，此时初始的凝聚体只包含种子粒子这一个粒子；接着，在区域四条边的某个位置上随机释放一个新的粒子，新的粒子随机行走，碰到区域边界则消失，接近已形成的凝聚体（这时只有种子粒子）则与凝聚体凝聚，此时形成的新的凝聚体包含了两个粒子。重复这样的过程，直至得到足够大的凝聚体。

打开配套资源第 4 章中的“DLA（中心点，方形）.py”程序文件，运行程序，可以看到动态的凝聚体形成过程。首先，中心的位置会显示一个点，随后，从区域的某条边上随机释放出的粒子，作无规行走但行走的路径不会显示，直到和中心点凝聚后，粒子才会在画布上显示出来。之后，随着粒子的不断释放，会对应地一个一个显示出来，但是并不是所有被释放的粒子都会显示在画布上。有些粒子在进行无规行走时碰到了区域边界就会消失。

“DLA（中心点，方形）.py”程序里释放的粒子数为 3500 个，运行完成后，组成图形的点会远远小于 3500 个，一般来说，只有几百个粒子会凝聚并显示出来，大多数粒子都在运动过程中碰到区域边界消失了。所以，需要一定的时间才能形成一个规模可观的凝聚体。为了更快地显现图形，程序中假设移动的粒子和已形成的凝聚体所包含的某个粒子之间的距离小于 2，就视为该移动粒子已接近凝聚体，也就是可以与这个已形成的凝聚体相凝聚了，并形成一个更大的凝聚体。距离数值 2 并不是随意设定的，是通过实验得出的最合适的数值。假设距离为 1，粒子和种子粒子的碰撞概率就会成倍地减少，大量的粒子会消失，那么想要得到同等规模的凝聚体就需要释放更多的粒子，同时凝聚体的形成也需要更多的时间。假设距离为 3，点之间相距太远，由这些点所组成的图形就会不太清晰，从而不能更好地反映图形的结构特点。

下面是运行“DLA（中心点，方形）.py”程序 10 次后所选出的 4 张图形，如图 4-1 ~ 图 4-4 所示。

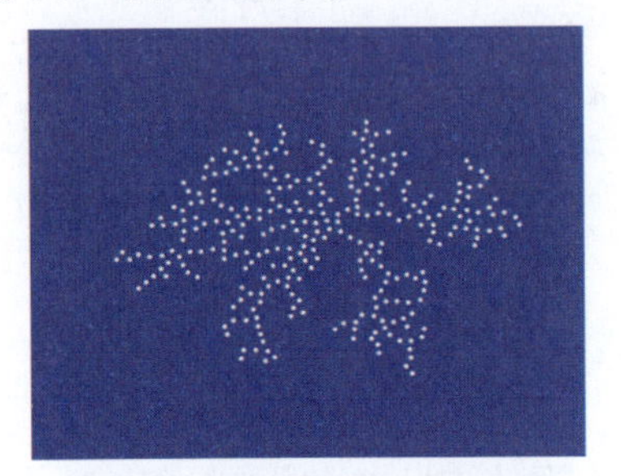

图 4-1　凝聚体类型 1 图形 1

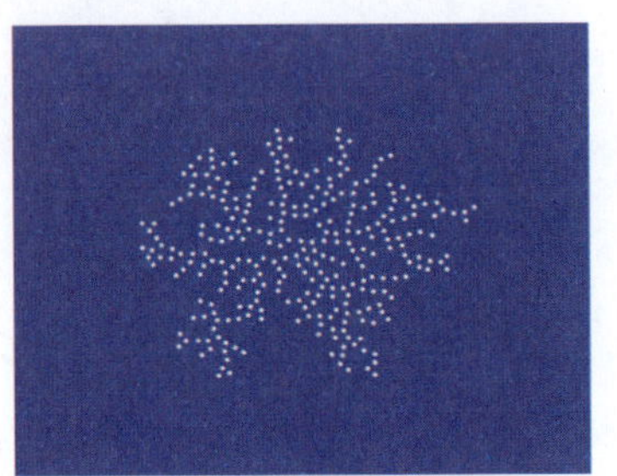

图 4-2　凝聚体类型 1 图形 2

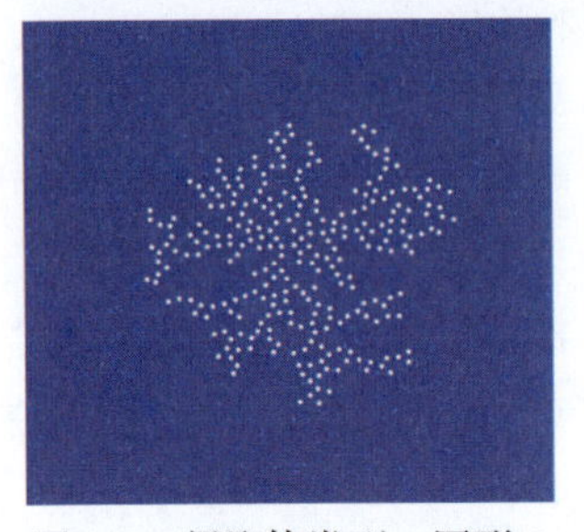

图 4-3　凝聚体类型 1 图形 3

图 4-4　凝聚体类型 1 图形 4

4.3.2　凝聚体类型 2

凝聚体类型 2 的 DLA 模型如下。

种子粒子不是区域中心的一个点，而是区域下方的一条直线，是一长串粒子，假设这条直线为 x 轴，在直线（x 轴）上方距离 100 处，和 x 轴平行的地方设置一条虚拟直线，并在虚拟直线上随机产生并释放一个新粒子。新粒子会随机选择向左、向下或向右行走。当行走靠近种子粒子时，就会与种子粒子凝聚成一个整体；当碰到区域边界时就消失。这里的区域假设为如图 4-5 所示的一个方形。重复这样的过程，直至得到足够大的凝聚体。

打开配套资源第 4 章中的“DLA（一根线）.py”程序文件，运行程序，可以看到动态的凝聚体形成过程。在 x 轴上方 100 处的直线上随机释放粒子，粒子随机向左、向下或向右进行无规则行走，当靠近 x 轴时，就会在画布上显示出来。同样，并不是所有被释放的粒子都会在画布上显示出来，其中一些粒子在行走的过程中碰到了区域边界就会消失。

“DLA（一根线）.py”程序里释放的粒子数量同样为 3500 个，初始的凝聚体为范围是 0～100 的 x 轴，程序中假设当移动粒子与范围是 0～100 的 x 轴之间的距离小于 2 时，或者与已形成的凝聚体所包含的某个粒子之间的距离小于 2 时，就视为该移动粒子已接近凝聚体，可以凝聚并形成一个新的、更大的凝聚体。

程序运行完成后所得到的图形，生长结构形似珊瑚和植物，如图 4-5 所示。

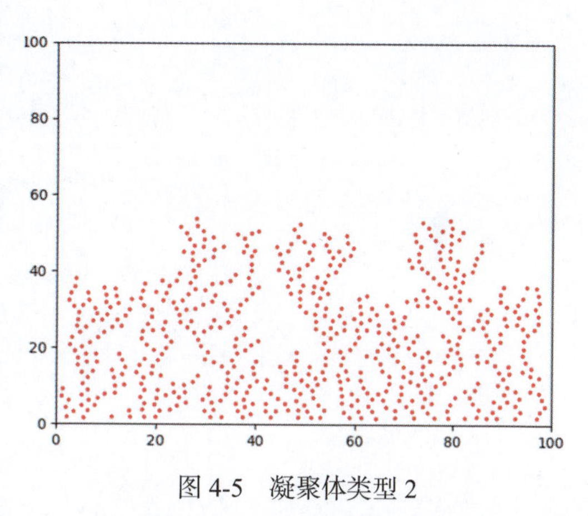

图 4-5　凝聚体类型 2

4.4　DLA（中心点，方形）.py 源码

```
# 导入模块
import matplotlib.pyplot as plt
import math
import random

# 计算两点之间的距离
def distance(p1,p2):
    x1 = p1[0]
    y1 = p1[1]
    x2 = p2[0]
    y2 = p2[1]

    d = math.sqrt((x1-x2)**2+(y1-y2)**2)

    return d
```

```
# 判断移动点是否接近凝聚体，move_dot 为移动点，points 为凝聚体点列表
def is_near(move_dot,points):
    for point in points:
        if distance(move_dot,point) < 2:
            return True

    return False

# 判断移动点是否超出边界，move_dot 为移动点
def over_boundary(move_dot):
    x = move_dot[0]
    y = move_dot[1]

    if x < 0 or x > 100 or y < 0 or y > 100:
        return True
    else:
        return False

# 开始主程序
if __name__ == '__main__':
    # 打开交互模式
    plt.ion()

    # 设置背景色
    bg_color = (50/255,101/255,206/255)
    plt.figure(facecolor=bg_color)
    plt.axes(facecolor=bg_color)

    # 在区域中心放置种子粒子
    points = [(50,50)] # points 为凝聚体点列表，初始只有种子粒子
    plt.scatter(50,50,s=3,c='white',alpha=1)

    # 在区域边界释放 3500 个粒子
    for n in range(3500):
        # 在区域的四条边上，随机取一个位置，释放一个粒子
        r = 100*random.random()
        move_dot = random.choice([(0,r),(r,0),(100,r),(r,100)])
        # 随机生成 x 轴、y 轴方向偏差
        o_x = 2*random.normalvariate(0,0.1)
```

```
        o_y = 2*random.normalvariate(0,0.1)

        # 粒子随机行走，直到接近凝聚体或碰到边界
        while not over_boundary(move_dot):
            # 如果接近凝聚体，则与凝聚体凝聚
            if is_near(move_dot,points):
                points.append(move_dot)
                break
            # 否则，继续随机行走
            else:
                # 移动到下一个位置
                x = move_dot[0]+o_x # o_x 为负时，x 轴方向向左；为正时，x 轴方向向右
                y = move_dot[1]+o_y # o_y 为负时，y 轴方向向下；为正时，y 轴方向向上
                move_dot = (x,y)

        # 如果碰到边界，则粒子消失
        if over_boundary(move_dot):
            continue

        # 清除当前的 axes，即清除当前绘图区域
        plt.cla()
        # 设置 x 轴、y 轴坐标范围
        plt.xlim(0,100)
        plt.ylim(0,100)
        # 隐藏坐标轴
        plt.axis('off')
        # 绘制凝聚体
        X = [p[0] for p in points]
        Y = [p[1] for p in points]
        plt.scatter(X,Y,s=3,c='white',alpha=1)
        # 暂停 0.1 秒
        plt.pause(0.1)

    # 关闭交互模式
    plt.ioff()
    # 保存图形到文件
    plt.savefig('E:\\1.png',facecolor=(50/255,101/255,206/255))
```

注：

准确地说，DLA 模型应该是在粒子的每一步行走时，随机确定下一步要走的大小和方向，也就是“随机生成 x 轴、y 轴方向的偏差”，但这样的话，一副图形的生成会耗费很长的时间。于是笔者在程序中进行了调整：在释放粒子时，就“随机生成 x 轴、y 轴方向偏差”，也就是说，在粒子行走的过程中，它的行走方向和大小是不会改变的。这样做虽然有些不准确，但是可以快速生成图形，展现凝聚体结构的特点。当然，读者也可以修改程序，在粒子的每一步行走时随机生成方向偏差，只是一个足够大的凝聚体需要更多的粒子、更多的时间才能形成，释放的粒子至少要 10 000 个，因为有大量的粒子会碰界消失。

4.5 随机数和 Random 模块

现实世界中的随机需要使用物理现象来产生，比如掷钱币、掷骰子、转轮等，这样的随机数叫真随机数，结果是不可确定的。而程序语言中的随机数只是伪随机数，是由可确定的函数通过一个种子产生的，其结果是确定的，同样的一个种子会生成一样的随机数序列。所以，只有种子不同，才能保证生成的随机数不同。

Python 中默认的随机种子是系统时钟，由于时间每分每秒都在变动，所以来自系统时钟的种子可以保证 Python 每次产生不同的随机数。当然，读者也可以设定自己的随机种子。

Python 中自带了一个 Random 模块，可使用这个模块来生成符合各类分布特征的随机数。

Random 模块中，可以使用 Seed 函数来设置随机数种子。可在 IDLE 窗口中输入以下语句，查看函数使用方式：

```
>>> import random
>>> random.seed(123)
>>> print(random.random())# 随机生成[0,1)之间的浮点值
0.052363598850944326
>>> print(random.random())
0.08718667752263232
>>> random.seed(123)
>>> print(random.random())
0.052363598850944326
```

```
>>> print(random.random())
0.08718667752263232
```

我们可以看到种子“123”产生的随机数序列是一样的。也可不设定种子，采用默认的系统时钟，可在 IDLE 窗口中输入以下语句，查看生成的随机数：

```
>>> import random
>>> print(random.random())
0.27056551915892413
>>> print(random.random())
0.006030861324981318
>>> print(random.random())
0.6176539551312753
```

DLA 源码中调用了 Random 模块的三个函数：

```
# 在区域的四条边上，随机取一个位置，释放一个粒子
r = 100*random.random()
move_dot = random.choice([(0,r),(r,0),(100,r),(r,100)])
# 随机生成 x 轴、y 轴方向偏差
o_x = 2*random.normalvariate(0,0.1)
o_y = 2*random.normalvariate(0,0.1)
```

1. Random.Random()返回（0.0,1.0）之间的一个随机浮点数，100*Random.Random()返回（0.0,100.0）之间的一个随机浮点数。也可以使用 Random.Uniform(0,100)方式，在 IDLE 窗口中输入以下语句，查看函数使用方式：

```
>>> print(random.uniform(0,100))
22.01027756410472
```

Random.Uniform(a,b)表示返回(a,b)指定范围内的随机浮点数。

2. Random.Choice(seq)获取非空序列 seq 中的一个随机元素，可在 IDLE 窗口中输入以下语句，查看函数使用方式：

```
>>> import random
>>> print(random.choice([1,3,5]))
5
>>> print(random.choice([1,3,5]))
1
```

3. Random.Normalvariate(0,0.1)返回正态分布的随机浮点数，其中，正态分布的均值为 0，标准差为 0.1，正态分布在 4.9.2 节会详细介绍。可在 IDLE 窗口中输入以下语

句，查看函数使用方式：

```
>>> import random
>>> print(random.normalvariate(0,0.1))
-0.10953565693697134
>>> print(random.normalvariate(0,0.1))
0.02534475489438058
>>> print(random.normalvariate(0,0.1))
-0.053331399025287156
>>> print(random.normalvariate(0,0.1))
-0.08924684118577791
```

4.6 NumPy 库

Python 自带的 Random 模块虽然可用来生成随机数，但是并不能胜任批量数据的生成和处理。下面介绍一个更强大的 Python 第三方库——NumPy（Numerical Python），这个库经常和 Matplotlib 库一起使用，用来生成和处理大量的绘图数据。NumPy 库并不需要单独安装，在安装 Matplotlib 库时，会默认安装这个库。当然，读者也可以使用 pip 工具单独安装 NumPy 库。

4.6.1 入门介绍

NumPy 是一个 Python 第三方库，功能强大，运行速度快，常用于科学计算，可以支持多维数组与矩阵的大量运算。NumPy 的前身 Numeric 最早是由 Jim Hugunin 与其他协作者共同开发的，2005 年，Travis Oliphant 在 Numeric 中结合了另一个同性质的程序库 Numarray 的特色，并加入了其他扩展而开发了 NumPy。

4.6.2 ndarray 对象

NumPy 的核心是数组对象 ndarray。ndarray 是一个只能包含同类型元素的多维数组，数组元素的索引从 0 开始。

调用 NumPy 的 Array 函数，可以创建一个 ndarray 对象。可在 IDLE 窗口中输入以下语句，查看函数调用结果。

1. 生成一维数组

```
>>> import numpy as np
>>> a  = np.array([2,3,5])
```

```
>>> print(a)
[2 3 5]
```

2. 生成多维数组

```
>>> a = np.array([[2,3],[4,5]])
>>> print(a)
[[2 3]
[4 5]]
```

3. 生成复数数组

```
>>> a = np.array([2,  3,  5], dtype = complex)
>>> print(a)
[2.+0.j 3.+0.j 5.+0.j]
```

dtype 指定了数组元素的数据类型，complex 表示复数，其他的数据类型有 Bool、Int、Float 等。

在 NumPy 中，用轴（Axis）来表示数组不同的维度（Dimensions），例如[1,2,3]，它有一个轴，这个轴里有三个元素，即长度为 3。而下面的这个数组：

```
[[3,4,5],
[1,1,1]]
```

有 2 个轴，其中第一个轴的长度为 2，第二个轴的长度为 3。

ndarray 对象有以下一些属性。

- nadarray.ndim 表示返回数组中轴的数量。
- ndarray.shape 表示数组的维度，返回一个元组，*n* 行 *m* 列，比如可以在 IDLE 窗口中输入以下语句：

```
>>> a = np.array([[1,2,3],[4,5,6]])
>>> print(a.shape)
(2, 3)
```

返回的元组中“2”是行、“3”是列，这个数组的结构为 2 行 3 列。

ndarray.shape 也可以用于调整数组大小，继续在 IDLE 窗口中输入以下语句：

```
>>> a.shape = (3,2)
>>> print(a)
[[1 2]
  [3 4]
  [5 6]]
```

前面 2 行 3 列的数组结构被调整为 3 行 2 列。

- ndarray.size 表示返回数组所有元素的数目，它是 shape 元素的乘积。

```
>>> print(a.size)
6
```

- ndarray.dtype 表示返回数组中元素的数据类型。

4.6.3 NumPy 创建数组

ndarray 数组还可以通过以下几种方式来创建。

- numpy.zeros

用来创建指定形状且数组元素都为 0 的数组。可在 IDLE 窗口中输入以下语句，查看函数调用结果：

```
>>> import numpy as np
>>> x = np.zeros(5)                          # 默认为浮点数
>>> print(x)
[0. 0. 0. 0. 0.]
>>> y = np.zeros((5,), dtype = np.int)       # 设置整数
>>> print(y)
[0 0 0 0 0]
>>> x =np.zeros((3,2))                       # 设置多维数组
>>> print(x)
[[0. 0.]
[0. 0.]
[0. 0.]]
```

- numpy.ones

用来创建指定形状且数组元素都为 1 的数组。可在 IDLE 窗口中输入以下语句，查看函数调用结果：

```
>>> x = np.ones(5)
>>> print(x)
[1. 1. 1. 1. 1.]
>>> x = np.ones((3,3))
>>> print(x)
[[1. 1. 1.]
[1. 1. 1.]
[1. 1. 1.]]
```

- numpy.asarray

从已有的列表、列表的元组、元组、元组的元组、元组的列表等来创建数组。可在IDLE窗口中输入以下语句，查看函数调用结果：

```
>>> x =  [1,2,3]
>>> a = np.asarray(x)
>>> print (a)
[1 2 3]
```

asarray可将Python的列表、元组等类型转换成ndarray数组对象。

- numpy.arange

用来创建一定数值范围内的序列数，并返回 ndarray 对象。可在IDLE窗口中输入以下语句，查看函数调用结果：

```
>>> import numpy as np
>>> np.arange(10) # 生成(0,10)之间的十个整数，不包括终值10
array([0, 1, 2, 3, 4, 5, 6, 7, 8, 9])
>>> np.arange(10.) # 生成(0,10)之间的十个浮点数，不包括终值
array([0., 1., 2., 3., 4., 5., 6., 7., 8., 9.])
>>> np.arange(1,10,2) # 生成（1,10）之间间隔为2的序列整数，不包括终值
array([1, 3, 5, 7, 9])
>>> np.arange(0,1,0.1) # 生成（0,1）之间间隔为0.1的序列浮点数，不包括终值
array([0. , 0.1, 0.2, 0.3, 0.4, 0.5, 0.6, 0.7, 0.8, 0.9])
>>> a = np.arange(15).reshape(3, 5) # 生成指定数值范围内的多维数组
>>> print(a)
array([[ 0,  1,  2,  3,  4],
      [ 5,  6,  7,  8,  9],
      [10, 11, 12, 13, 14]])
```

下面来看一下所生成的多维数组的属性：

```
>>> a.shape          # 数组的形状
(3, 5)
>>> a.ndim           # 数组的轴数
2
>>> a.dtype.name     # 数组中数据的类型
'int32'
>>> a.size           # 数组的大小
15
>>> type(a)
<class 'numpy.ndarray'>
```

- numpy.linspace

创建一定数值范围内的序列数，并返回 ndarray 对象。可在 IDLE 窗口中输入以下语句，查看函数调用结果：

```
# 生成（2.0,3.0）之间的 5 个序列浮点数，包括终值
>>> np.linspace(2.0,3.0,num=5)
array([2.  , 2.25, 2.5 , 2.75, 3.  ])
# 生成（2.0,3.0）之间的 5 个序列浮点数，不包括终值
>>> np.linspace(2.0,3.0,num=5,endpoint=False)
array([2. , 2.2, 2.4, 2.6, 2.8])
```

4.6.4 Random 模块

NumPy 库中的 Random 模块可用来生成随机数，可在 IDLE 窗口中输入以下语句，查看函数使用方式：

```
>>> import numpy as np
>>> np.random.seed(19680801)        # 设置随机种子
>>> numpy.random.randint(10)        # 生成（0,10）之间的一个随机整数
3
>>> np.random.rand()                # 生成（0,1）之间的一个随机浮点数
0.7003673039391197
>>> np.random.rand(20)              # 生成（0,1）之间均匀分布的 20 个随机浮点数
array([0.74275081, 0.70928001, 0.56674552, 0.97778533, 0.70633485,
       0.24791576, 0.15788335, 0.69769852, 0.71995667, 0.25774443,
       0.34154678, 0.96876117, 0.6945071 , 0.46638326, 0.7028127 ,
       0.51178587, 0.92874137, 0.7397693 , 0.62243903, 0.65154547])
>>> np.random.rand(2,3)             # 生成（0,1）之间均匀分布的 2 行 3 列随机浮点数
array([[0.11378445, 0.84536125, 0.92393213],
      [0.22083679, 0.93305388, 0.48899874]])
>>> np.random.randn(20)             # 生成（0,1）之间标准正态分布的 20 个随机浮点数
array([-0.88045158, -0.05418026,  0.75855306, -0.9486482 ,  1.58623472,
      -0.02305839,  0.22149827,  0.32285999,  0.18155601,  0.67644733,
       1.58433548,  0.93561321,  0.67374257, -0.49654966,  0.22499637,
      -0.28869473,  0.05895593,  0.08318216,  0.51511821,  1.40371241])
```

从上面的代码可以看到，模块函数的返回值是一个数组。

NumPy 的数组和 Python 的列表有什么区别呢？两者之间的不同主要有以下几点。

- NumPy 数组存储的所有元素的类型是相同的，而 Python 列表中的元素类型

是任意的；NumPy 数组可以直接存储对象，而不是存储对象指针，虽然灵活性不如 Python 列表，但运算效率要高得多。

- NumPy 数组支持加、减、乘、除、乘方等多种运算，可以直接进行运算生成新的数组，而 Python 列表则需要使用循环语句或列表推导式来实现运算，代码烦琐，效率低；可在 IDLE 窗口中输入以下语句，查看函数使用方式：

```
>>> import numpy as np
>>> np.random.rand(10)
array([0.57884716, 0.54450196, 0.79952869, 0.20161218, 0.1763346 ,
       0.03611999, 0.99575533, 0.97603722, 0.94826976, 0.12197869])
>>> 30*np.random.rand(10)
array([ 6.57751501, 22.27219469, 27.4418841 , 19.35785714, 24.52998447,
       25.57881759, 10.24135156, 10.2932563 ,  9.48974173, 25.7934875 ])
>>> (30*np.random.rand(10))**2
array([298.93246358, 545.79545027, 116.2374713 , 107.57896467,
      75.8349886 , 251.26883508, 375.69779011, 747.50288728,
      714.72432367, 645.65238011])
>>> np.random.rand(5)+np.random.rand(5)
array([1.09285014, 1.57229435, 1.01178981, 1.35392693, 0.33554195])
```

所以，比起 Python 的自带模块，NumPy 库更适合大量的维度数组与矩阵的运算，是科学计算、数据处理的一个有力工具。

4.7　Matplotlib.Pyplot 模块函数

4.7.1　散点函数 Scatter

调用 Matplotlib 库 Pyplot 模块的 Scatter 绘图函数，可以绘制各种点图，包括数据统计图中的散点图、气泡图。散点图在坐标系中，以点图的方式来展现数据之间的关系，适用于在不考虑时间的情况下展示数据的分布和聚合情况。

气泡图在散点图的基础上增加了形状、大小、颜色等变量，能够展示更多的信息，也更易于对比各个数据之间的差异。

Scatter 函数的一般调用形式如下：

```
scatter(X, Y, s=None, c=None, marker=None, cmap=None, alpha=None, line
widths=None, edgecolors=None,**kwargs)  # 绘制散点图
```

下面对 Scatter 函数中的参数做详细解释。

X：*x* 轴数据，列表或数组。

Y：*y* 轴数据，列表或数组。

s：点的大小，可选参数，可能的值有：

- 单个的值，应用到所有的点；
- 一个和 X、Y 长度相同的数组，每一个点都有它自己的大小。

c：点的颜色，可选参数，默认为 None，可能的值有：

- 一个颜色格式字符串，如“b”“blue”；
- 一个和 X、Y 长度相同的 Matplotlib 颜色数组，在绘制的点上循环；
- 一个浮点数数组，数值映射到 colormap 上。

marker：点的样式，可选参数，默认为 o。

cmap：colormap，可选参数，默认为 None，Matplotlib 有许多内置的 colormap，如“hot”“cool”“pink”“spring”“summer”“autumn”“winter”“copper”等，也可以创建自己的 colormap。

alpha：透明度，0 ~ 1 中的一个浮点数，可选参数，默认为 None，0 为完全透明，1 为完全不透明。

linewidths：点边缘线的大小，可选参数，默认为 None。

edgecolors：点边缘线的颜色，可选参数，可能的值有：

- face：和点的颜色相同；
- none：没有边缘线；
- 一个 Matplotlib 的颜色或颜色序列。

label：在添加图例时，需赋值。

**kwargs：采用关键字参数对单个属性赋值，可参见 Plot 函数说明。

示例：

1. 随机散点图 1

程序文件“随机散点 1.py”在配套资源第 4 章中。

```
import matplotlib.pyplot as plt
import numpy as np
l_marker = ['*','1','2','3','4']
for m in l_marker:
    X = np.random.randn(50) # 生成（0,1）之间标准正态分布的 50 个随机浮点数
    Y = np.random.randn(50) # 生成（0,1）之间标准正态分布的 50 个随机浮点数
```

```
    plt.scatter(X,Y,marker=m) # 每种样式的点大小相同、颜色相同，大小和颜色均为默认值
plt.show()
```

运行结果如图 4-6 所示。

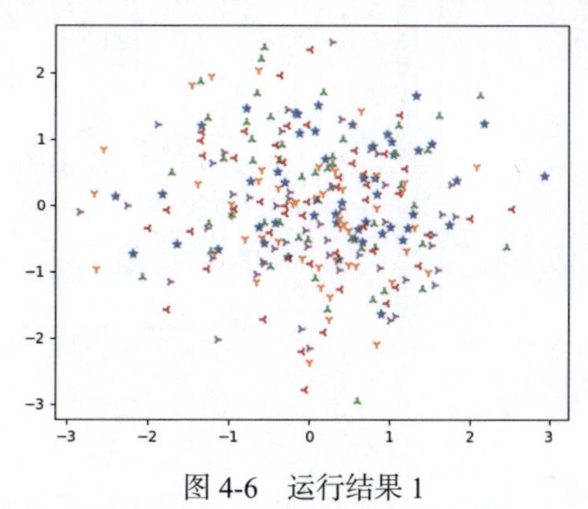

图 4-6　运行结果 1

在没有设置颜色时，Scatter 函数会使用默认颜色，这里 Scatter 函数运行了 5 次，每次运行依据默认的颜色循环，分别是蓝色、黄色、绿色、红色、蓝紫色。

2. 随机散点图 2

程序文件“随机散点 2.py”在配套资源第 4 章中。

```
import numpy as np
import matplotlib.pyplot as plt
np.random.seed(19680801) # 设置随机种子
N = 50
x = np.random.rand(N) # 随机生成 N 个 x 坐标
y = np.random.rand(N) # 随机生成 N 个 y 坐标
# 随机生成 N 个随机数，随机数会映射到 colormap 指定的色系上
colors = np.random.rand(N)
# 随机生成各个点的大小
sizes = (30 * np.random.rand(N))**2
# 绘制散点图
plt.scatter(x, y, s=sizes, c=colors, cmap='cool',alpha=0.5)
plt.colorbar() # 显示 cmap 的色彩条状图
plt.show() # 显示图像
```

运行结果如图 4-7 所示。

将 cmap 修改为“copper”，如：

```
plt.scatter(x, y, s=sizes, c=colors, cmap='copper',alpha=0.5)
```

运行结果如图 4-8 所示。

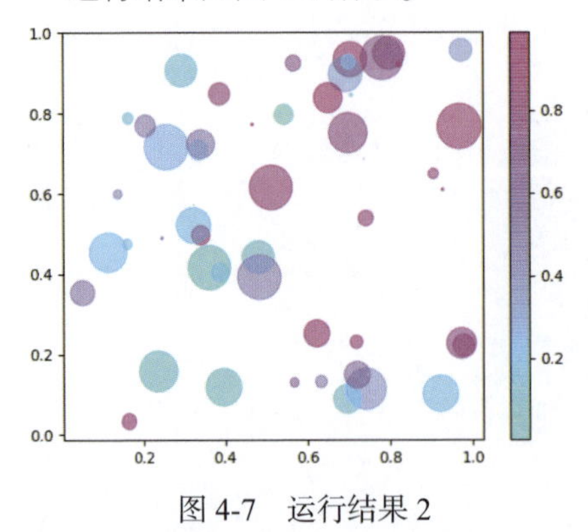

图 4-7　运行结果 2

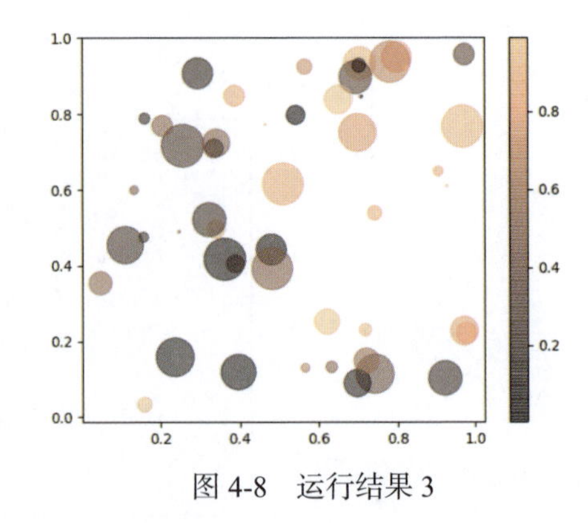

图 4-8　运行结果 3

4.7.2　其他绘图函数

除 Plot 和 Scatter 函数外，Pyplot 模块中还有一些常用的绘图函数，下面以示例的形式为读者介绍。

1. bar（柱状图）

调用 Matplotlib 库 Pyplot 模块中的 Bar 绘图函数，可以绘制柱状图。柱状图可用来描述和比较分类数据，并且可以统计每个分类中的数量。

可在 IDLE 窗口中输入以下语句，查看函数调用结果：

```
>>> import matplotlib.pyplot as plt
>>> plt.ion()                # 打开交互模式
>>> x = [1,2,3,4]            # 柱体的 x 坐标
>>> height = [3,2,5,4]       # 柱体的高度
>>> width = 0.5              # 柱体的宽度
>>> plt.bar(x,height,width,color='b',alpha=0.8)
<BarContainer object of 4 artists>
```

运行结果如图 4-9 所示。

2. barh（条状图）

调用 Matplotlib 库 Pyplot 模块中的 Barh 绘图函数，可以绘制条形图。柱状图的柱体是垂直方向的，而条形图的柱体是水平方向的。

可在 IDLE 窗口中输入以下语句，查看函数调用结果：

```
>>> y = [1,2,3,4]            # 柱体的 y 坐标
>>> width = [3,2,5,4]        # 柱体的宽度
```

```
>>> plt.barh(y,width,height=0.5,color='c',alpha=0.8)
<BarContainer object of 4 artists>
```

运行结果如图 4-10 所示。

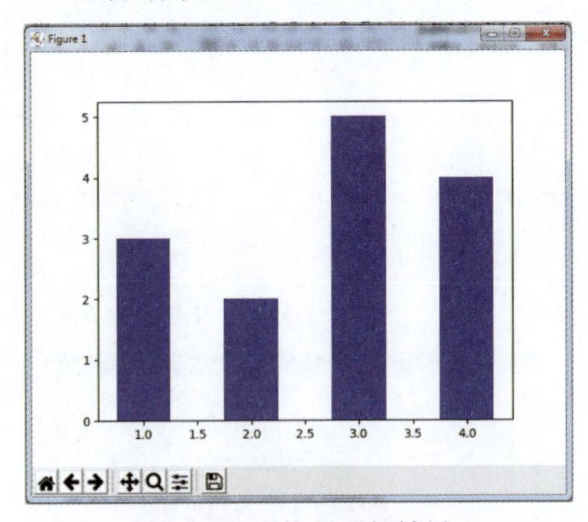

图 4-9　柱状图运行结果

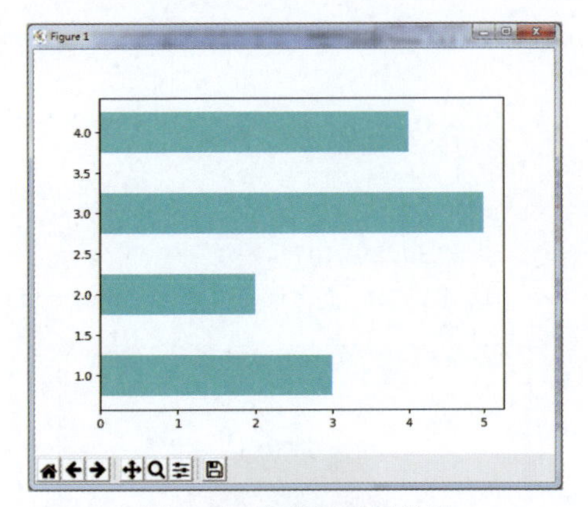

图 4-10　条状图运行结果

3. pie（饼图）

调用 Matplotlib 库 Pyplot 模块中的 Pie 绘图函数，可以绘制饼图及环形图。饼图可用于表示不同分类的占比情况，展示各部分的比例分布。

可在 IDLE 窗口中输入以下语句，查看函数调用结果：

```
>>> x = [5,10,20,25,40]                # 各部分的大小
>>> labels = ['A','B','C','D','E']     # 各部分的标签
>>> explode = [0.2,0.1,0,0,0.1]        # 各部分的偏移
>>> autopct='%.1f%%'                   # 各部分比例的显示格式，精度为小数点后一位
>>> plt.pie(x,labels=labels,explode=explode,autopct=autopct,shadow=True)
([<matplotlib.patches.Wedge object at 0x09F0CFF0>,
<matplotlib.patches.Wedge object at 0x0A0494B0>, <matplotlib.patches.Wedge
object at 0x0A049A70>, <matplotlib.patches.Wedge object at 0x0A055050>,
<matplotlib.patches.Wedge object at 0x0A0557B0>], [Text(1.2839948422976697,
0.20336480755770697, 'A'), Text(0.9708203866460458, 0.7053423118404443,
'B'), Text(-2.5747358111484753e-08, 1.0999999999999999, 'C'),
Text(-1.086457180293535, 0.17207787594174231, 'D'),
Text(0.3708204520191985, -1.141267800458892, 'E')],
[Text(0.7901506721831811, 0.1251475738816658, '5.0%'),
Text(0.5663118922101933, 0.4114496819069258, '10.0%'),
Text(-1.4044013515355319e-08, 0.5999999999999999, '20.0%'),
Text(-0.5926130074328372, 0.0938606596045867, '25.0%'),
Text(0.21631193034453244, -0.6657395502676869, '40.0%')])
```

饼图运行结果如图 4-11 所示。

```
# 绘制外环，设置饼图半径 radius 为 1，设置环形宽度为 0.4、边框颜色为白色
>>>
plt.pie(x,labels=labels,radius=1,wedgeprops=dict(width=0.4,edgecolor='w'
))
```

运行结果如图 4-12 所示。

```
# 绘制内环，半径为 0.6
>>> x2 =[30,30,40]
>>> plt.pie(x2,radius=0.6,wedgeprops=dict(width=0.4,edgecolor='w'))
```

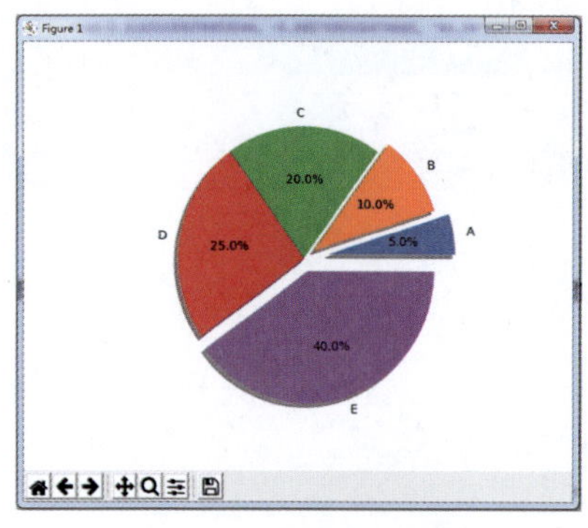

图 4-11　饼图运行结果

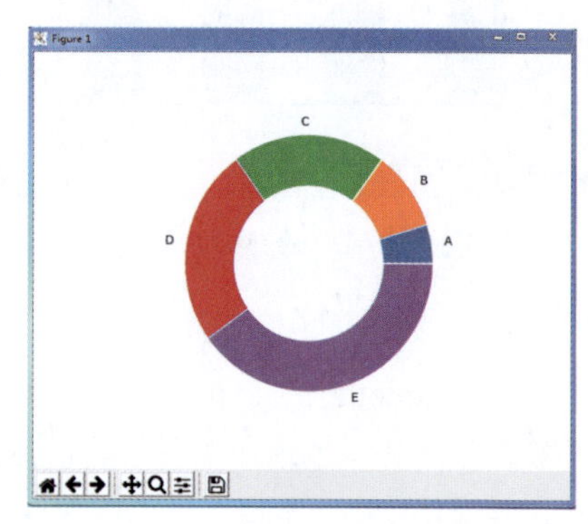

图 4-12　环形图运行结果 1

运行结果如图 4-13 所示。

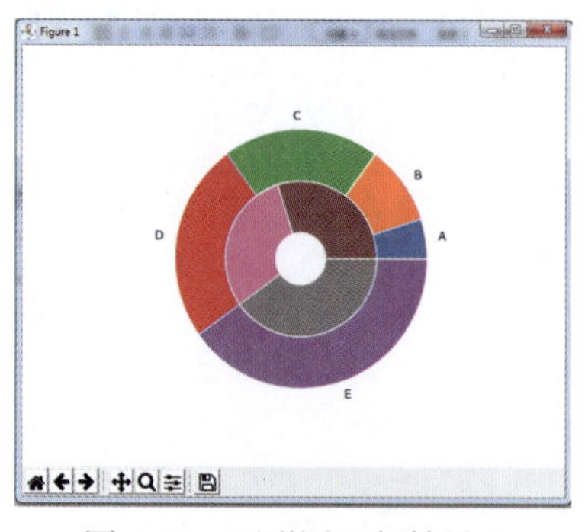

图 4-13　环形图运行结果 2

4. 直方图

调用 Matplotlib 库 Pyplot 模块中的 Hist 绘图函数，可以绘制直方图。直方图获取的是数据分布的统计图，可用于表示数据的分布情况，通常用横轴表示数据类型，用纵轴表示分布情况。

可在 IDLE 窗口中输入以下语句，查看函数调用结果:

```
# 随机生成 1000 个服从正态分布的数据
>>> import numpy as np
>>> data = np.random.randn(1000)
# 绘制直方图。data:绘图数据。bins:直方图的长条形数目，可选项，默认为 10。facecolor:
长条形的颜色。edgecolor:长条形边框的颜色。alpha:透明度
>>> plt.hist(data,bins=40,facecolor='blue',edgecolor='black',alpha=0.7)
```

运行结果如图 4-14 所示。

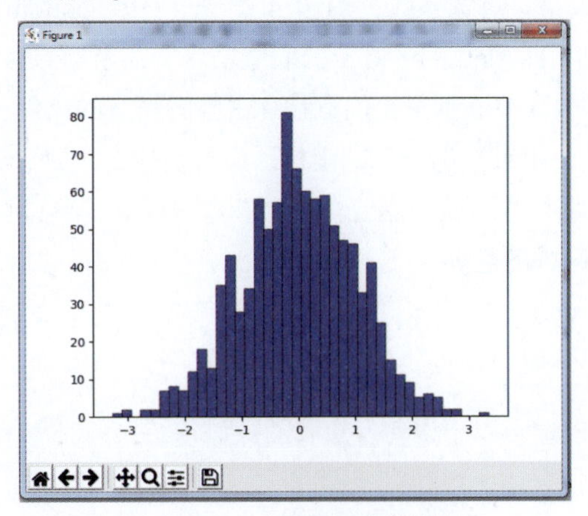

图 4-14　直方图运行结果

4.7.3　Figure 和 Axes 函数

当 Matplotlib 库调用 Pyplot 模块时，会隐式、自动地采用默认值来创建和管理 Figures 和 Axes 对象，并在当前 Axes 对象上绘制图形。读者也可以显式地创建 Figure 和 Axes 对象，在创建函数中指定属性值。

1. Figure 函数的一般调用形式

```
figure(figsize=None, dpi=None, facecolor=None, edgecolor=None) # 创建一个新的 figure
```

下面对 Figure 函数中的参数做详细解释。

figsize：窗口大小，可选参数，默认为 rcParams["figure.figsize"] 的值（默认值为 [6.4,4.8]）。

dpi: 窗口的分辨率，可选参数，默认为 rcParams["figure.dpi"] (默认值为 100.0)。

facecolor：窗口背景颜色，可选参数，默认为 rcParams["figure.facecolor"] (默认值为 white)。

edgecolor：窗口边框颜色，可选参数，默认为 rcParams["figure.edgecolor"] (默认值为'white')。

返回值为一个 Figure 对象。

2. Axes 函数的一般调用形式

```
axes(rect, polar=False, **kwargs) # 创建一个新的 axes 对象
```

下面对 Axes 函数中的参数做详细解释。

rect：绘图区域大小，可选参数，包含 4 个值（left、bottom、width、height），4 个值的取值范围都为[0,1]。left、bottom 的取值表示子图坐标原点的 x、y 值占整图的比例，width、height 的取值表示子图的宽和高占整图长宽的比例。

polar：可选参数，如果为 True，则坐标系为极坐标。

**kwargs：关键字参数为属性赋值，可选参数，具体请参见官方文档。

facecolor：绘图区域颜色。

返回值为一个 Axes 对象。

3. 示例 1

可在 IDLE 窗口中输入以下语句，查看函数调用结果：

```
>>> import matplotlib.pyplot as plt
>>> plt.ion() # 打开交互模式，便于实时查看窗口情况
>>> plt.figure(figsize=(5,3),facecolor='c')
<Figure size 500x300 with 0 Axes>
>>> plt.axes()
<matplotlib.axes._subplots.AxesSubplot object at 0x032DBA70>
```

运行结果如图 4-15 所示。

Figure 和 Axes 对象里的内容，可以调用以下函数进行清除：

```
clf() # 清除当前 figure
cla() # 清除当前 axes
```

在前面代码后输入：

```
>>> plt.clf()
```

运行结果如图 4-16 所示。

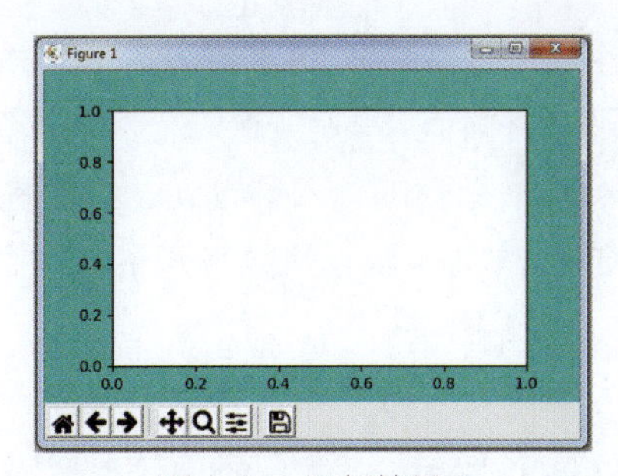

图 4-15　运行结果 1

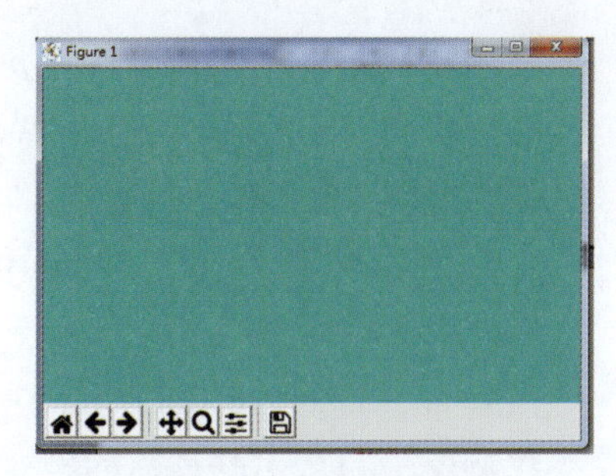

图 4-16　清除运行结果

调用 Close 函数，会关闭当前 figure 窗口。

```
>>> plt.close()
```

4. 示例 2

```
# 标准坐标系
>>> ax1 = plt.axes()
# 嵌套坐标系
# 0.65、0.65 为子图坐标原点的 x、y 值占整图的比例，0.2、0.2 为子图的宽和高占整图长宽的比例
>>> ax2 = plt.axes([0.65,0.65,0.2,0.2])
```

运行结果如图 4-17 所示。

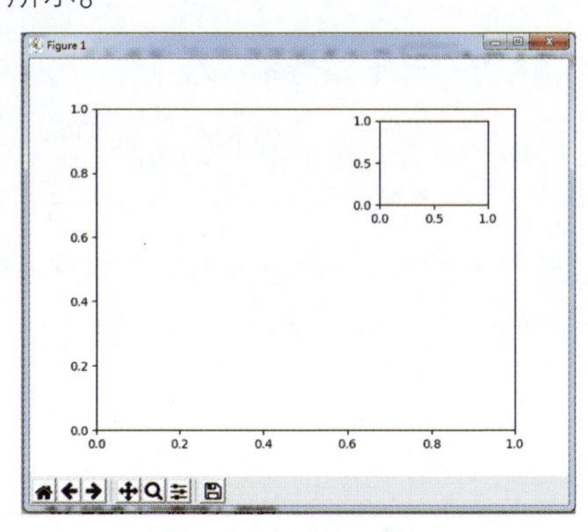

图 4-17　运行结果 2

4.8　源码剖析

“DLA(中心点，方形).py”源码中除主程序外，还包含 3 个函数，分别为 distance (p_1,p_2)、is_near(move_dot,points)和 over_boundary(move_dot)。下面对这 3 个函数进行说明。

- 函数 Distance(p_1,p_2)用来计算 p_1 和 p_2 两点之间的距离，这里要注意的是，和前几章不一样，从本章开始，点的表示没有方向值，只是一个二元组（x,y），即点的横坐标值和纵坐标值。所以，Distance 函数的输入参数 p_1、p_2 皆是二元组。由于函数调用了 Python 自带的 Math 模块的 Sqrt 函数来开平方，所以在程序的开始需要使用 import 语句导入 Math 模块。
- 函数 Is_near(move_dot,points)用来判断移动的粒子或点是否接近凝聚体，参数 move_dot 表示移动点的坐标值，参数 points 使用一个列表来表示凝聚体，列表中的每个元素都是一个点（一个二元组的坐标值），由这些点所组成的列表就代表一个凝聚体。函数 Is_near 将遍历 points 列表，如果 move_dot 点与列表中的某个点之间的距离小于 2，就视为接近凝聚体，返回 True。
- 函数 Over_boundary(move_dot)用来判断移动点是否超出边界，区域是一个由坐标分别为（0,0）、（0,100）、（100,0）、（100,100）的 4 个点所组成的方形，只要判断 move_dot 点的 x 坐标值和 y 坐标值是否超出了范围即可。如果移动点超出了边界，则函数返回 True，否则返回 False。

由于希望看到 DLA 模型的动态生成过程，所以在主程序开始时，使用以下语句打开交互模式：

```
plt.ion()
```

在背景色设置完成后，在区域中心放置种子粒子：

```
points = [(50,50)] # points 为凝聚体点列表，初始只有种子粒子
plt.scatter(50,50,s=3,c='white',alpha=1) # 在画布上绘制种子粒子
```

画布上显示的种子粒子的大小为 3，颜色是白色，并且是完全不透明的。接下来，在区域边界的某个位置上随机释放 3500 个粒子，每个粒子都将经历以下过程。

第一步，随机确定粒子的坐标值：

```
    # 在区域的 4 条边上，随机取一个位置，释放一个粒子
    r = 100*random.random()
    move_dot = random.choice([(0,r),(r,0),(100,r),(r,100)])
```

第二步，随机生成该粒子的行走方向和距离（虽然一开始限定的方向和距离有些不准确，但是可以快速生成图形）：

```
    # 随机生成 x 轴、y 轴方向偏差
    o_x = 2*random.normalvariate(0,0.1)
    o_y = 2*random.normalvariate(0,0.1)
```

当 o_x 为负时，*x* 轴方向向左；当 o_x 为正时，*x* 轴方向向右；当 o_y 为负时，*y* 轴方向向下；当 o_y 为正时，*y* 轴方向向上。利用 o_x 和 o_y 的偏差，可模拟新粒子前、后、左、右无规行走。

第三步，粒子随机行走，当接近凝聚体或碰到边界时，做相应的处理：

```
while not over_boundary(move_dot):
    # 如果接近凝聚体，则与凝聚体凝聚
    if is_near(move_dot,points):
        points.append(move_dot) # 该粒子加入凝聚体，成为其中一元
        break
    # 否则，继续随机行走
    else:
        # 移动到下一个位置
        x = move_dot[0]+o_x # 当o_x为负时，x轴方向向左；当o_x为正时，x轴方向向右
        y = move_dot[1]+o_y # 当o_y为负时，y轴方向向下；当o_y为正时，y轴方向向上
        move_dot = (x,y)

# 如果碰到边界，则粒子消失
if over_boundary(move_dot):
    continue    # 跳出循环，继续释放下一个粒子
```

第四步，在画布上绘制已生成的凝聚体：

```
# 清除当前的 axes
plt.cla()
# 设置x轴、y轴坐标范围
plt.xlim(0,100)
plt.ylim(0,100)
# 隐藏坐标轴
plt.axis('off')
# 绘制本次的凝聚体
X = [p[0] for p in points] # 凝聚体中所有点的x坐标
Y = [p[1] for p in points] # 凝聚体中所有点的y坐标
plt.scatter(X,Y,s=3,c='white',alpha=1) # 绘制凝聚体中的所有点
# 暂停0.1秒，以呈现动态效果
plt.pause(0.1)
```

3500个粒子释放完成后，关闭交互模式，保存图像：

```
# 关闭交互模式
plt.ioff()
```

```
# 保存图形到文件
plt.savefig('E:\\1.png',facecolor=(50/255,101/255,206/255))
```

4.9 数据可视化 Tips

4.9.1 数据统计图

使用点、线、面、体等几何图形表示统计数据的大小关系及变动情况的图表的总称，叫作统计图表。

苏格兰工程师、经济学家威廉姆·普莱菲尔最先发明了统计图表，包括折线图、条形图和饼图等。他在 1786 年出版的《商业和政治图解》一书中，用 44 个图表记录了 1700—1782 年英国贸易和债务，展示了这段时期的商业事件，之后，计算机的引入改变了人们分析和研究数据的方式。借助计算机，人们可以在数秒内制做出不同类型的图表，并从多个角度来查看数据及筛选出更复杂的数据集。

使用统计图表来展示统计数据，具有简洁生动、一目了然、形象具体的特点。这些图表展现了数据的各个方面，分类的、时间的、空间的，还有全部结合在一起的，如结构化的分类、整体中的部分、分类中的分类、时间段之间的变化幅度和波动、时序中的周期性和循环、层次结构的空间和模式的呈现等。

数据中包含单个变量或多个变量，如果数据以表格的方式呈现，那么表格中的一列就是一个变量，而统计图表就是要找出这些变量之间的关系，并以简单直观的视角来呈现这些关系。

4.9.2 数据的统计分析

在描述性统计学中，一组数据的特征可以采用三种方式来描述，这三种方式分别是集中趋势、离中趋势及分布形态。

1. 数据的集中趋势

数据的集中趋势是指一组数据向某个中心值靠拢的程度，该类指标寻找的是这组数据的中心位置。在数据量比较多的情况下，这类指标可用来表明整体的状态，能够较好地反映事物当前所处的位置和水平，还能够展现事物的发展和变化趋势。集中趋势的指标包括平均数、分位数和众数。

（1）平均数

平均数主要适用于定量数据，不适用于定性数据，主要包括简单算术平均数、加权算术平均数和几何平均数。

简单算术平均数是将集合中的所有数值相加得出总和，再用总和除以数值的个数而得出的结果，通过这个结果来表示数据集合的集中趋势。在简单算术平均数中，每个数值的权重是相同的，但有时需要采用加权算术平均数的方式为每个数值赋予不同的权重，才能更好地表示数据的集中趋势。

简单算术平均数应用广泛，受样本数据的波动影响最小，拥有一定的稳定性，但是它也有着明显的缺陷。当数据集合中有极大值或极小值存在时，或者有些数值之间的关系不是加或减，而是乘或除关系时，简单算术平均数的计算结果就会掩盖数据集合本身所具有的真实的特征，从而失去了代表性，也就没有了在现实层面上使用的意义。这时可以使用几何平均数，即用 n 个变量值连乘积的 n 次方根来更好地表示数据的集中趋势。

（2）分位数

分位数是在集合中处于最大值和最小值之间的一个数值。在这个数据集合中，一部分值会小于或等于分位数，而另一部分值会大于分位数。常用的分位数是中位数。

一组数据按照大小排列后，中点位置上的数值就是中位数，也就是在这组数据中，中位数左侧的数据比它小，中位数右侧的数据比它大。中位数与算术平均数相比，优势在于不会受到极端值的影响，对偏斜数据的特征更有代表性。

（3）众数

众数是指在一个集合中出现次数最多的数值，能够用来表示由多类数据所组成的大量数据的集中趋势。在一组数据中可能有一个众数，也可能有多个众数或没有众数。

2. 数据的离中趋势

在统计学中，一组数据的特征除使用集中趋势来进行概括外，还需要概括各个数据偏离某个中心点（比如平均数）的程度，即数据的离中趋势。离中趋势指标主要包括极差、方差、标准差、离散系数等。

（1）极差

极差，又叫全距，是一组数据中最大值和最小值的差值。它只计算两个极端值（最大值和最小值）的差，而没有考虑中间值的情况，所以并不能充分地反映数据中所有数据的离中趋势，只是一个比较粗糙的测定指标。

（2）方差与标准差

方差是每个数值与平均数之差的平方值的平均数，而标准差为方差的算术平方根。方差越大，数据越分散，波动越大；方差越小，数据越集中，波动越小。

标准差只是在数学处理上与方差不同，两者的不同之处在于：标准差比方差更清楚，在指标上也更灵敏，所以标准差已成为各种离中趋势指标中最重要的一种指标。

（3）离散系数

离散系数测定的是相对离中程度，如果要比较平均水平不同的两组数据的离中程度，就需要计算离散系数。常用的离散系数是标准差系数，计算方式是将标准差与算术平均数进行对比而得出结果。

3. 数据的分布形态

在描述性统计中，测量一组数据的分布形态的方法是，在数轴上将所有数据以直方图的方式呈现，然后与正态分布的图形进行比较，比较的指标包括偏态和峰度。直方图可参考 4.7.2 节的介绍。

（1）正态分布

正态分布（Normal Distribution）是一个非常重要的概率分布，在数学、物理学、工程及统计学等各个领域应用广泛。

正态曲线两头低、中间高、左右对称，因呈钟形，又被称为钟形曲线。正态曲线的图形具有集中性、对称性、均匀变动性。均值（平均数）决定了正态曲线的具体位置。标准差决定了正态曲线的形态：标准差越大，数据的跨度就大，数据就越分散，所覆盖的变量值就越多，所以正态曲线越扁平，图形越呈现“矮胖型”；标准差越小，数据跨度越小，数据就越集中，所覆盖的变量值就越少，所以正态曲线越陡峭，图形越呈现“瘦高型”。正态分布是许多统计方法的理论基础。正态的英文单词是“Normal”，意思是“常见的、典型的”，主要是因为这种分布能够代表多种多样的数据类型。自然界、人类社会、心理学、教育学中的大量现象，都是按正态形式分布的，例如能力的高低、学生成绩的好坏、员工绩效、产品质量、正常人群的身高、体重、考试成绩、家庭收入等。这说明这些指标背后的数据都会呈现出一种中间密集、两边稀疏的特征。以身高为例，服从正态分布意味着大部分人的身高都在人群的平均身高上下浮动，特别矮和特别高的人都比较少见。

（2）偏态

偏态反映的是数据分布的不对称性，其指标偏态系数测定的是与正态分布相比较时的偏斜方向和程度。在偏态分布下，平均数、中位数、众数是不同的；而在对称分布下，三者是相同的。

（3）峰度

峰度又称峰态系数，是指数据分布的尖削或凸起程度。峰度是和正态分布相比较而言的，如果峰度大于三，则峰的形状就会更陡峭，反之亦然。峰度一般有三种形态：尖顶峰度、平顶峰度和标准峰度。

4.9.3　不同数据统计图的应用场景

不同的数据统计图表有着各自的特性，因此也有其最适合的应用场景。下面介绍几种数据统计图的应用场景。

1. 折线图

在折线图中，可以清晰地观测到数据的变化特征，主要反映在：

- 数据随时间递增；
- 数据随时间递减；
- 数据增减的规律（如周期变化）；
- 数据增减的速率情况（如指数性增长）；
- 数据的峰值和谷值等；

……

一般情况下，在折线图中：横轴（x 轴）表示时间的推移，纵轴（y 轴）表示数据的大小。折线图一般包括 x 轴、左 y 轴、右 y 轴（可选）、数据点、变化趋势线、图例等。

在折线图中，可以绘制多条线，用来比较多组数据在一个时间周期内的变化趋势，并且可以进一步分析数据之间的相互作用和影响（如同增同减、成反比等）。注意，在折线图中折线不宜过多，最好不要超出 4 条，否则会导致数据难以分析。在折线图中，可以显示数据点以表示单个数据值，例如可以在折线的转弯处用一些特殊的形状来标记，以强调数据的变化位置。当然，也可以不显示这些数据点，而只表示某类数据的趋势。

2. 散点图

散点图在坐标系中以点图的方式展现变量之间的关系，适用于在不考虑时间的情况下展示数据的分布和聚合情况。在散点图中，如果数据点随机分布，那么表示变量之间不存在关系；如果数据点密集并以某种趋势呈现，那么表示变量之间存在着某种关系。

一般来说，散点图提供的关键信息有：

- 变量之间是否存在关联趋势；
- 如果存在关联趋势，是线性的还是非线性的；
- 是否有离群值或异常值。

在不考虑时间，要比较大量多类别的数据时，散点图是最好的选择。其中，多类别的数据可以用不同的形状来区分，比如圆形、三角形、菱形、星形等。

3. 气泡图

气泡图是用来展示变量之间相关性的一种图表，是一个多变量图，它增加了第三个数值即大小的变量，每个散点可替换成任意大小的气泡，使数据更直观、清晰、可视化，并更易于比对各个数据的差异。同时，气泡还可以设置成各种颜色，以应对其他参数和变量。

4. 柱状图

柱状图通过使用垂直或水平的柱形来比较并展示分类的数据，并且可以统计每个分类中的数量。在柱状图中不适合采用三维效果，柱状图顶部的立体效果会让数据产生歧义，从而误导读者。

5. 饼图

饼图可用于表示不同分类的占比情况，能快速、有效地展示数据的比例分布。

饼图主要用于展现不同类别数值相对于总数的占比情况，不适合用于精确数据的比较。因此，当各类别数据占比较接近时，我们很难对比出每个类别占比的大小，这时更适合使用柱状图。饼图也不适合表示太多的分类数据，数据分类越多，圆形划分的块就越多，这样就会降低图表的可读性，从而不利于数据的分析和展示。

饼图切片一般是将数据较大的两个扇区设置在水平方向的左右两侧。在饼图中，可以将需要强调的扇区分离出来，也可以将饼图的每个部分独立分割，以显示各部分的独立性。这样的图表在形式上要胜过没有被分开的扇区。

6. 直方图

直方图采用绘制柱状图的方式，用一系列高度不等的纵向柱体表示数据的分布情况。一般横坐标轴表示数据类型，纵坐标轴表示数据大小。

直方图有两种类型：频率分布直方图和频数分布直方图。观看直方图的关键是看区间面积的大小，在频率直方图中，长方形的面积可以看成该区间数据点的密集程度，长方形的面积越大，表示该区间的数据点越多。

直方图经常被用于质量管理中。在质量管理中，通过对收集到的数据进行处理并绘制直方图，可以了解产品质量的分布情况，并且判断和预测不合格率，所以直方图又被称作质量分布图。直方图也是计算机视觉处理中最经典的工具之一，因为任何一幅图像都能被计算出唯一与它对应的直方图，所以直方图可以很好地表现图像的特征。

4.10 DLA（一根线）.py 源码

```
# 导入模块
import matplotlib.pyplot as plt
```

```
import math
import random

# 计算两点之间的距离
def distance(p1,p2):
    x1 = p1[0]
    y1 = p1[1]
    x2 = p2[0]
    y2 = p2[1]

    d = math.sqrt((x1-x2)**2+(y1-y2)**2)

    return d

# 判断移动点是否接近 x 轴或凝聚体
def is_near(move_dot,points):
    if move_dot[1] < 2:
      return True
    if points:
      for point in points:
          if distance(move_dot,point) < 2:
              return True

    return False

# 判断移动点是否超出边界
def over_boundary(move_dot):
    x = move_dot[0]
    y = move_dot[1]

    if x < 0 or x > 100:
      return True
    else:
      return False

# 开始主程序
if __name__ == '__main__':
    # 打开交互模式
    plt.ion()
```

```
points =[] # points 为凝聚体点列表，初始为 x 轴
# 在上方距 x 轴 100 距离处释放 3500 个粒子
for n in range(3500):
    # 在虚拟直线上随机取一个位置，释放一个粒子
    r = 100*random.random()
    move_dot = (r,100)
    # 随机生成 x 轴、y 轴方向偏差
    o_x = 2*random.normalvariate(0,0.1)
    o_y = 2*random.normalvariate(0,0.1)

    # 粒子随机行走，直到接近凝聚体或碰到边界
    while not over_boundary(move_dot):
        # 如果接近凝聚体，则与凝聚体凝聚
        if is_near(move_dot,points):
            points.append(move_dot)
            break
        # 否则，继续随机行走
        else:
            x = move_dot[0]+o_x
            y = move_dot[1]+o_y
            move_dot = (x,y)

    # 如果碰到边界，则粒子消失
    if over_boundary(move_dot):
        continue

    # 清除当前的 axes
    plt.cla()
    # 设置 x 轴、y 轴坐标范围
    plt.xlim(0,100)
    plt.ylim(0,100)
    # 绘制凝聚体
    X = [p[0] for p in points]
    Y = [p[1] for p in points]
    plt.scatter(X,Y,s=3,c='red')
    # 暂停 0.1 秒
    plt.pause(0.1)

# 关闭交互模式
plt.ioff()
# 保存图形到文件
plt.savefig('E:\\1.png')
```

第5章
拼贴与显影

本章绘图要点如下。

✧ 画布上的其他元素：画布上除图形、图像外，通常还需要添加其他元素来增加整幅图的可读性，这些元素包括标题、图例、网格、注释等。Matplotlib 库包含许多相关的函数，调用这些函数就可以精细地控制画布上的元素。

✧ 效果和速度：在交互模式下，采用边计算边绘制的方式，可以呈现图像的动态显示过程，但是图像的生成需要很长的时间。想要快速生成图像，可以采用统一计算、统一绘制的方式，这样做虽然图像的生成效率大大地提高了，却无法看到图像的生成过程。所以，究竟选择什么方式生成图像，还是取决于用户的实际需要。

5.1 迭代函数系统（IFS）

扰扰孰分形，纷纷谁与明。……随事皆天道，因人见物情。

——宋·舒岳祥《物化》

1985 年，美国佐治亚理工学院的巴恩斯利教授首创了一种分形构形系统，这种系统以自仿射变换的方式来模拟生物形态，被称作迭代函数系统（Iterated Function System，IFS）。之后，Stephen Demko 等人将其引入计算机图像合成领域。

与前几章的分形图形不同，IFS 采用自仿射变换，而不是自相似变换。自相似变换是等比例的，而自仿射变换是不等比例的。IFS 图像同样是由许多与整体相似的局部拼贴而成的，但是局部只是在“仿射变换”的意义下才与整体相似。在 IFS 图像中，各个局部并不只是简单地将整体等比例缩小，比如缩小了三分之一的科赫曲线，而是将整体经过一定变换后缩小。当然，变换并不是随意的，而要遵循一定的规则，在 IFS 中这种有规则的变换被称为仿射变换。那么，究竟什么是仿射变换呢?

仿射变换是一种二维图形的线性变换，变换后必须满足“平直性”和“平行性”。也就是说，变换后圆弧必须还是圆弧，直线必须还是直线，平行线必须还是平行线，相交直线的夹角不能被改变等。仿射变换包括一系列的原子变换：平移、缩放、翻转、旋转和剪切。将这些原子变换进行组合就可以实现各种仿射变换。仿射变换后，一个图形的面积会发生变化。面积变小了，则变换是收缩的；面积变大了，则变换是扩张的；面积保持不变，则变换是恒等的。由于 IFS 算法的迭代是收敛的，所以用到的只是收缩性仿射变换。

仿射变换的数学表达式为

$$\omega:\begin{cases}x' = ax + by + e \\ y' = cx + dy + f\end{cases}$$

其中，ω 代表仿射变换；a、b、c、d、e、f 是仿射变换系数；x、y 是变换前图形的坐标值；x'、y' 是变换后图形的坐标值。

仿射变换族$\{\omega_n\}$中包含多个仿射变换ω，其中，每个仿射变换ω代表图形一个部分的结构和形状，由多个仿射变换可以拼贴成整个图形。但是，仿射变换族$\{\omega_n\}$中每个仿射变换ω被调用的概率并不一定是相同的，每个ω的概率P决定了它所代表的子图的面积，概率越大，落入子图的点越多，子图的面积就越大，反之亦然。仿射变换ω的 6 个仿射变换系数（a、b、c、d、e 和 f）需要用户在计算机上以交互的方式逐个调整才能够确定。因此，IFS 图像通常形成的过程是，首先定义分形图形的整体形态，观察、选定仿射变换子图的拼贴方式，然后在计算机上实验，确定各个仿射变换的系数 a、b、c、d、e、f 及仿射变换被调用的概率 P，最后迭代重复应用这些仿射变换，就可以得到所需要的分形图形。

使用 IFS 这种方法既有"确定性"，又有"随机性"。"确定性"指迭代遵循的是一组仿射变换，仿射变换的规则（6 个系数）是确定的；"随机性"指每个仿射变换会依据它的概率而被应用，也就是说，每一次迭代应用哪一个仿射变换是不确定的，是靠"掷骰子"决定的。

在计算机上，采用 IFS 算法生成图像的过程就像胶片显影，不同的子图区域内会随机地、不断地出现一个又一个点，这些点会慢慢地汇总、聚集，在一片模糊和混沌之中，逐渐呈现出一幅清晰的图像。计算机的出现让自然界那些复杂的形态不再晦涩难懂，而变得有迹可循。

5.2　IFS 分形图

IFS 算法最关键的就是 6 个仿射变换系数（a、b、c、d、e、f）和一个概率（P），也被称为 IFS 码。下面介绍由一些 IFS 码生成的分形图。

1. 螺旋

螺旋 IFS 码如表 5-1 所示。

表 5-1　螺旋 IFS 码

仿射变换	a	b	c	d	e	f	P
1	0.787879	−0.424242	0.242424	0.859848	1.758647	1.408065	0.9
2	−0.121212	0.257576	0.05303	0.05303	−6.721654	1.377236	0.05
3	0.181818	−0.136364	0.090909	0.181818	6.086107	1.568035	0.05

打开配套资源第 5 章中的"IFS.py"程序文件，运行程序，可以看到动态的 IFS 图像的生成过程（图像的生成需要一定的时间）。

主程序中的语句 IFS(luo_xuan,5000)中的第 1 个参数为螺旋的 IFS 码，第 2 个参数为要计算的点（5000 个），背景色 bg_color 为 RGB(50,101,206)，画笔色 p_color 为"white"（白色），最后生成的图像如图 5-1 所示。IFS 图像首先在初始点（坐标（0,0））处显示第一个点；然后根据概率随机选择某个仿射变换，在第 1 个点坐标的基础上，根据该仿射变换的仿射系数 a、b、c、d、e、f 的值，计算出第 2 个点的坐标，并且在画布上显示出来；接着，根据概率随机选择仿射变换，依据仿射系数在第 2 个点坐标的基础上计算出第 3 个点的坐标并在画布上显示出来；如此重复，直到 5000 个点全部计算和绘制完成。与前一章的 DLA 图像不同的是，这 5000 个点最终都会在画布上显现出来，而不会消失。其中，每个点所应用的仿射变换不一定相同，应用同一个仿射变换的点会出现在同一个子图区域内，而应用不同的仿射变换的点会出现在不同的子图区域内。

打开配套资源第 5 章中的“IFS 拼贴图.py”程序文件，将主程序中的语句 dots = create_dots(feng_ye,5000)改为 dots = create_dots(luo_xuan,5000)，Create_dots 函数的第 1 个参数为螺旋的 IFS 码，第 2 个参数为要计算的点数；将设置 x 轴标签的语句：plt.xticks(np.arange(−1,1,0.1),rotation=20)改为 plt.xticks(np.arange(−7,8,1),rotation=20)；将设置 y 轴标签的语句 plt.yticks(np.arange(0,1,0.1))改为 plt.yticks(np.arange (0,11,1))。

运行程序，生成的图像如图 5-2 所示。

图 5-1　IFS 螺旋图像

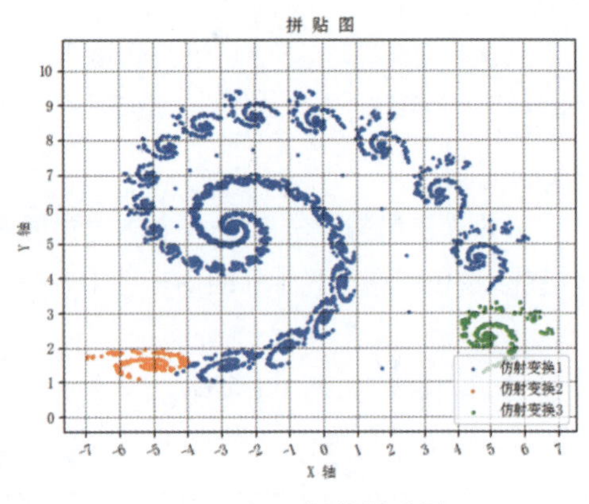

图 5-2　IFS 螺旋拼贴图

从图 5-2 中可以看到，螺旋的 IFS 图像由三部分组成，每部分都是由一个仿射变换生成的。

2. 蕨类植物

蕨类植物 IFS 码如表 5-2 所示。

表 5-2　蕨类植物 IFS 码

仿射变换	*a*	*b*	*c*	*d*	*e*	*f*	*P*
1	0	0	0	0.25	0	−0.14	0.02
2	0.85	0.02	−0.02	0.83	0	1	0.84
3	0.09	−0.28	0.3	0.11	0	0.6	0.07
4	−0.09	0.28	0.3	0.09	0	0.7	0.07

打开配套资源第 5 章中的“IFS.py”程序文件，将主程序中的语句 IFS(luo_xuan, 5000)改为 IFS(jue,7000)，IFS 函数的第 1 个参数为蕨类的 IFS 码，第 2 个参数为要计算的点（7000 个）；将画笔颜色 p_color 设为“green”（绿色），将背景色 bg_color 设为“white”（白色）；将 IFS 函数中的语句 `plt.scatter(X,Y,color=p_color,s=3, alpha=1)` 中的 alpha 值改为 0.3，修改图像的透明度。运行程序，图像会自动动态生成，如图 5-3 所示。

打开配套资源第 5 章中的“IFS 拼贴图.py”程序文件，将主程序中的语句 dots = create_dots(feng_ye,5000)改为 dots = create_dots(jue,7000)；Create_dots 函数的第 1 个参数为蕨类的 IFS 码，第 2 个参数为要计算的点数；将设置 x 轴标签的语句 plt.xticks(np.arange(−1,1,0.1),rotation=20)改为 plt.xticks(np.arange(−5,5,0.5))；将设置 y 轴标签的语句 plt.yticks(np.arange(0,1,0.1))改为 plt.yticks(np.arange(0,6.5,0.5))。

运行程序，生成的图像如图 5-4 所示。

图 5-3　IFS 蕨类图像

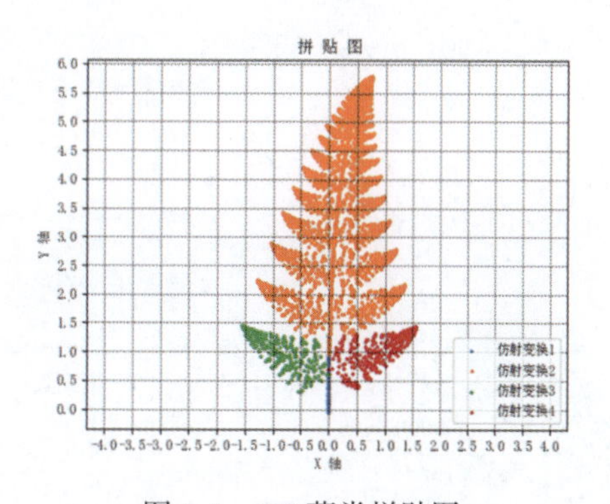

图 5-4　IFS 蕨类拼贴图

从图 5-4 中可以看到，蕨类的 IFS 图像由四部分组成，每部分都是由一个仿射变换生成的。

3. 树

树 IFS 码如表 5-3 所示。

表 5-3　树 IFS 码

仿射变换	*a*	*b*	*c*	*d*	*e*	*f*	*P*
1	0.05	0	0	0.6	0	0	0.1
2	0.05	0	0	−0.5	0	1.0	0.1
3	0.46	0.32	−0.386	0.383	0	0.6	0.2
4	0.47	−0.154	0.171	0.423	0	1.0	0.2
5	0.43	0.275	−0.26	0.476	0	1.0	0.2
6	0.421	−0.357	0.354	0.307	0	0.7	0.2

打开配套资源第 5 章中的“IFS.py”程序文件，将主程序中的语句 IFS(luo_xuan, 5000)改为 IFS(tree1,7000)，IFS 函数的第 1 个参数为树的 IFS 码，第 2 个参数为要计算的点（7000 个）；将画笔颜色 p_color 设为'green'（绿色），将背景色 bg_color 设为'white'（白色）；将 IFS 函数中的语句 `plt.scatter(X,Y,color= p_color, s=3, alpha=1)` 中的 alpha 值改为 0.3，修改图像的透明度。运行程序，图像会自动动态生成，如图 5-5 所示。

打开配套资源第 5 章中的“IFS 拼贴图.py”程序文件，将主程序中的语句 dots = create_dots(feng_ye,5000)改为 dots = create_dots(tree1,7000)，create_dots 函数的第 1 个参数为树的 IFS 码，第 2 个参数为要计算的点数；将设置 x 轴标签的语句 plt.xticks(np.arange(-1,1,0.1),rotation=20)改为 plt.xticks(np.arange(-1,1.5,0.5))；将设置 y 轴标签的语句 plt.yticks(np.arange(0,1,0.1))改为 plt.yticks(np.arange(0,2.25,0.25))。

运行程序，生成的图像如图 5-6 所示。

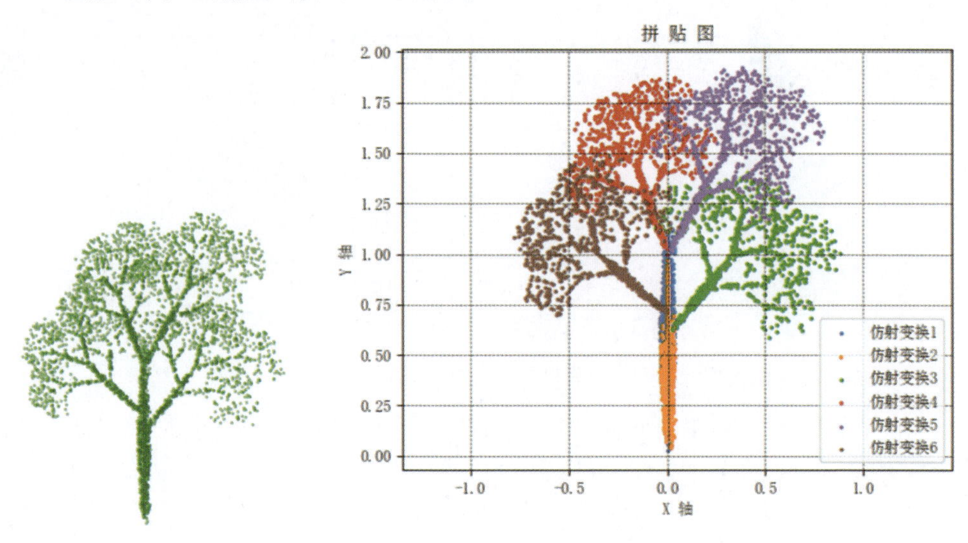

图 5-5　IFS 树图像　　　　图 5-6　IFS 树拼贴图

从图 5-6 中可以看到，树的 IFS 图像由六部分组成，每部分都是由一个仿射变换生成的。

4. 枫叶

枫叶 IFS 码如表 5-4 所示。

表 5-4　枫叶 IFS 码

仿射变换	*a*	*b*	*c*	*d*	*e*	*f*	*P*
1	0	0	0	0.5	0	0	0.05
2	0.12	−0.82	0.42	0.42	0	0.2	0.4
3	0.12	0.82	−0.42	0.42	0	0.2	0.4
4	0.1	0	0	0.1	0	0.2	0.15

打开配套资源第 5 章中的“IFS.py”程序文件，将主程序中的语句 IFS(luo_xuan, 5000)改为 IFS(feng_ye,7000)，IFS 函数的第 1 个参数为枫叶的 IFS 码，第 2 个参数为要计算的点（7000 个）；将画笔颜色 p_color 设为 RGB(218,38,24)，将背景色 bg_color 设为“white”（白色）。动态生成的图像如图 5-7 所示。

图 5-7　IFS 枫叶图像

打开配套资源第 5 章中的“IFS 拼贴图.py”程序文件，主程序中的语句 `dots = create_dots(feng_ye,5000)`，Create_dots 函数的第 1 个参数为枫叶的 IFS 码，第 2 个参数为要计算的点（5000 个）。运行程序，生成的图像如图 5-8 所示。

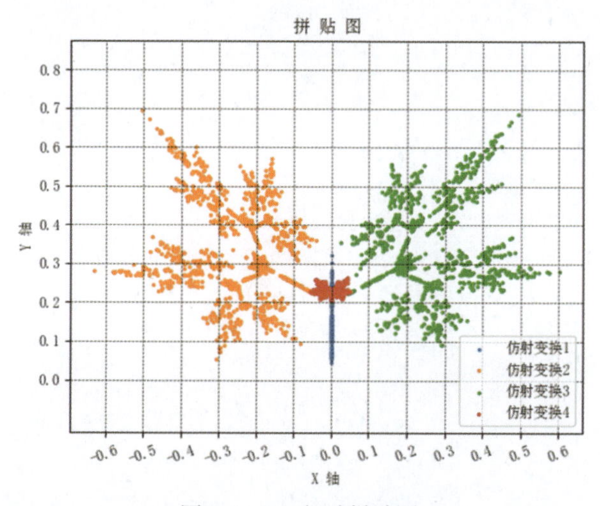

图 5-8　IFS 枫叶拼贴图

从图 5-8 中可以看到，枫叶的 IFS 图像由四部分组成，每部分都是由一个仿射变换生成的。

5.3 IFS.py 源码

```
# 导入模块
import matplotlib.pyplot as plt
import numpy as np

# 螺旋 IFS_code，列表的一个元素就是一个仿射变换
luo_xuan = [(0.787879,-0.424242,0.242424,0.859848,1.758647,1.408065,0.9),
          (-0.121212,0.257576,0.05303,0.05303,-6.721654,1.377236,0.05),
          (0.181818,-0.136364,0.090909,0.181818,6.086107,1.568035,0.05)]

# 枫叶 IFS_code
feng_ye = [(0,0,0,0.5,0,0,0.05),
          (0.12,-0.82,0.42,0.42,0,0.2,0.4),
          (0.12,0.82,-0.42,0.42,0,0.2,0.4),
          (0.1,0,0,0.1,0,0.2,0.15)]

# 蕨类植物 IFS_code
jue = [(0,0,0,0.25,0,-0.14,0.02),
      (0.85,0.02,-0.02,0.83,0,1,0.84),
      (0.09,-0.28,0.3,0.11,0,0.6,0.07),
      (-0.09,0.28,0.3,0.09,0,0.7,0.07)]

# 树 1IFS_code
tree1 = [(0.05,0,0,0.6,0,0,0.1),
        (0.05,0,0,-0.5,0,1.0,0.1),
        (0.46,0.32,-0.386,0.383,0,0.6,0.2),
        (0.47,-0.154,0.171,0.423,0,1.0,0.2),
        (0.43,0.275,-0.26,0.476,0,1.0,0.2),
        (0.421,-0.357,0.354,0.307,0,0.7,0.2)]

# IFS 绘图函数，第 1 个参数 IFS_code 为 IFS 码，第 2 个参数 n 为点数
def IFS(IFS_code,n):
    # 设置初始点位置
    x = 0
```

```
y = 0

# 点序列集，初始为空列表
dots = []

# 获取 IFS_code 中每个仿射变换的概率，最后一个 IFS_code 元素是概率
P = [c[-1] for c in IFS_code]

# 绘制 IFS 图形
for dot in range(n):
    r = np.random.rand() # 生成（0,1）之间的一个随机浮点数
    # 依据随机数 r，选择仿射变换
    p0 = 0
    for i,p in enumerate(P):
        p1 = p0+p
        if r > p0 and r <= p1:
            k = i
            break
        else:
            p0 = p1
    # 获取 6 个仿射变换系数
    a = IFS_code[k][0]
    b = IFS_code[k][1]
    c = IFS_code[k][2]
    d = IFS_code[k][3]
    e = IFS_code[k][4]
    f = IFS_code[k][5]
    # 计算仿射变换后的坐标值
    u = a*x+b*y+e
    y = c*x+d*y+f
    x = u
    # 仿射变换后的点加入点序列集 dots
    dots.append((x,y))

    # 清除当前的 axes
    plt.cla()
    # 设置 x、y 轴的单位长度相等
    plt.axis('equal')
    # 隐藏坐标轴
    plt.axis('off')
```

```
        # 绘制点集
        X = [d[0] for d in dots]
        Y = [d[1] for d in dots]
        plt.scatter(X,Y,color=p_color,s=3,alpha=1)
        # 暂停 0.1 秒
        plt.pause(0.1)

# 开始主程序
if __name__ == '__main__':
    # 设置背景色和画笔色
    bg_color = (30/255,31/255,26/255)
    p_color = (240/255,102/255,56/255)
    # 设置默认的窗口颜色
    plt.figure(facecolor=bg_color)

    # 打开交互模式
    plt.ion()
    # 绘制 IFS 图形
    IFS(luo_xuan,5000)
    # 关闭交互模式
    plt.ioff()
    # 保存图像到文件
    plt.savefig('E:\\1.png',facecolor=bg_color)
```

说明:

IFS 程序采用边计算边绘制的方式来生成 IFS 图像，运行程序，可以看到 IFS 图像就如胶片显影，动态逐点展现生成过程。

5.4 源码剖析 1

“IFS.py”源码中采用嵌套元组的列表方式来表示图像的 IFS 码，比如：

```
# 螺旋 IFS_code，列表的一个元素就是一个仿射变换
luo_xuan = [(0.787879,-0.424242,0.242424,0.859848,1.758647,1.408065,0.9),
            (-0.121212,0.257576,0.05303,0.05303,-6.721654,1.377236,0.05),
            (0.181818,-0.136364,0.090909,0.181818,6.086107,1.568035,0.05)]
```

螺旋共有 3 个仿射变换，以上列表中包含 3 个元组，每个元组就是一个仿射变换。每个元组中的第 1 ~ 6 个元素分别对应仿射变换系数 a、b、c、d、e、f，每个元组的最

后一个元素对应各个仿射变换的概率 p。蕨类植物、树、枫叶的 IFS 码使用同样的数据结构来表示。

“IFS.py”源码中包含一个函数 IFS(IFS_code,n)，该函数用来绘制 IFS 图像，它的第 1 个参数 IFS_code 为 IFS 码，第 2 个参数 n 为要计算及绘制的点数。

在 IFS 函数的定义中，首先设置了初始点的位置：

```
x = 0
y = 0
```

源码中使用一个嵌套元组的列表 dots 来表示所要生成的 IFS 图像，该列表中的每个元素就是一个点的坐标，即一个二元组（x,y）。所以，一开始，设置该列表为空列表，表示初始的图像没有一个点：

```
dots = []
```

接下来，采用列表推导式的方式，取出每个仿射变换的概率，即 IFS_code 中每个元素的最后一个值。

```
P = [c[-1] for c in IFS_code]
```

以上初始工作完成后，就可以开始计算每个点并绘制图像了，对 n 个点中的每个点都执行以下步骤。

第一步，生成一个随机浮点数，范围为（0,1），依据这个随机数和仿射变换的概率，确定下一次迭代所要应用的仿射变换：

```
r = np.random.rand() # 生成（0,1）之间的一个随机浮点数
# 依据随机数 r，选择仿射变换
p0 = 0
for i,p in enumerate(P):
    p1 = p0+p
    if r > p0 and r <= p1:
        k = i     # k 值用来指定某一个仿射变换
        break
    else:
        p0 = p1
```

第二步，根据选择的仿射变换，取出该仿射变换的 6 个系数，即 IFS_code 中指定元素的前 6 个值，然后根据这 6 个仿射系数和前一个点的坐标，计算出下一个点（仿射变换后）的坐标，最后将计算出的点加入点序列集 dots 中（也就是 IFS 图像中）：

```
a = IFS_code[k][0]
b = IFS_code[k][1]
```

```
        c = IFS_code[k][2]
        d = IFS_code[k][3]
        e = IFS_code[k][4]
        f = IFS_code[k][5]
        # 计算仿射变换后的坐标值
        u = a*x+b*y+e
        y = c*x+d*y+f
        x = u
        # 仿射变换后的点加入点序列集 dots
        dots.append((x,y))
```

第三步，依据点序列集 dots 绘制此时的 IFS 图像。绘制使用了先清除前面的图像，再重新绘图的方式，由于每次循环后，点序列集 dots 中的点都会增加，所以使用这样的方式可以不断地刷新画布，从而产生一种动态的效果：

```
    # 清除当前的 axes
        plt.cla()
        # 设置 x，y 轴的单位长度相等
        plt.axis('equal')
        # 隐藏坐标轴
        plt.axis('off')
        # 绘制点集
        X = [d[0] for d in dots] # dots 中所有点的 x 坐标
        Y = [d[1] for d in dots] # dots 中所有点的 y 坐标
        plt.scatter(X,Y,color=p_color,s=3,alpha=1) # 绘制图像
        # 暂停 0.1 秒
        plt.pause(0.1)
```

所有的点都计算并绘制完成后，就可以保存图像到文件了。这里要注意的是，因为图像是动态生成的，所以在主程序中，必须先用 Plt.ion 语句打开交互模式，调用 IFS 函数完成绘图，再用 Plt.ioff 语句关闭交互模式。

5.5 IFS 拼贴图.py 源码

```
# 导入模块
import matplotlib.pyplot as plt
import numpy as np

# 此处各个 IFS_code 同 IFS 源码，省略
```

```
# 点序列集生成函数,第 1 个参数 IFS_code 为 IFS 码，第 2 个参数 n 为点数
def create_dots(IFS_code,n):
    # 设置初始点位置
    x = 0
    y = 0
    # 初始化点序列集为嵌套空列表，一个仿射变换对应 dots 的一个元素
    dots = [[] for i in range(len(IFS_code))]

    # 获取 IFS_code 中每个仿射变换的概率，最后一个 IFS_code 元素是概率
    P = [c[-1] for c in IFS_code]

    # 生成点序列集
    for dot in range(n):
        r = np.random.rand() # 生成（0,1）之间的一个随机浮点数
        # 依据随机数 r，选择仿射变换
        p0 = 0
        for i,p in enumerate(P):
            p1 = p0+p
            if r > p0 and r <= p1:
                k = i
                break
            else:
                p0 = p1
        # 获取 6 个仿射变换系数
        a = IFS_code[k][0]
        b = IFS_code[k][1]
        c = IFS_code[k][2]
        d = IFS_code[k][3]
        e = IFS_code[k][4]
        f = IFS_code[k][5]
        # 计算仿射变换后的坐标
        u = a*x+b*y+e
        y = c*x+d*y+f
        x = u
        # 将仿射变换后的点加入点序列集 dots 的对应元素中
        dots[k].append((x,y))

    return dots
```

```
# 开始主程序
if __name__ == '__main__':
    # 配置默认参数，支持中文显示，字体为'宋体'
    plt.rcParams['font.sans-serif'] = ['SimSun']
    plt.rcParams['axes.unicode_minus'] = False # 用来正常显示负号

    # 设置 x 轴、y 轴的单位长度相等
    plt.axis('equal')
    # 设置标题
    plt.title('拼 贴 图')
    # 设置网格
    plt.grid(color='0.1',linestyle='--',linewidth=0.5)
    # 设置 x 轴、y 轴标题
    plt.xlabel('X 轴')
    plt.ylabel('Y 轴')
    # 设置 x 轴、y 轴标签位置
    plt.xticks(np.arange(-1,1,0.1),rotation=20) # 调用 numpy 的 arange 函数生成
刻度位置的数组
    plt.yticks(np.arange(0,1,0.1))

    # 依据 IFS_code 生成点序列集 dots
    dots = create_dots(feng_ye,5000)

    # 依据点序列集，绘制图形
    for i in range(len(dots)):
        X = [d[0] for d in dots[i]]
        Y = [d[1] for d in dots[i]]
        plt.scatter(X,Y,s=3,label='仿射变换'+str(i+1))

    # 显示图例
    plt.legend(loc='lower right')
    # 保存图形到文件
    plt.savefig('E:\\1.png')
    # 在屏幕上显示图形
    plt.show()
```

说明：

IFS 拼贴图主要是为了显示 IFS 图像是如何由仿射变换的子图拼贴而成的。所以程序采用由点序列集计算完成后，再用统一绘制的方式来生成图像，这样做虽然可以提高图像的生成效率，却无法看到图像的生成过程。

5.6 源码剖析 2

"IFS 拼贴图.py"源码中的 IFS 码和"IFS.py"中的 IFS 码一样，采用了嵌套元组的列表方式来表示。不同的是，"IFS 拼贴图.py"采用的是所有点计算完成后，再用统一绘制的方式来生成图像，所以源码中没有 IFS 函数，而是使用了 Create_dots(IFS_code,*n*)函数。Create_dots 函数的第 1 个参数 IFS_code 为图像的 IFS 码，第 2 个参数 *n* 为需要计算完成的点的数目。

在 Create_dots 函数的定义中，同样先设置初始点的位置，然而，"IFS 拼贴图.py"源码中 IFS 图像的表示与"IFS.py"源码中 IFS 图像的表示是不同的，拼贴图需要将所有的点进行全部计算并保存，而每个点所采用的仿射变换不一定是相同的，所以采用了嵌套列表、内层列表嵌套元组的方式来表示 IFS 图像。也就是说，dots 是一个列表，它的每个元素都是一个列表，分别代表一种仿射变换，并包含所有由这种仿射变换计算而成的点的坐标，即嵌套元组。每个点的表示方式是二元组（x，y）。

需要先初始化这个 dots，建立图像结构（初始为空，没有一个点）：

```
# 初始化点序列集为嵌套空列表，一个仿射变换对应 dots 的一个元素
dots = [[] for i in range(len(IFS_code))]
```

Create_dots 函数的定义接下来的代码和"IFS.py"源码中 IFS 函数的代码相同，分别是获取 IFS_code 中每个仿射变换的概率；接着依据概率和随机数，为 *n* 个点中的每一个点选择某一个仿射变换并获取变换系数后，依据系数和上一点的坐标进行计算，将计算的点坐标加入 dots 中对应仿射变换的列表 dots[k].append((x,y))；最后，Create_dots 函数返回 dots 这个列表，也就是 IFS 图像的数据。在"IFS 拼贴图.py"源码中，是在主程序中统一绘制图像的：

```
# 依据点序列集，绘制图形
for i in range(len(dots)):
    X = [d[0] for d in dots[i]]
    Y = [d[1] for d in dots[i]]
    plt.scatter(X,Y,s=3,label='仿射变换'+str(i+1))
```

在 Matplotlib.Pyplot 模块的 Scatter 函数中，由 label 来设定显示在画布上的图例。不同的图例会依据默认的颜色循环而显示不同的颜色。所以，在生成的 IFS 图像中，应用了不同仿射变换的点会呈现出不同的颜色，也就可以清晰地看到该 IFS 图像是如何由仿射变换的子图拼贴而成的。

5.7 画布其他元素

在一幅 Matplotlib 图中，除绘制的图形外，还有许多别的元素，包括标题、网格、*x* 轴标签、*y* 轴标签、文本、注释等，这些元素在 Pyplot 模块中都有对应的函数，以下是这些函数的使用说明。

5.7.1 标题

调用 Matplotlib 库 Pyplot 模块的 Title 函数，可用来设置标题。

Title 函数的一般调用形式如下：

```
title(label, fontdict=None, loc=None,  **kwargs) # 设置标题
```

下面对 Title 函数中的参数做详细解释。

label：标题文本。

fontdict: 控制文本字体的字典，可选参数。

loc：标题位置{'center', 'left', 'right'}，可选参数，默认为“center”。

**kwargs: 关键字参数，为 Text 属性赋值，包括 fontsize（字号）、fontweight（字体粗细）、color（颜色）、verticalalignment（文本垂直对齐方式）、horizontalaligment（文本水平对齐方式）等，其余可参见官方文档。

可在 IDLE 窗口中输入以下语句，查看函数调用结果：

```
>>> import matplotlib.pyplot as plt
>>> plt.ion()
>>> plt.rcParams['font.sans-serif'] = ['KaiTi']
>>> plt.title('拼贴图',loc='left',fontsize=12,color='r')
Text(0.0, 1.0, '拼贴图')
```

运行结果如图 5-9 所示。

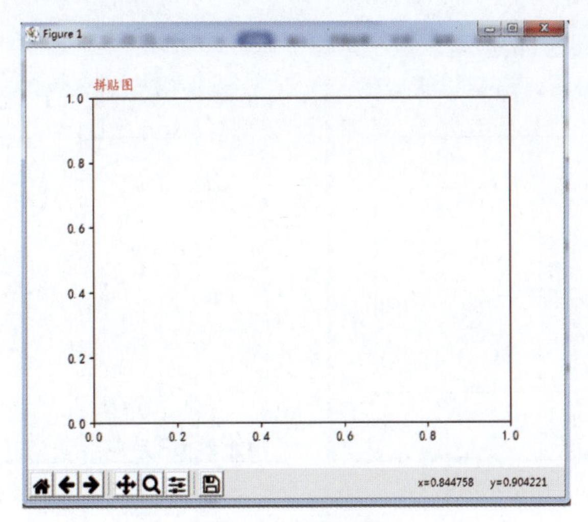

图 5-9　标题示例

5.7.2　网格

调用 Matplotlib 库 Pyplot 模块中的 Grid 函数，可用来设置网格。网格线是坐标轴上从刻度线延伸出来的辅助线条，这些线条可用来对齐图像或文本。同时，在水平和竖直方向增加均匀分割的网格线，还有助于用户查看和比较图像中的每个点所表示的数值。

Grid 函数的一般调用形式如下：

```
grid(b=None, which='major', axis='both', **kwargs) # 设置网格
```

下面对 Grid 函数中的参数做详细解释。

b：布尔值或 None，可选参数。为 True 时，显示网格，默认为 True。

which：{'major', 'minor', 'both'}，可选参数。

axis：{'both', 'x', 'y'}，可选参数。

**kwargs：关键字参数，为属性赋值，包括 color、linestyle、linewidth 等。

可在 IDLE 窗口中输入以下语句，查看函数调用结果：

```
>>> import matplotlib.pyplot as plt
>>> plt.ion()
>>> plt.grid(True)
```

运行结果如图 5-10 所示。

```
>>> plt.grid(color='r',linestyle='--')
```

运行结果如图 5-11 所示。

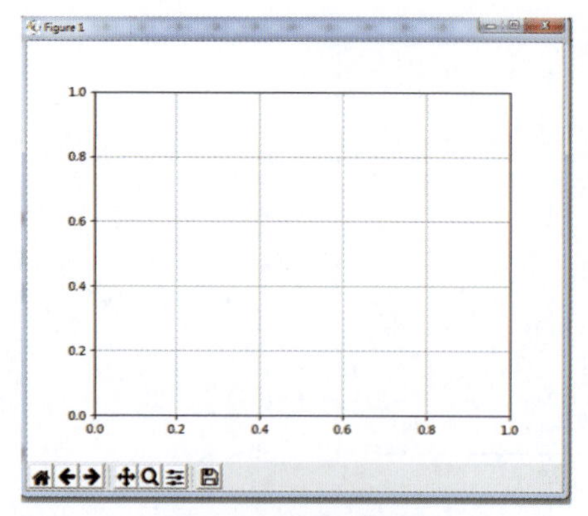

图 5-10　网格示例 1

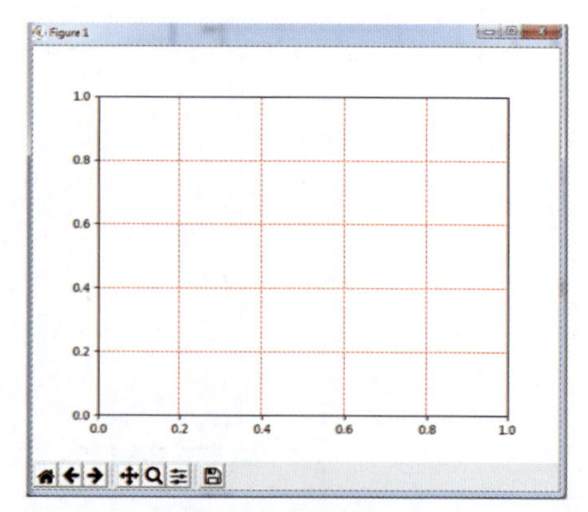

图 5-11　网格示例 2

5.7.3　*x* 轴、*y* 轴标签

调用 Matplotlib 库 Pyplot 模块的 Xlabel、Ylabel 函数，可用来设置 *x* 轴、*y* 轴标签。

Xlabel、Ylabel 函数的一般调用形式如下：

```
xlabel(xlabel, fontdict=None,, loc=None,  **kwargs)# 设置 x 轴标题
ylabel(ylabel, fontdict=None,, loc=None,  **kwargs)# 设置 y 轴标题
```

下面对 Xlabel、Ylabel 函数中的参数做详细解释。

Xlabel：*x* 轴标题。

Ylabel：*y* 轴标题。

fontdict：控制文本字体的字典，可选参数。

loc：标题位置，{'center', 'left', 'right'}，可选参数，默认为“center”。

**kwargs：关键字参数，为 Text 属性赋值，同 Title 函数，可参见官方文档。

可在 IDLE 窗口中输入以下语句，查看函数调用结果：

```
>>> import matplotlib.pyplot as plt
>>> plt.rcParams['font.sans-serif'] = ['KaiTi']
>>> plt.xlabel('X 轴')
Text(0.5, 0, 'X 轴')
>>> plt.ylabel('Y 轴')
Text(0, 0.5, 'Y 轴')
>>> plt.show()
```

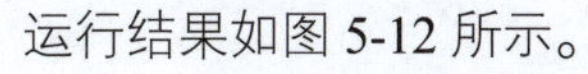

运行结果如图 5-12 所示。

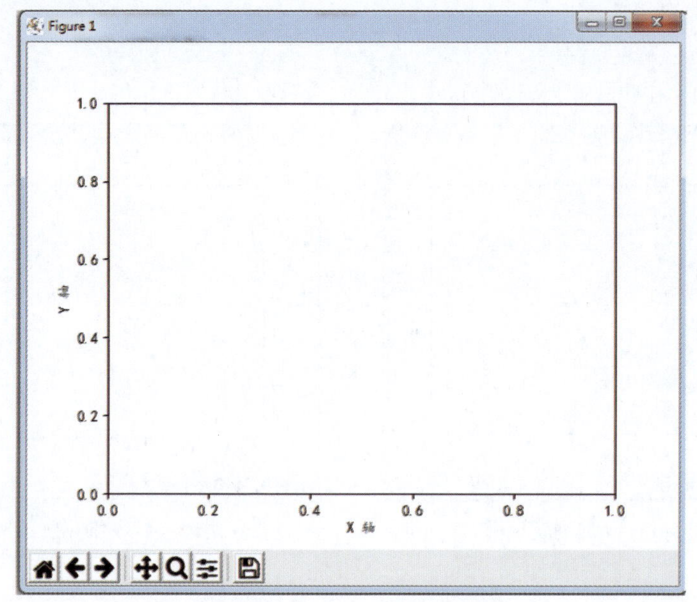

图 5-12　x 轴、y 轴标签示例

5.7.4　*x* 轴、*y* 轴刻度

调用 Matplotlib 库 Pyplot 模块的 Xtick、Ytick 函数，可用来设置 x 轴、y 轴刻度。

Xtick、Ytick 函数的一般调用形式如下：

```
xticks(ticks=None, labels=None, **kwargs)    # 设置 x 轴刻度
yticks(ticks=None, labels=None, **kwargs)    # 设置 y 轴刻度
```

下面对 Xtick、Ytick 函数中的参数做详细解释。

ticks：刻度位置，列表或数组，可选参数。

labels：刻度标签，列表，可选参数。

**kwargs：关键字参数，为属性赋值，包括 rotation（旋转度数）等，可参见官方文档。

可在 IDLE 窗口中输入以下语句，查看函数调用结果：

```
>>> import matplotlib.pyplot as plt
>>> plt.ion()
>>> plt.xticks([0, 1, 2], ['January', 'February', 'March'],rotation=20)
```

运行结果如图 5-13 所示。

```
>>> import numpy as np
>>> plt.yticks(np.arange(0,1,0.1))
```

运行结果如图 5-14 所示。

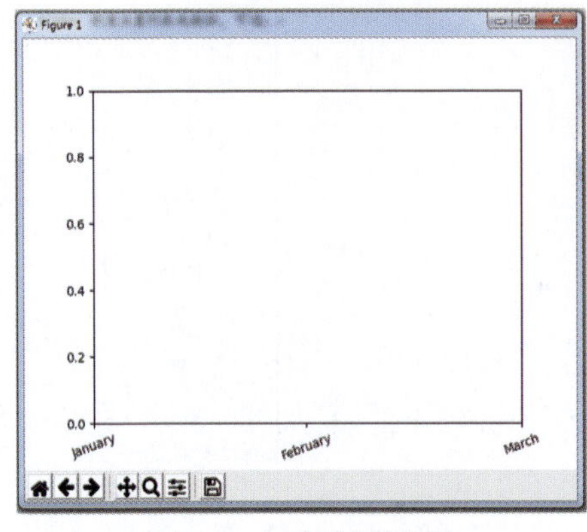

图 5-13　*x* 轴刻度示例

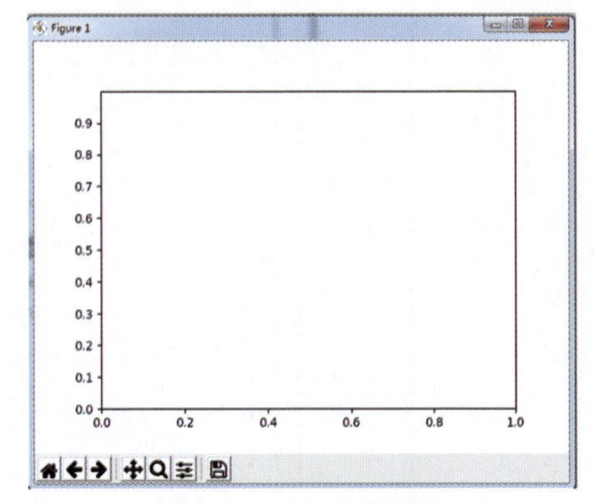

图 5-14　*y* 轴刻度示例

5.7.5　文本

调用 Matplotlib 库 Pyplot 模块的 Text 函数，可用来设置文本。

Text 函数的一般调用形式如下：

```
text(x, y, s, fontdict=None, **kwargs) # 添加文本
```

下面对 Text 函数中的参数做详细解释。

x，y：文本的位置，浮点数，表示 *x*、*y* 轴坐标。

s：文本字符串。

fontdict：控制文本字体的字典，可选参数。

**kwargs：关键字参数，为 Text 属性赋值，同 Title 函数，可参见官方文档。

可在 IDLE 窗口中输入以下语句，查看函数调用结果：

```
>>> import matplotlib.pyplot as plt
>>> plt.ion()
>>> plt.text(0.5, 0.5, 'matplotlib',color='r',
horizontalalignment='center',verticalalignment='center',alpha=0.5)
```

运行结果如图 5-15 所示。

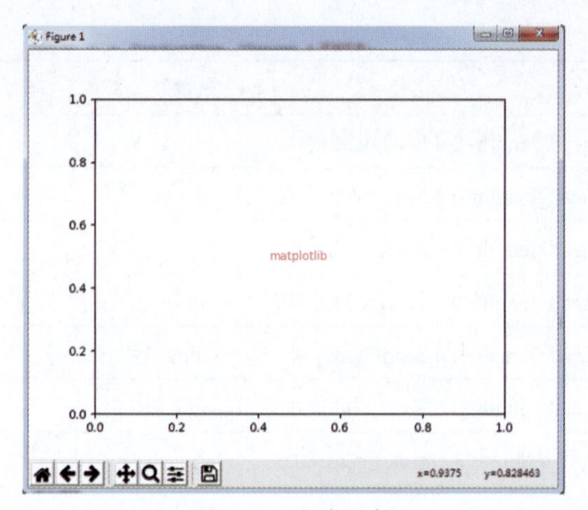

图 5-15　文本示例

5.7.6　注释

调用 Matplotlib 库 Pyplot 模块的 Annotate 函数，可用来设置注释。

Annotate 函数的一般调用形式如下：

```
annotate(text, xy, xytext, arrowprops, **kwargs) # 添加注释
```

下面对 Annotate 函数中的参数做详细解释。

text: 注释文本。

xy: (x,y)，需要注释的点的坐标。

xytext：注释文本的放置位置，默认为 *xy*。

arrowprops：*xy* 和 xytext 之间的箭头属性，字典，可选参数。表 5-5 所示是官方 arrowstyle 的可选值。

**kwargs：关键字参数，为 Text 属性赋值，同 Title 函数，可参见官方文档。

表 5-5　arrowstyle 的可选值

名称	属性
'-'	None
'->'	head_length=0.4,head_width=0.2
'-['	widthB=1.0,lengthB=0.2,angleB=None
'|-|'	widthA=1.0,widthB=1.0
'-|>'	head_length=0.4,head_width=0.2

续表

名称	属性
'<-'	head_length=0.4,head_width=0.2
'<->'	head_length=0.4,head_width=0.2
'<|-'	head_length=0.4,head_width=0.2
'<|-|>'	head_length=0.4,head_width=0.2
'fancy'	head_length=0.4,head_width=0.4,tail_width=0.4
'simple'	head_length=0.5,head_width=0.5,tail_width=0.2
'wedge'	tail_width=0.3,shrink_factor=0.5

可在 IDLE 窗口中输入以下语句，查看函数调用结果：

```
>>> import matplotlib.pyplot as plt
>>> import numpy as np
>>> x = np.arange(1,10,0.1)
>>> y = np.sin(x)
>>> plt.plot(x,y)
[<matplotlib.lines.Line2D object at 0x078315B0>]
>>> plt.annotate('sin(x)', xy=(2, np.sin(2)), xytext=(2.5, np.sin(2)),
arrowprops=dict(arrowstyle="->"))
Text(2.5, 0.9092974268256817, 'sin(x)')
>>> plt.show()
```

运行结果如图 5-16 所示。

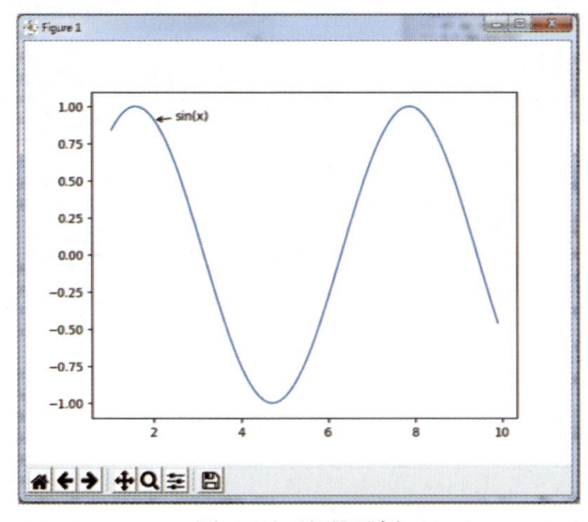

图 5-16　注释示例

5.7.7 图例

调用 Matplotlib 库 Pyplot 模块的 Legend 函数，可用来设置图例。许多图表使用不同的视觉样式（如颜色、形状或大小）来表示不同的数据。一个图例也就是对这些符号和颜色所代表的内容进行说明，这个说明可以帮助用户阅读和理解相应的图表。

Legend 函数的一般调用形式如下：

```
legend(loc=None) # 依据 artist 的 label 自动生成图例
```

下面对 Legend 函数中的参数做详细解释。

loc：图例的位置，可选参数，字符串或（x,y）坐标，字符串包括 “best”“upper left”“upper right”“lower left”“lower right”“right”“center left”“center right”“lower center”“upper center”。

可在 IDLE 窗口中输入以下语句，查看函数调用结果：

```
>>> import matplotlib.pyplot as plt
>>> plt.plot([1,2],[3,2],c='r',label='line')
[<matplotlib.lines.Line2D object at 0x05822A10>]
>>> plt.scatter(2,3,label='dot')
<matplotlib.collections.PathCollection object at 0x05822C50>
>>> plt.legend()
<matplotlib.legend.Legend object at 0x05693E90>
>>> plt.show()
```

运行结果如图 5-17 所示。

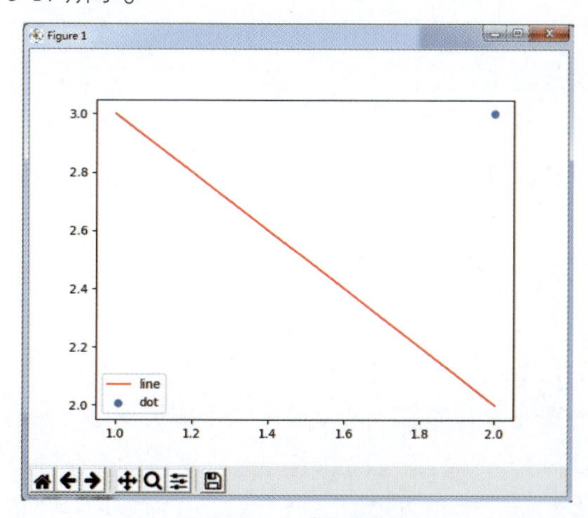

图 5-17　图例示例

5.7.8 显示中文字符

Matplotlib 库默认是不支持显示中文字符的，需要使用 rc 配置（rcParams）自定义图形的各种默认属性：

```
plt.rcParams['font.sans-serif'] = ['SimSun'] # 用来正常显示中文字符
```

默认支持表 5-6 所示的中文字体。

表 5-6 Matplotlib 库默认支持的中文字体

字体	代码
黑体	SimHei
仿宋	FangSong
楷体	KaiTi
微软雅黑体	Microsoft YaHei
宋体	SimSun

5.8 数据可视化 Tips：增强可读性

在一幅可视化作品中，如果只有图形或图像，那么用户将很难获得足够完整的信息，也无法判断和理解可视化所包含的内容。因此，我们通常会加上标题，文本、注释、坐标轴标签和刻度、网格线、图例等元素，并在视觉上形成一个层次，从而增强可视化作品的可读性。

1. 标题

标题通常用来对数据进行概括性的描述，应简洁、明了、清晰。标题的字数不宜过多，提炼出最少的字数来表达最关键的观点和信息即可。标题可以应用大字号和粗体引起读者的关注。

2. 文本、注释

在可视化作品中，如果读者对数据不熟悉，那么可用文本和注释来解释这个作品所表达的意思。通过图形以外的文字，读者可以了解数据处于怎样的背景之下、折线中变化的趋势意味着什么、转折点又意味着什么、离群的点代表什么意思等。

文本也可以分为标题、子标题和解释性文字，从而形成一个阅读的层次。标题通常用加粗字体。解释性文字的字号比标题字号小，但比标题内容更详细。解释性文字把标题的内容展开进行描述，比如数据的来源、数据是如何获得的，以及数据的含义等，这些文字可以帮助读者更好地阅读和理解图表。需合理安排文本的大小、颜色和位置，以确保文本既不会喧宾夺主，又能得到适度的关注。文本通常并不指向具体的视觉元素，如果想要解释图中某个具体的部分，可以采用线、箭头及注释进行指向和补充说明。专业术语也需在文本或注释中解释。

在数据的背景信息中加上文本和注释，可以让读者在阅读图表的过程中获取足够的信息，从而能够更好地理解它。

3. 坐标轴、坐标轴标签和刻度

坐标轴及它的标签和刻度，可以让用户知道图像中每个点的具体数值，以及该点所代表的具体含义。描述性强的坐标轴标签，比只强调数值的标签拥有更好的效果。

4. 网格线

网格线可用来对齐图像或文本，还可以帮助用户查看和比较图像中的每个点所表示的数值。网格线需合理使用，不能过于稠密或过于稀疏。若过于稠密，用户将无法分辨可视化结果中数据所表示的点；若过于稀疏，网格线也无法起到对齐和比较数据的作用。网格线主要用来方便读者在读图的时候进行值的参考，所以应该避免在水平条形图中使用网格线，以免干扰。

5. 图例

图例是对符号和颜色所代表的内容的一个说明，这个说明可以帮助用户阅读和理解相应的图表。图例的设计原则是完备一致、简单明了、主次分明、便于阅读。除此之外，还可以通过图例的图示符号、形式选择、色彩的组合和设置来增加图例的艺术性。

6. 留白

在一幅可视化作品中，如果大量的图形、文本挤在一起，整副图看起来就会混乱不堪。可读性的关键是版面必须清晰，而适当的留白是让版面清晰的一种方式。留白可用来分隔图形和文字，也可用来将图表划分成各个功能的模块。注意，留白必须适当，不宜过多，如果图中留白和主要元素之间的差距太小，就会干扰主要元素，反而令可视化作品更加不清晰。

比如，在柱状图或条形图中，柱体的宽度与相邻柱体之间的间隔决定了整个图表的视觉效果。即使表示的是同一个内容，也会因为各柱体的不同宽度及柱体之间的间隔而给人以不同的印象。如果柱体的宽度小于柱体之间的间隔，就会形成大片空白，读者在阅读图表时注意力会集中在柱体间距的空白处，而不是在数据系列（柱体）上。所以，要试着找到留白的平衡点。一般来说，在柱状图中，将柱体宽度绘制在柱体间

隔的一倍以上、两倍以下最为合适。

7. 高亮显示

高亮显示可用来引导读者的注意力，让读者看到可视化作品中的关键部分。使用明亮的颜色、把线加粗画出边框、放大字号、采用特别的形状、利用颜色反差等，应用这些看上去不一样的视觉元素，可以使可视化作品中的某个或某些数据点或区域，显得与其他部分不同。图表中所要表达的含义及针对的数据类型，确定了要高亮显示的内容、显示的位置及要显示到什么程度。

需要注意的是，在高亮显示时，要采用图表中没有使用过的视觉元素，否则视觉元素之间就有可能引起冲突，从而让可视化图表难以理解。例如，一个条形图用长度作为视觉元素，那么就不能再高亮显示长度；一个散点图用位置作为视觉元素，那么就不能高亮显示位置。

8. 建立视觉层次

在可视化作品中，需要建立一个视觉层次，帮助读者按照顺序分层进行阅读。图表的层次性就像建立了索引链接，可以引导读者按照作者的思路进行阅读和理解；而没有层次的图表，缺少流动性，呈扁平状，读者不得不盲目探索，不易理解，也很难进行分析和研究。

看图和看文字是一样的，有习惯的阅读顺序，也趋向于识别那些引人注目的东西，所以，要利用这些特点可视化数据。看图的顺序是从上到下、从左到右的，那么可视化作品中元素的编排也需要依据这样的顺序来进行。比如，可以将重要的部分放在左上方，将不太重要的部分放在右下方。明亮的颜色、较大的物体等，总是会引起人的注意，所以可以用醒目的颜色突出显示数据，淡化其他视觉元素；也可以用线条和箭头把视线引导到关注点上。通过这样的方式，可以建立起一个视觉层次，帮助读者快速地关注数据图形的各个重要部分，而把其他部分当作背景信息。除此之外，在视觉环境中，可以很容易地看出数据点彼此之间有着怎样的关系，以及这些关系之间的疏密程度。所以，在可视化设计时，需要尽可能清晰地展示这些数据点之间的关系。

视觉层次也可以用来体现数据在宏观或微观的层次。比如，如果生成了大量的图表，那么可以只用几张图来展示全景，在全景图中标注细节，具体的细节在单独的图表中展示。

9. 排版和布局

一幅优秀的可视化作品必定具有这样的特征：色彩合适、层次分明、排版清晰且合理。排版布局应遵循以下几个原则。

- 对比：常用的有色彩对比、尺寸对比和位置对比。色彩对比可查看 2.6.2 节的详细介绍。尺寸和位置的对比也非常重要，如果对比不适合，会降低可视化作品的识别度。

- 重复：某些视觉元素，如颜色、字体、图片风格、色调风格等，应尽可能保持统一，从而使作品整体看起来更和谐、更具有美感。如果重复过多，整体也可能会显得单调，所以在设计的过程中要寻找一个平衡点。
- 对齐：可视化作品中的元素不能随意放置，而应该排列整齐、井然有序，给人一种视觉上的美感和和谐。
- 分组：将关系较为亲近的数据放在同一个组或靠近的位置，或者将数据各种信息有层次地进行分组，可以使可视化作品整体看起来整齐有序，也更有层次感。
- 动态图：可以动静结合，加入动态图，从而提升视觉体验。

在一个可视化作品中，注意以上事项，可以帮助用户更容易地阅读和理解可视化作品所表达的观点和信息。

第 6 章
优雅的曲线

本章绘图要点如下。

✧ 子图：Matplotlib 具有子图的概念，可以在单个图中存在多个子图，这些子图可以是插图、图形网格或其他更复杂的布局。在 Matplotlib 中，可采用 OO（面向对象）的方式，精准地控制这些子图的图形及画布上的其他元素。

✧ 极坐标图：Matplotlib 同时支持笛卡儿直角坐标系和极坐标系，可以用极坐标系来绘制曲线和图形。Matplotlib 的绘图函数会根据初始设定，在不同的坐标系中绘制对应的图形。

✧ LaTeX：一种排版系统，基于 TeX，运行速度快，可以生成复杂表格和数学公式。Matplotlib 在绘图的过程中，可以为各个轴的标签、图像的标题、图例、注释等元素添加 LaTeX 风格的文本。

6.1　螺旋线

绕窎势逾逼，突兀状屡变。秋花垂蜂窝，古苔绣螺旋。

——清・邓辅纶《清水北岩》

自然界有一种美丽的、无限延展的形状：螺旋线，它出现在许多地方：天空、山脉、蛋白质、核酸、紫藤、茑萝、牵牛花缠绕的茎、螺类的外壳曲线、向日葵籽在盘中的排列、车前草的叶片等。在千姿百态的生命体中，螺旋线无处不在。

螺旋线之所以在生命体中广泛存在，是因为它的一些优良性质，这些性质可以帮助生命体在生存竞争中幸存下来。比如茑萝、紫藤等攀缘植物，可以利用螺旋线让茎或藤轻松地延伸到光照充足的地方，从而获得最大的能量。丝瓜、葫芦等植物的茎叶的触须呈拟圆柱螺线状，可以牢固地附着在其他物体之上，在外力（比如风）的作用下也不易被拉断，同时，这些纤细的触须又像弹簧一样富有弹性，在外力消失后，可以帮助茎叶恢复原样。螺壳的锥状螺线可以在水中帮助螺类将来自水流的阻力转化为前进的动力，同时，又像肋筋，既可增加壳体的强度，又能分散壳体所承受的水压。

早在 2000 多年前，古希腊数学家阿基米德就开始研究螺旋线，之后，螺旋线更是被广泛地应用到生活中，例如螺杆、唱片、齿轮、蚊香、螺旋状的楼梯等。螺旋线的背后有着精准优雅的规律，这些规律可以用数学公式来表达，简简单单的几个公式就能呈现出有着和谐美感的复杂图形，让人赞叹不已。

6.2　规律与图形

6.2.1　极坐标系

平面上的一个点要如何定位呢？在笛卡儿直角坐标系中，可以通过 x 和 y 的值来确定，而除了这种方式以外，还可以用“角度”和“到原点的距离”来确定，这样的坐标系叫作极坐标系。在极坐标系中，原点 O 又叫作极点，从 O 引出的一条水平线 Ox，叫作极轴，逆时针方向的角度为正。平面内的任何一点 M 都可以用(r,θ)或(ρ,θ)来表示，有序数对(r,θ)或(ρ,θ)叫作点 M 的极坐标。r 表示点 M 到原点的距离，叫作点 M 的极径。θ 表示 Ox 与 OM 之间的夹角，叫作点 M 的极角。极径的长度单位一般为 1，角度单位一般为°。

打开配套资源中第 6 章目录下的“极坐标.py”程序文件，运行程序，可生成极坐标系的图形，如图 6-1 所示。

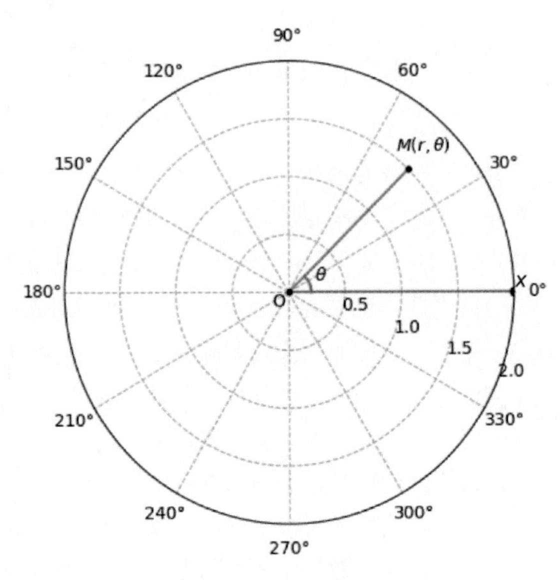

图 6-1　极坐标系

6.2.2　阿基米德螺旋线

一个点在匀速离开原点 O 的同时，以固定的角速度绕原点转动而产生的轨迹就是阿基米德螺线，亦称等速螺线，螺线以古希腊数学家阿基米德得名。在自然界中，可以在许多物体上看到等速螺线的形状，例如：贝壳、象鼻、动物的角、向日葵、凤梨等。

阿基米德螺线的极坐标方程式为：

$$r = a + b\theta$$

其中，a 为螺线起点到原点 O 之间的距离，为实数，当 a 为 0 时，表示螺线从原点开始；b 为螺线每增加单位角度所对应增加的数值，为实数，决定了螺线向外的旋转形状。

打开配套资源中第 6 章目录下的“阿基米德螺线.py”程序文件，运行程序，可生成 a=0、b=2 时的图形，如图 6-2 所示。

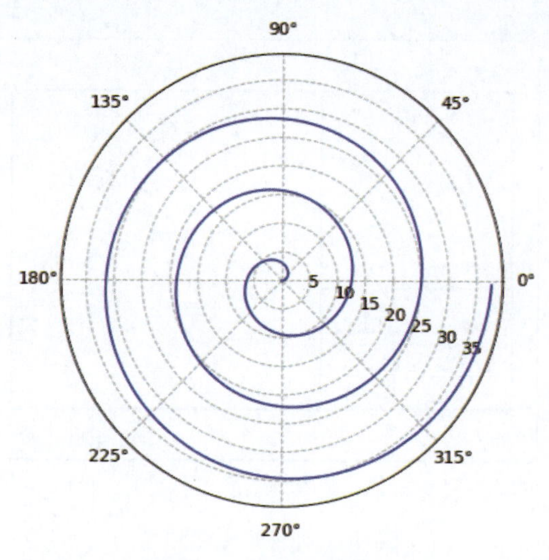

图 6-2　阿基米德螺线

6.2.3　斐波那契螺旋线

斐波那契螺旋线是根据斐波那契数列画出来的螺旋曲线。斐波那契数是经典的、自然界最完美的黄金比例，所以，斐波那契螺旋线也被称为“黄金螺旋线”。在自然界中的许多物体上，可以看到斐波那契螺旋线的图案，例如：罗马花椰菜、孔雀开屏时的羽毛、松果、凤梨、一些植物的叶子、鹦鹉螺壳、飓风、银河系等。

斐波那契数列以递归的方法来定义：

$$F_0 = 1$$

$$F_1 = 1$$

$$F_n = F_{(n-1)} + F_{(n-2)}$$

当 n=8 时，斐波那契数列为[1, 1, 2, 3, 5, 8, 13, 21, 34]。

斐波那契螺旋线就是在以斐波那契数为边的各个正方形中分别画一个 90° 的扇形，然后，将这些扇形连接起来形成的一条弧线。

“斐波那契螺旋线.py”在配套资源第 6 章目录下，打开程序文件，运行程序，结果如图 6-3 所示。

在图 6-3 中，各个弧线的圆心坐标依次为(0,0)、(1,0)、(1,−1)、(−1,−1)、(−1,2)、(4,2)、(4,−6)，由圆心坐标可得各弧线上点的坐标：假设圆心为(a,b)，半径为 R，点到 x 轴的角为 θ，则点的坐标为$(a+R\times\cos\theta,b+R\times\sin\theta)$。圆心坐标的计算方法略为复杂，有兴趣的读者可查阅相关资料。

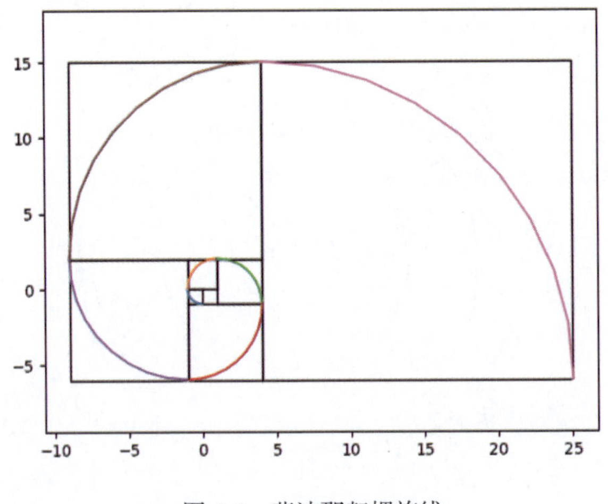

图 6-3　斐波那契螺旋线

6.2.4　蝴蝶曲线

蝴蝶曲线并不属于螺线，但同样可以通过数学公式来生成。以下是一种蝴蝶曲线的方程式：

$$x=\sin(t)(e^{\cos(t)}-2\cos(4t)-\sin(t/12)^5)$$

$$y=\cos(t)(e^{\cos(t)}-2\cos(4t)-\sin(t/12)^5)$$

打开配套资源中第 6 章目录下的“蝴蝶曲线.py”程序文件，运行程序，可生成以上方程式对应的图形，如图 6-4 所示。

可将公式中的 $4t$ 改成 $5t$，可生成如图 6-5 所示的图形。

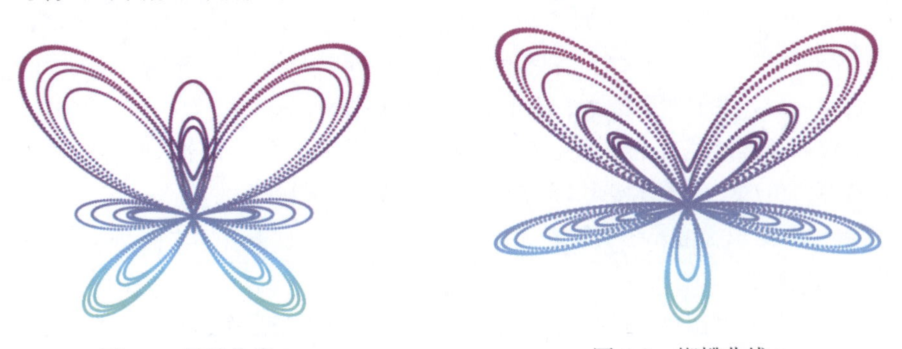

图 6-4　蝴蝶曲线 1　　　图 6-5　蝴蝶曲线 2

可以尝试修改参数，看看会出现什么样的图形。

6.3　螺线缩略图.py 源码

```
# 导入模块
import numpy as np
import matplotlib.pyplot as plt

# 阿基米德螺线函数，ax 为 axes 对象
def Arch_spiral(ax):
    # 生成极角和极径值，theta 为极角，r 为极径
    theta = np.arange(0,6*np.pi,np.pi/180)# 生成（0,6π）之间，间隔为 π/180 的序列数
    r = 2*theta

    # 绘制螺旋线
    ax.plot(theta,r,'b',alpha=0.8)

    # 设置网格线，线型为短画线
    ax.grid(linestyle='--')
    # 设置极径标签位置，-22.5 为角度，负数代表顺时针
    ax.set_rlabel_position(-22.5)
    # 设置极径网格线显示范围
    ax.set_rticks([5,15,25,35])
    # 绘制标题
    ax.set_title('阿基米德螺旋线',pad=15.0)
    # 绘制文本
    ax.text(240*np.pi/180,50,r'$r=2\theta$')

# 斐波那契数列计算函数
def Fibo(n):
    if n == 0:
        F = 1
    elif n == 1:
        F = 1
    else:
        F = Fibo(n-1)+Fibo(n-2)

    return F
```

```
# 斐波那契螺旋线函数，ax 为 axes 对象
def Fibo_spiral(ax):
    # 计算斐波那契数列
    l_Fibo =[]
    n = 8
    for i in range(n+1):
        l_Fibo.append(Fibo(i))

    center = [(0,0),(1,0),(1,-1),(-1,-1),(-1,2),(4,2),(4,-6)] # 圆心坐标

    # 绘制斐波那契数为边的正方形
    for i in range(n-1):
        x = center[i][0]
        y = center[i][1]
        L = l_Fibo[i+1]

        # 确定正方形顶点坐标
        mod = (i+1)%4
        if  mod == 1:
            x1 = x-L
            y1 = y-L
        elif mod ==2:
            x1 = x-L
            y1 = y+L
        elif mod == 3:
            x1 = x+L
            y1 = y+L
        elif mod == 0:
            x1 = x+L
            y1 = y-L
        rect = [(x,y),(x1,y),(x1,y1),(x,y1),(x,y)]

        # 绘制正方形
        X = [p[0] for p in rect]
        Y = [p[1] for p in rect]
        ax.plot(X,Y,'k',lw=1)

    # 绘制螺旋线
    start_angle = -180 # 弧线初始角度
```

```
    for i in range(n-1):
        end_angle = start_angle+90 # 弧线的终止角度
        theta = np.linspace(start_angle,end_angle,10)
                                          # 生成两个角度之间的 10 个序列数
        r = l_Fibo[i+1] # 弧线的圆半径
        # 弧线上点 x 轴坐标 = a+r*cosθ, a 为圆心的 x 坐标
        X = center[i][0]+r*np.cos(theta*np.pi/180)
        # 弧线上点 y 轴坐标 = b+r*sinθ, b 为圆心的 y 坐标
        Y = center[i][1]+r*np.sin(theta*np.pi/180)
        ax.plot(X,Y) # 绘制弧线
        start_angle = end_angle+180 # 修改弧线的初始角度，绘制下一段弧线

    # 设置 x 轴、y 轴的单位长度相等
    ax.axis('equal')
    # 设置网格线，线型为短画线
    ax.grid(linestyle='--')
    # 绘制标题
    ax.set_title('斐波那契螺旋线')
    # 绘制文本
    ax.text(-25,13,'斐波那契数列: ',fontsize=8)
    ax.text(-24,10,r'$F_0=1$',fontsize=8)
    ax.text(-24,7,r'$F_1=1$',fontsize=8)
    ax.text(-24,4,r'$F_n=F_{n-1}+F_{n-2}$',fontsize=8)

# 蝴蝶曲线函数
def Butterfly(ax):
    # 生成绘图数据
    t = np.arange(0.0, 12*np.pi, 0.01) # 生成（0,12π）之间，间隔为 0.01 的序列数
    x = np.sin(t)*(np.e**np.cos(t) - 2*np.cos(4*t)-np.sin(t/12)**5)
    y = np.cos(t)*(np.e**np.cos(t) - 2*np.cos(4*t)-np.sin(t/12)**5)

    # 以散点图方式绘制曲线
    ax.scatter(x,y,c=y,s=3,cmap='cool')
    # 设置网格线，线型为短画线
    ax.grid(linestyle='--')
    # 设置 x 轴范围
    ax.set_xlim(-3.5,3.5)
    # 设置 y 轴范围
    ax.set_ylim(-3.5,3.5)
    # 绘制标题
    ax.set_title('蝴蝶曲线')
    # 绘制文本
```

```
    ax.text(-2.5,-2.5,r'$x=sin(t)(e^{cos(t)}-2cos(4t)-sin(t/12)^5)$',fontsize=6)
    ax.text(-2.5,-3,r'$y=cos(t)(e^{cos(t)}-2cos(4t)-sin(t/12)^5)$',fontsize=6)

# 开始主程序
if __name__ == '__main__':
    # 配置默认参数，支持中文显示，字体为“楷体”
    plt.rcParams['font.sans-serif'] = ['KaiTi']
    plt.rcParams['axes.unicode_minus'] = False # 正常显示负号

    # 绘制阿基米德螺旋线
    ax1 = plt.subplot(221,polar=True) # 生成子图对象，2行2列的第1个，为极坐标系
    Arch_spiral(ax1)

    # 绘制蝴蝶曲线
    ax2 = plt.subplot(222) # 生成子图对象，2行2列的第2个
    Butterfly(ax2)

    # 绘制斐波那契螺旋线
    ax3 = plt.subplot(212) # 生成子图对象，2行1列的第2列
    Fibo_spiral(ax3)

    # 保存图像到文件
    plt.savefig('E:\\1.png',dpi=300)
    plt.show()
```

运行程序，结果如图 6-6 所示。

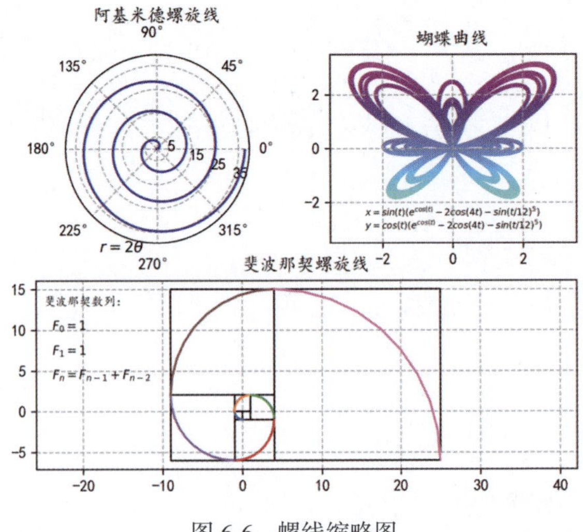

图 6-6　螺线缩略图

6.4 OO（面向对象）方式

Matplotlib 有两种使用方式：OO（面向对象）方式和 Pyplot 方式，前面我们一直使用的是 Pyplot 方式。Pyplot 方式使用方便、代码简洁，但不适用于绘制复杂的图形，特别是有多个子图的图形。这一节，我们将使用 OO 方式，显式地创建 Figures 和 Axes 对象，并调用这些对象的方法，精细地控制面板上的各种元素。

6.4.1 Subplot 函数

在 Matplotlib 中，一个 Figure 对象可以包含多个子图（Axes）对象，我们可以用 Subplot 函数来直接指定子图的划分方式和位置。

Subplot 函数的一般调用形式如下。

```
subplot(numRows, numCols, plotNum)
```

下面对 Subplot 函数中的参数做详细解释。

numRows：行数；numCols：列数；假设 numRows 为 2，numCols 为 2，那么，图表的整个绘图区域会被分成 2 行 2 列，4 个子区域会按照从左到右、从上到下的顺序进行编号，左上方子区域的编号为 1，如图 6-7 所示。

plotNum 参数用来指定创建的 Axes 对象所在的区域。

示例：

1. 等分空间（“子图示例 1.py”在配套资源中第 6 章目录下）

```
import matplotlib.pyplot as plt

ax1 = plt.subplot(2,2,1) # 2 行 2 列的第 1 个
ax1.text(0.5,0.5,'1',fontsize=32)

ax2 = plt.subplot(2,2,2) # 2 行 2 列的第 2 个
ax2.text(0.5,0.5,'2',fontsize=32)

ax3 = plt.subplot(2,2,3) # 2 行 2 列的第 3 个
ax3.text(0.5,0.5,'3',fontsize=32)

ax4 = plt.subplot(2,2,4) # 2 行 2 列的第 4 个
```

```
ax4.text(0.5,0.5,'4',fontsize=32)

plt.show()
```

运行程序，结果如图 6-7 所示。

函数括号中的逗号可省略，plt.subplt(221)等同于 plt.subplot(2,2,1)。

2. 不等分空间

可在 IDLE 窗口中，输入以下语句：

```
>>> import matplotlib.pyplot as plt
>>> plt.subplot(212) # 2 行 1 列第 2 个
<matplotlib.axes._subplots.AxesSubplot object at 0x0546E270>
>>> plt.subplot(221) # 2 行 2 列第 1 个
<matplotlib.axes._subplots.AxesSubplot object at 0x0546E210>
>>> plt.subplot(222) # 2 行 2 列第 2 个
<matplotlib.axes._subplots.AxesSubplot object at 0x0829CB10>
>>> plt.show()
```

运行结果如图 6-8 所示。

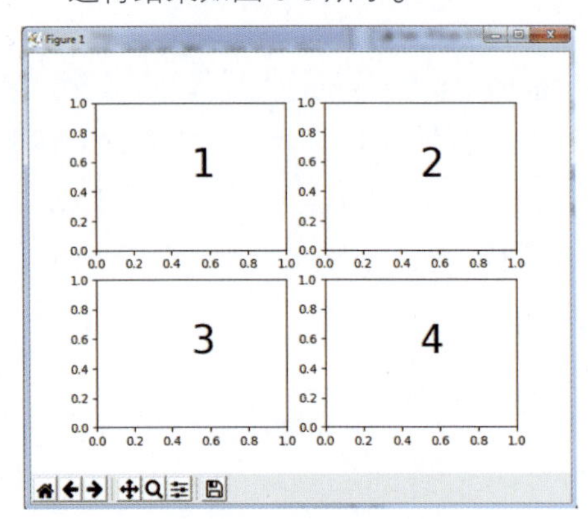

图 6-7　子图示例 1

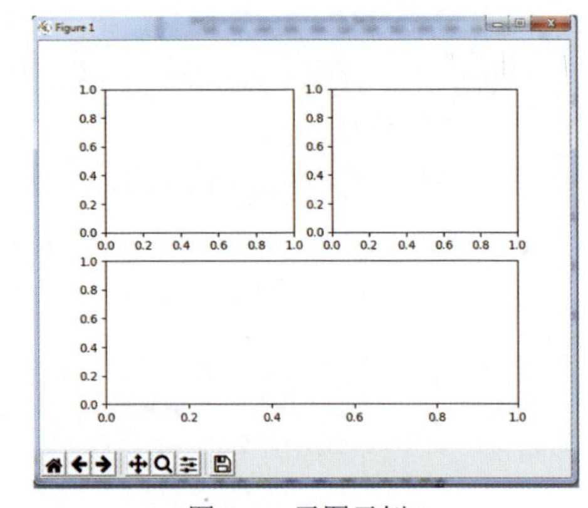

图 6-8　子图示例 2

6.4.2　Subplots 函数

除 Subplot 函数外，我们还可以使用 Subplots 函数，一次性划分好画板，可在 IDLE 窗口下输入以下语句：

```
>>> plt.subplots(2,2)
(<Figure size 640x480 with 4 Axes>,
array([[<matplotlib.axes._subplots.AxesSubplot object at 0x085A7790>,
    <matplotlib.axes._subplots.AxesSubplot object at 0x086F45D0>],
```

```
 [<matplotlib.axes._subplots.AxesSubplot object at 0x0893BFF0>,
  <matplotlib.axes._subplots.AxesSubplot object at 0x0878E2B0>]],
dtype=object))
```

可以看到，函数的返回结果是一个 Figure 对象和包含 4 个 Axes 对象的 2×2 的数组，我们可以使用以下代码来生成图 6-7：

```
import matplotlib.pyplot as plt
fig,ax = plt.subplots(2,2)
ax[0][0].text(0.5,0.5,'1',fontsize=32)
ax[0][1].text(0.5,0.5,'2',fontsize=32)
ax[1][0].text(0.5,0.5,'3',fontsize=32)
ax[1][1].text(0.5,0.5,'4',fontsize=32)
plt.show()
```

注意：Subplots 函数括号内的逗号不可以省略。

Subplot 函数和 Subplots 函数都是 Axes 函数操作的高级封装，它们只能创建彼此对齐的行列网格子图，而无法绘制比例自定义的子图。所以，如果想要自定义子图，就只能直接调用 Axes 函数来创建相应的 Axes 对象。

6.4.3　Axes 对象方法

在 Matploylib 中，若采用面向对象的方式，则需要调用对象的方法来进行各种绘图操作。表 6-1 列出了 Axes 对象常用的一些方法。

表 6-1　Axes 对象常用的一些方法

方法	功能
Axes.plot	绘制折线图，等同于 Matplotlib.pyplot 模块的 Plot 函数
Axes.scatter	绘制散点图，等同于 Matplotlib.pyplot 模块的 Scatter 函数
Axes.bar	绘制柱状图
Axes.barh	绘制条形图
Axes.pie	绘制饼图
Axes.imshow	生成图像
Axes.annotate	增加注释
Axes.text	增加文本
Axes.table	增加表格
Axes.arrow	增加箭头
Axes.grid	设置网格
Axes.legend	增加图例
Axes.get_legend	返回图例对象

续表

方法	功能
Axes.get_legend_handles_labels	返回图例对象的标签
Axes.cla 或 Axes.clear	清除 Axes 对象，也就是清除子图区域
Axes.axis	设置或获取坐标轴属性
Axes.set_axis_off	隐藏坐标轴
Axes.set_axis_on	显示坐标轴
Axes.get_facecolor	获得绘图区域颜色
Axes.set_facecolor	设置绘图区域颜色
Axes.set_xlim	设置 x 轴范围
Axes.get_xlim	获取 x 轴范围
Axes.set_ylim	设置 y 轴范围
Axes.get_ylim	获取 y 轴范围
Axes.set_xlabel	设置 x 轴标签
Axes.get_xlabel	获取 x 轴标签
Axes.set_ylabel	设置 y 轴标签
Axes.get_ylabel	获取 y 轴标签
Axes.set_title	设置标题
Axes.get_title	获取标题
Axes.set_xticks	设置 x 轴刻度
Axes.get_xticks	获取 x 轴刻度
Axes.set_xticklabels	设置 x 轴刻度标签
Axes.get_xticklabels	获取 x 轴刻度标签
Axes.get_xmajorticklabels	获取 x 轴最大刻度的标签，为一个文本列表
Axes.get_xminorticklabels	获取 x 轴最小刻度的标签
Axes.get_xgridlines	获取 x 轴的网格线，为 Line2D 对象列表
Axes.get_xticklines	获取 x 轴的刻度线，为 Line2D 对象列表
Axes.set_yticks	设置 y 轴刻度
Axes.get_yticks	获取 y 轴刻度
Axes.set_yticklabels	设置 y 轴刻度标签
Axes.get_yticklabels	获取 y 轴刻度标签
Axes.get_ymajorticklabels	获取 y 轴最大刻度的标签，为一个文本列表
Axes.get_yminorticklabels	获取 y 轴最小刻度的标签
Axes.get_ygridlines	获取 y 轴的网格线，为 Line2D 对象列表
Axes.get_yticklines	获取 y 轴的刻度线，为 Line2D 对象列表
Axes.minorticks_off	隐藏坐标轴的最小刻度
Axes.minorticks_on	显示坐标轴最小刻度
Axes.ticklabel_format	配置刻度标签格式
Axes.tick_params	配置刻度、刻度标签

6.5　极坐标

在调用 Subplot 函数创建子图时，可以通过设置 polar=True 或 projection='polar'，来创建一个极坐标子图，然后，调用 Axes 对象的相关方法在极坐标子图中绘图，以下是生成图 6-1 极坐标系的“极坐标.py”程序的源码（程序在配套资源的第 6 章目录下）：

```
# 导入模块
import numpy as np
import matplotlib.pyplot as plt

# 生成极坐标子图
ax = plt.subplot(111, projection='polar')
# 设置网格线
ax.grid(linestyle='--')
# 设置极径范围
ax.set_rlim(0,2)
# 设置极径网格线显示范围
ax.set_rticks([0.5, 1, 1.5, 2])
# 设置极径标签显示位置，-22.5 为顺时针 22.5°
ax.set_rlabel_position(-22.5)
# 设置极坐标角度网格线显示
ax.set_thetagrids(np.arange(0.0, 360.0, 30.0))

# 绘制极轴 OX
ax.plot([0 for d in range(2)],[0,2],'k',alpha=0.5)
# 绘制线段 OM，角度为 45°
ax.plot([45*np.pi/180 for d in range(2)],[0,1.5],'k',alpha=0.5)
# 绘制角度弧线，0 到 45° 之间取 5 个点
ax.plot(np.linspace(0,45*np.pi/180,5),[0.2 for t in range(5)])

# 绘制 O、X、M 对应的点
ax.plot(0,0,'k',marker='o',markersize=3)
ax.plot(45*np.pi/180,1.5,'k',marker='o',markersize=3)
ax.plot(0,2,'k',marker='o',markersize=5)

# 标注文本
ax.text(220*np.pi/180,0.2,'O')
```

```
ax.text(25*np.pi/180,0.25,r'$\theta$') # 绘制 LaTeX 形式文本
ax.text(52*np.pi/180,1.55,r'$M(r,\theta)$') # 绘制 LaTeX 形式文本
ax.text(1*np.pi/180,2,'X')
# 显示图形
plt.show()
```

可结合图 6-1 来理解上面的源码，特别是极坐标系的设置，下面几条语句设置了极径和极径标签：

```
# 设置极径范围
ax.set_rlim(0,2)
# 设置极径网格线显示范围
ax.set_rticks([0.5, 1, 1.5, 2])
# 设置极径标签显示位置，-22.5 为顺时针 22.5°
ax.set_rlabel_position(-22.5)
```

从图 6-1 中可以看到，显示的 0.5、1、1.5、2 这几个极径标签是向下倾斜的，与水平夹角为 22.5° 。下面这条语句设置了角度的网格线及标签：

```
ax.set_thetagrids(np.arange(0.0, 360.0, 30.0))
```

从图 6-1 中可以看到各个角度在 0 到 360° 之间，相邻间隔为 30° ，即 30° 、60° 、90° 、120° 等，极点 *O* 到各个角度之间皆有网格线。

源码中语句：ax.text(25*np.pi/180,0.25,r'θ')采用了 LaTeX 形式来绘制文本，LaTeX 形式文本会在 6.6 节进行介绍。

调用同一个绘图函数，输入同样的数据，在不同的坐标系下，会有不一样的视觉呈现效果。以下是“极坐标-柱状图.py”程序文件（在配套资源的第 6 章目录下）的源码：

```
# 导入模块
import matplotlib.pyplot as plt
import numpy as np

# 生成图像数据
N = 5
# x 或 theta 值，(0,1)之间 N 个浮点数,不包括终点
X = np.linspace(0.0,2*np.pi,N,endpoint=False)
# 柱体高度，(0,10) 之间 N 个随机数
heigh =10*np.random.rand(N)

# 子图 1，直角坐标系
```

```
ax1 = plt.subplot(121)
ax1.bar(X,heigh)

# 子图 2，极坐标系
ax2 = plt.subplot(122,polar=True)
ax2.bar(X,heigh)

# 显示图像
plt.show()
```

运行程序，结果如图 6-9 所示。

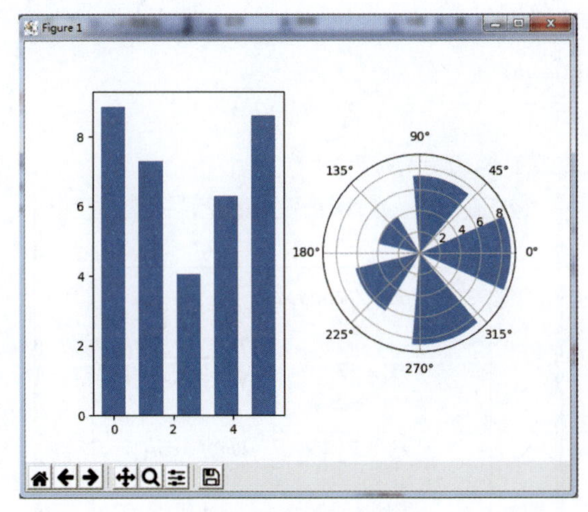

图 6-9　极坐标-柱状图

6.6　LaTeX 排版系统

LaTeX 是一种排版系统，基于 TeX，可以生成复杂的表格和数学公式。Matplotlib 源于科学领域，也在绘图中支持 TeX 文本。以下是“LaTeX 示例.py”源码（在配套资源的第 6 章目录下）:

```
import matplotlib.pyplot as plt
ax = plt.subplot(111)
ax.set_xlim(1,6)
ax.set_ylim(1,9)
# 希腊字母，\为转义符
```

```
ax.text(2, 8, r"$ \mu \alpha \theta \pi \lambda \beta \delta \eta \rho \sigma
\phi  \omega$",fontsize=16)
# \sqrt 表示平方根，\sqrt[n]表示 n 次方根
ax.text(2, 6, r"$\sqrt[3]{x} = \sqrt{y}$",fontsize=16)
# ^表示上标，_表示下标，如果上下标多于一个字符，则需要用{}括起来
ax.text(4, 6, r"$\sqrt{a^{2}+b_{xy}^{2}+e^{x}}$",fontsize=16)
# \quad 表示空格
ax.text(2, 4, r"$x_{ij}^2\quad \sqrt{x}\quad \sqrt[3]{x}$",fontsize=16)
# \frac 表示分数
ax.text(4, 4, r"$sin(0)=cos(\frac{\pi}{2})$",fontsize=16)
# 特殊运算符
ax.text(2, 2, r"$ \pm \times \div \cdot \cap \cup \geq \leq \neq
\approx$",fontsize=16)
plt.show()
```

运行程序，结果如图 6-10 所示。

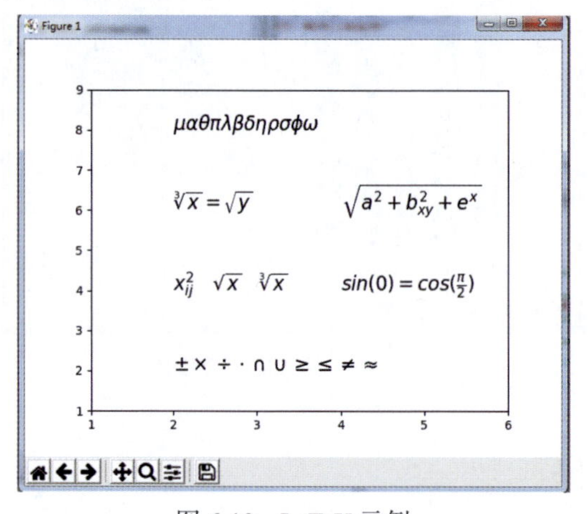

图 6-10　LaTeX 示例

作为一种文字处理软件和计算机标记语言，LaTeX 的功能十分强大，这里只做入门介绍，不再详述。

6.7　缩略图源码剖析

在本书配套资源的“螺线缩略图.py”源码中自定义了 4 个函数，分别是 Arch_spiral(ax)、Fibo(n)、Fibo_spiral(ax)及 Butterfly(ax)，这几个函数的说明如下。

（1）函数 Arch_spiral(ax)：用来在极坐标系上绘制阿基米德螺线，输入参数 ax 为一个 Axes 对象，指定了用来绘制阿基米德螺线的子图，也就是指定了在画布上绘制阿基米德螺线的位置。

（2）函数 Fibo(n)：用来生成斐波那契数，供 Fibo_spiral(ax)函数调用。输入参数 n 为递归次数，函数返回值为第 n 个斐波那契数。

（3）函数 Fibo_spiral(ax)：用来绘制斐波那契螺旋线，输入参数 ax 为一个 Axes 对象，指定了用来绘制斐波那契螺旋线的子图。

（4）函数 Butterfly(ax)：用来绘制蝴蝶曲线，输入参数 ax 为一个 Axes 对象，指定了用来绘制蝴蝶曲线的子图。

函数 Arch_spiral(ax)用来在极坐标系上绘制阿基米德螺线，生成的绘图数据是角度 θ 和半径 r：

```
# 生成极角和极径值，theta 为极角，r 为极径
    theta = np.arange(0,6*np.pi,np.pi/180)# 生成（0,6π）之间，间隔为π/180 的序列数
    r = 2*theta
```

接着，调用输入参数 Axes 对象的 Plot 函数绘制螺旋线：

```
ax.plot(theta,r,'b',alpha=0.8)
```

绘制完成后，需要调用 Axes 对象的相关方法来设置极坐标系：

```
# 设置网格线，线型为短画线
ax.grid(linestyle='--')
# 设置极径标签位置，-22.5 为角度，负数代表顺时针
ax.set_rlabel_position(-22.5)
# 设置极径网格线显示范围
ax.set_rticks([5,15,25,35])
```

在极径上设置标签的显示为 5、15、25、35，位置为-22.5，也就是说，水平朝顺时针方向，角度为 22.5°，从图 6-6 中，可以看到阿基米德螺线图形中的标签 5、15、25、35 的显示角度是向下倾斜的，与水平的夹角为 22.5°。

然后，调用 Axes 对象的相关方法来添加标题和文本，以增加可读性：

```
# 绘制标题
ax.set_title('阿基米德螺旋线',pad=15.0)
# 绘制文本
ax.text(240*np.pi/180,50,r'$r=2\theta$')
```

在绘制文本时采用了 LaTeX 文本格式来显示阿基米德螺旋线的公式，同样，因为是极坐标系，Text 方法的前两个参数分别是角度和半径。

函数 Fibo_spiral(ax)用来在直角坐标系上绘制斐波那契螺旋线，首先初始化存放斐波那契数的列表 l_Fibo，然后使用循环语句调用 Fibo(n)函数来生成 0 到 n 的各个斐波那契数。比如：当 n=8 时，列表 l_Fibo 为[1, 1, 2, 3, 5, 8, 13, 21, 34]。

```
# 计算斐波那契数列
l_Fibo =[]
n = 8
for i in range(n+1):
    l_Fibo.append(Fibo(i))
```

斐波那契螺旋线是在以斐波那契数为边（也就是以 1、2、3、5、8、13、21 为边）的各个正方形中，分别画一个角度为 90° 的扇形，然后，将这些扇形连接而形成的一条弧线。所以，首先要绘制各个正方形，在正方形绘制完成后，再在各个正方形中绘制一个以正方形顶点为圆心、角度为 90° 的扇形。那么，各个扇形的圆心应该在哪里呢？这涉及一个复杂的计算，源码中只采用了赋值语句来设置：

```
center = [(0,0),(1,0),(1,-1),(-1,-1),(-1,2),(4,2),(4,-6)] # 圆心坐标
```

列表 center 包含了各个扇形的圆心坐标。在绘制完成正方形后，就可以使用调用 Axes 对象的方法来绘制斐波那契螺旋线的各个弧线了：

```
start_angle = -180 # 弧线初始角度
for i in range(n-1):
    end_angle = start_angle+90 # 弧线的终止角度
    theta = np.linspace(start_angle,end_angle,10)
                                    # 生成两个角度之间的 10 个序列数
    r = l_Fibo[i+1] # 弧线的圆半径
    # 弧线上点的 x 坐标 = a+r*cosθ, a 为圆心的 x 坐标
    X = center[i][0]+r*np.cos(theta*np.pi/180)
    # 弧线上点的 y 坐标 = b+r*sinθ, b 为圆心的 y 坐标
    Y = center[i][1]+r*np.sin(theta*np.pi/180)
    ax.plot(X,Y) # 绘制弧线
    start_angle = end_angle+180 # 修改弧线的初始角度，绘制下一段弧线
```

图 6-6 中显示的斐波那契螺旋线共绘制了 7 条弧线，每条弧线都依据 Matplotlib 的默认颜色循环，呈现出不同的颜色。

函数 Butterfly(ax)用来绘制蝴蝶曲线，如下调用了 Axes 对象的 scatter 方法来绘制

曲线:

```
ax.scatter(x,y,c=y,s=3,cmap='cool')
```

在 Scatter 函数中，设置了 Colormap 为 “cool”，从而呈现出蝴蝶曲线颜色渲染的效果（Colormap 会在第 7 章中详细介绍）。

在“螺线缩略图.py”源码的主程序中，Matplotlib 参数配置完成后，调用了 Subplot 函数来生成了 3 个 Axes 对象（也就是子图对象）。画布上子图空间的划分是不等分的，第 1 行有两个子图，第 2 行只有一个子图，所以，首先采用下面的语句来生成 2 行 2 列的第 1 行的左边的子图对象，用来绘制阿基米德螺旋线:

```
ax1 = plt.subplot(221,polar=True) # 生成子图对象，2 行 2 列的第 1 个，坐标系为极坐标
Arch_spiral(ax1)
```

然后，生成 2 行 2 列的第一行的右边的子图对象，用来绘制蝴蝶曲线:

```
ax2 = plt.subplot(222) # 生成子图对象，2 行 2 列的第 2 个
Butterfly(ax2)
```

最后，因为第 2 行不再划分空间，所以用“212”来表示 2 行 1 列布局当中的第 2 行，生成第 2 行的子图对象，用来绘制斐波那契螺旋线:

```
ax3 = plt.subplot(212) # 生成子图对象，2 行 1 列的第 2 行
Fibo_spiral(ax3)
```

6.8 数据可视化 Tips：多视图关联设计

多视图关联指的是在一幅可视化作品中，组合了不同种类的绘图单元，其中，每个单元展现的都只是数据某个方面的属性，这些单元之间可进行比较，也可互做参考。采用多视图关联的方式，可以引导用户有序地阅读多个可视化图表，理解每个可视化图表所传达的信息，以及这些信息之间的联系，从而帮助用户基于实际的任务和目标，做出正确的分析和决策。

在可视化设计中，如何不让用户困惑，又能在有限的空间内呈现出尽可能多而有价值的信息？这是一个难点。以下是一些推荐的设计原则。

（1）明确受众：在设计之前，需要先了解用户的习惯和阅读需求，只有明确受众，才能更好地展示数据。

（2）有层次的布局：整体的信息呈现要有层次感，最重要的信息要引人注目且易

于理解。最重要的核心指标分析可以放在左上角或顶部，其他次要重要指标可以放在左下方，最后是一些相对不太重要的数据，可以放置在右下方位置。

（3）少即是多：如果只是充满了各种图表而毫无重点，那么使用者只会被无用的信息所干扰，影响到决策的效率。可以基于实际任务和目标来分清主次，构建指标，一般来说，3~5 个重点指标就足够了。

（4）选择合适的图表：在设计的过程中，要注意选择合适的图表。比如，柱状图最适合表现离散数据；饼图最适合表示占比；折线图最适合表示连续数据。这 3 种图表即使布局紧凑，也易于理解，同时，还要注意不要有太多的文本。

任何看似复杂的可视化作品都是由简单的图表叠加而成的，将分散数据的各个层面聚集在一起，从而展现出信息的完整性。利用这样的思想来组合和优化图表，可以让图表更有效地表达数据。

第 7 章

奇异瑰丽的图案

本章绘图要点如下。

✧ 网格坐标矩阵：在处理图像的时候，网格线能够帮助我们精确地定位图像或元素的位置，网格线的每个交叉点都是一个网格点，由这些网格点的坐标所组成的矩阵就是网格坐标矩阵。NumPy 库的 Meshgrid 函数可用来生成由 x、y 坐标设定的网格坐标矩阵。

✧ 函数向量化：NumPy 库提供了 NumPy.frompyfunc 函数来实现函数的向量化，也就是说使函数能够输入数组或矩阵，并且输出数组或矩阵。这样的方法可以快速、高效地让大量的数据批量执行同一个函数，并且返回其相对应的结果。

✧ Imshow 函数：Matplotlib 库提供了 Imshow 函数，可根据输入的数据，自动生成一幅图像。Imshow 函数常被用来绘制数据分析的热力图（Heatmap）（热力图通过色差、亮度来展示数据的差异），但其功能并不局限于此，熟练掌握该函数，可以生成更多精彩的图像，如本章的曼德勃罗和朱利亚图形。

✧ 事件处理：Matplotlib 可接收并调用自定义的函数，对键盘、鼠标等事件进行处理。利用这个功能，可以创建交互型的图形或图像。

✧ 自定义 ColorMap：ColorMap 在 Imshow 或者 Scatter 等函数中经常会被用到，该方法是把数值映射到色彩上，用色彩作为另一个维度来可视化数据。Matplotlib 中有许多内置的 ColorMap，如“cool”“hot”“summer”等，读者也可以定义自己的 ColorMap，搭配自己喜欢的颜色组合。

7.1 曼德勃罗集

瑰丽绮错千万状，一一尽与人间殊。

——宋·释文珦《周草窗命题异人爪掐仙境图》

简单产生复杂，混沌孕育秩序。在分形理论中，最复杂的分形图形当属曼德勃罗集。曼德勃罗集堪称人类有史以来做出的最奇异、最瑰丽的几何图形，也被称作“上帝的指纹”“魔鬼的聚合物”。

曼德勃罗集被发现于 20 世纪 70 年代，以曼德勃罗特教授的名字命名。图形由一个简单的复数迭代公式而生成。我们前面在迭代公式中所用的数都是实数，实数是一维的数，在一维的实数轴上，局限于此；而复数则是二维平面上的数，二维空间拥有更大的自由度，因此也拥有了更广阔的视野。复数在数学上的表达式为：

$$z = x + yi$$

其中 x 称为实部，对应平面上的横轴；y 称为虚部，对应平面上的纵轴；i 称作虚数单位。每个复数都可以用平面上的一个点(x,y)来表示，x 为横坐标，也是实数部分；y 为纵坐标，也是虚数部分。

曼德勃罗集的复数迭代公式为：

$$Z_{n+1} = Z_n^{\ 2} + C,\ \ n = 0,1,2,\cdots$$

公式中的 Z 和 C 都是复数，也都表示平面上的点。在开始时，平面上有两个点：C 和 Z_0，Z_0 是 Z 的初始值，为简单起见，取 Z_0 为 0；假设迭代过程中 C 的值保持不变，那么，

第一次迭代：$Z_1 = Z_0 + C = C$

第二次迭代：$Z_2 = Z_1^2 + C = C^2 + C$

第三次迭代：$Z_3 = Z_2^2 + C = (C^2 + C)^2 + C$

……

在迭代开始前，如果复数 C 选择不同的数值，就会导致在无限次迭代后，Z_n 点的位置情况也有所不同。在无限次迭代后，Z_n 点的位置或会在有限的范围内跳转，或会逃逸到无限远处不见踪影。究竟复数 C 有哪些值会导致无限次迭代后，Z_n 点的位置不会逃逸呢？找到这些值并将这些值组成一个集合，这个集合就是曼德勃罗集。

在计算机上进行模拟时，可设定一个最大迭代次数来模拟无限次迭代，当迭代到

达这个最大迭代次数时，就视为无限次迭代；采用一个收敛半径来确定区间范围，当 Z_n 点和原点之间的距离超过了这个收敛半径，就视为逃逸。也就是说，当达到最大迭代数时，如果 Z_n 点和原点之间的距离没有超过收敛半径，就视为没有逃逸，而这次迭代过程中复数 C 所取的值就是曼德勃罗集的一个元素。

在绘制曼德勃罗集时，依据不同的迭代次数来进行着色，就能生成曼德勃罗图形。计算机不断提高的运算能力，使得可以实现在数秒内进行上亿次的复杂运算，从而可以展示出诸如曼德勃罗集这样复杂的图形。也可以不使用迭代次数，而是换一种方式来为曼德勃罗集着色，比如，以迭代后的 Z_n 点和原点之间的距离来指定不同的颜色，这样可以生成更绚烂的曼德勃罗图形。有兴趣的读者可以做一下这方面的尝试。

复数迭代公式生成的是一个复杂的混沌世界，有着无穷无尽又梦幻的图案，有的地方像日冕，有的地方像燃烧的火焰，有的地方像超新星，仿佛蕴含着无穷的奥秘。将这些地方随意地放大，都可以看到其与整体不同却又有着某种相似性的、复杂的、精密的局部结构。

和曼德勃罗集有着密切关系的另一个集合是朱利亚集。曼德勃罗图形上的每一个不同的点，都对应着一个不同的朱利亚集。朱利亚集的生成公式和曼德勃罗集是一样的，其中不同的是，在产生曼德勃罗集时，Z 的初值是 0，C 值是不同的，用不同的 C 的颜色标识不同的发散性；而在朱利亚集中，C 值是固定的，Z 的初值 Z_0 是不同的，用不同的 Z_0 的颜色来标识不同的发散性。

7.2　分形图

7.2.1　曼德勃罗图形

打开配套资源中第 7 章目录下的“曼德勃罗图形.py”程序文件，程序中用于生成点的基数 n 被设置为 2000，那么由 n 生成的点总共是 2000×2000=4 000 000 个。在程序中需要计算这 400 万个点，并根据各个点的计算结果进行着色，来呈现出曼德勃罗图形局部的精细结构，如图 7-1 所示的图形便是由这 400 万个点所组成的。如此庞大的数据迭代创造出了一幅密度极大的曼德勃罗图，放大图上的任意位置，都能看到独一无二且穷工极态的局部画作。

因为需要迭代计算 400 万个点，所以程序运行耗时不短。如果只是想要快速地看到图像，可将 n 设置为 200，以减少计算量。

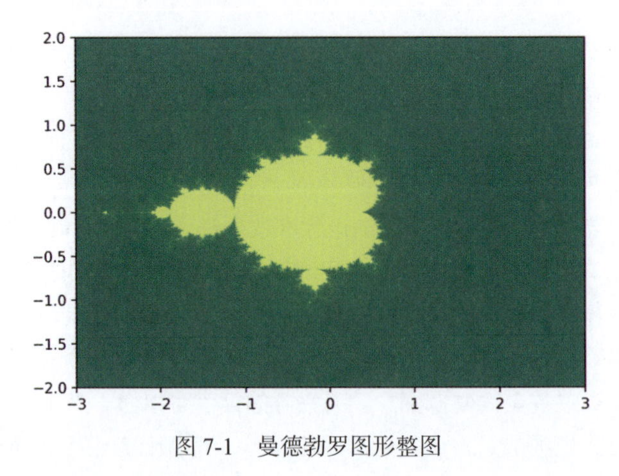

图 7-1　曼德勃罗图形整图

在图 7-1 中，选择、放大某个局部，可以看到各不相同的局部放大图，如图 7-2～图 7-5 所示。

图 7-2　曼德勃罗局部图 1

图 7-3　曼德勃罗局部图 2

图 7-4　曼德勃罗局部图 3

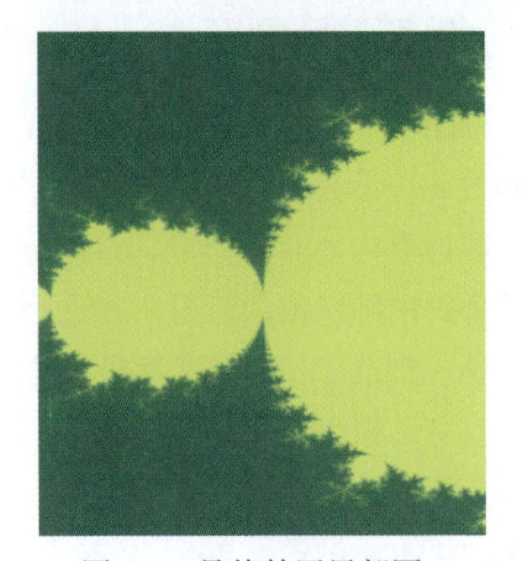

图 7-5　曼德勃罗局部图 4

7.2.2 朱利亚图形

打开配套资源中第 7 章目录下的“朱利亚图形.py”程序文件，程序中用于生成点的基数 n 被设置为 2000，由 n 生成的点总共是 2000×2000=4 000 000 个。在程序中同样需要计算这 400 万个点，并根据各个点的计算结果对点进行着色。朱利亚集的复数迭代公式和曼德勃罗集是一样的，即：

$$Z_{n+1}=Z_n^{\ 2}+C，\ n=0,1,2,\cdots$$

不同的是，在产生曼德勃罗集时，Z 的初值 Z_0 是相同的，都为 0，而 C 值是不同的，用不同的 C 值来进行计算，所以这 400 万个点可以说是由 C 值创造的；而在产生朱利亚集时，C 值是相同的，而 Z 的初值 Z_0 是不同的，用不同的 Z_0 进行计算，所以这 400 万个点是由 Z_0 的值创造的。

打开配套资源第 7 章目录下的“朱利亚图形.py”程序文件，将主程序中的语句 Plot_julia(−1.35)括号内的输入参数设置为不同的 C 值，运行程序可以得到不同的朱利亚图形。例如：

（1）$C=-1.35$。运行程序，图形如图 7-6 所示。

（2）$C=-0.52+0.55i$。在程序中，虚数单位 i 要改成 j，也就是将主程序中的语句改为：Plot_julia(−0.52+0.55*j*)，运行程序，图形如图 7-7 所示。

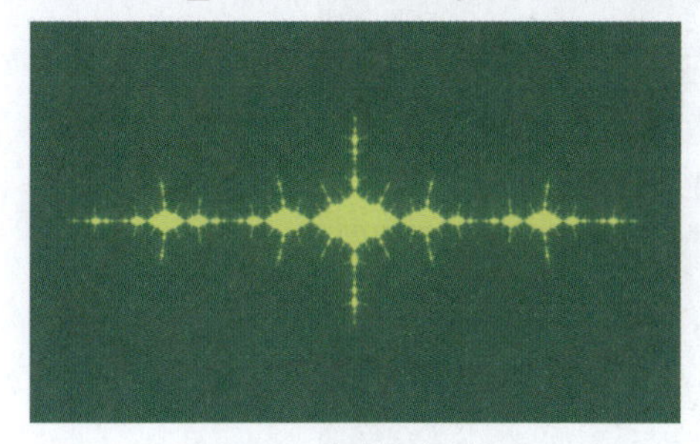

图 7-6 朱利亚图形 1

图 7-7 朱利亚图形 2

（3）$C=-0.199-0.66i$。将主程序中的语句改为：Plot_julia(-0.199-0.66*j*)，运行程序，图形如图 7-8 所示。

（4）$C=-0.46+0.57i$。将主程序中的语句改为：Plot_julia(-0.46+0.57*j*)，运行程序，图形如图 7-9 所示。

（5）$C=0.020325203252032686-0.6449864498644988i$。将主程序中的语句改为：Plot_julia(0.020325203252032686-0.6449864498644988*j*)，运行程序，图形如图 7-10 所示。

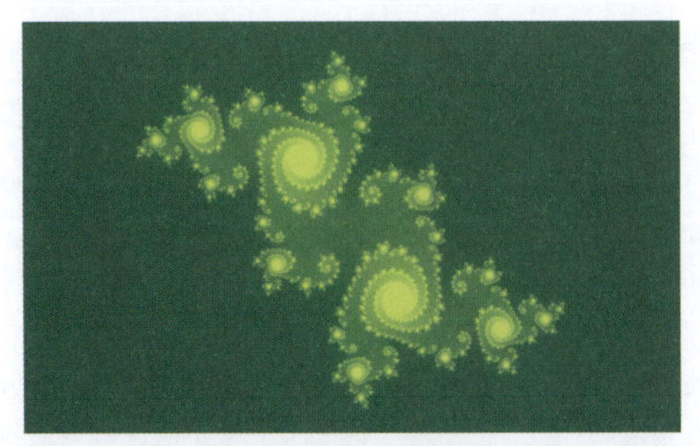

图 7-8　朱利亚图形 3

图 7-9　朱利亚图形 4

图 7-10　朱利亚图形 5

（6）$C = -0.5758807588075876-0.563685636856369i$。将主程序中的语句改为：Plot_julia(-0.5758807588075876-0.563685636856369j)，运行程序，图形如图 7-11 所示。

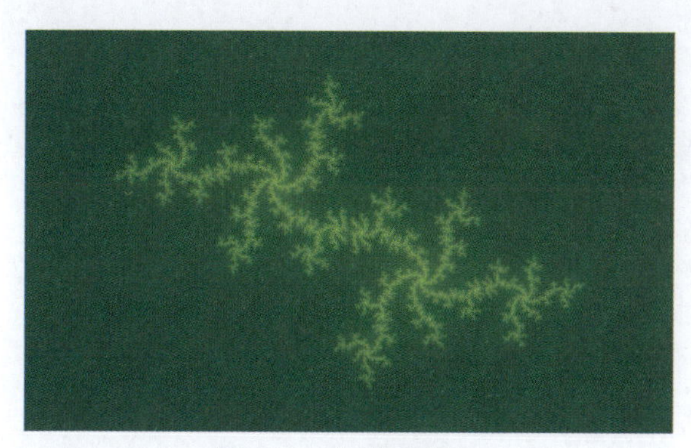

图 7-11　朱利亚图形 6

7.2.3　可交互的缩略图

打开配套资源中第 7 章目录下的“曼德勃罗缩略图.py”程序文件，按“F5”键运行程序，生成可交互的缩略图（注意：在可交互模式下，不能用鼠标双击.py 程序文件来运行程序），在图中，用鼠标左键单击上方曼德勃罗图形中的任意位置，该位置所对应的朱利亚图形就会在下方子图中出现，并显示对应的 C 值，如图 7-12 所示。

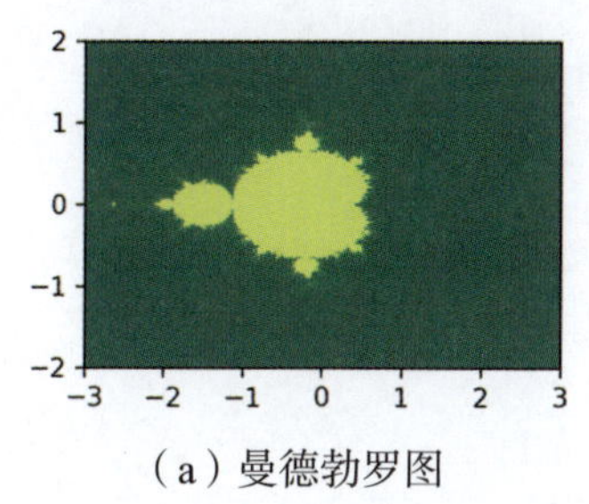

（a）曼德勃罗图

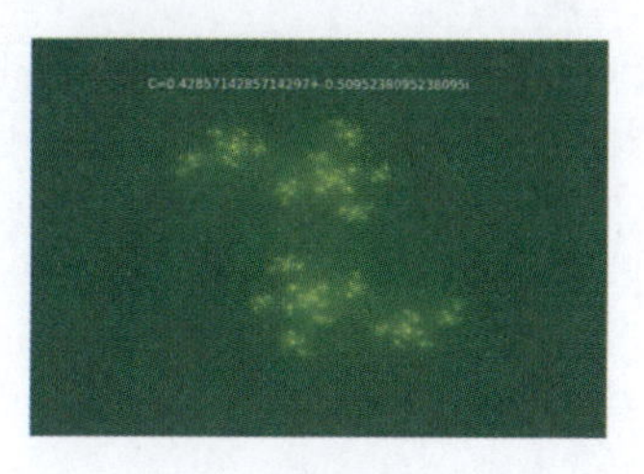

（b）朱利亚图

图 7-12　曼德勃罗图与朱利亚图对应关系

可以用鼠标单击曼德勃罗图形上的各个点，看看会在下方生成怎样的朱丽亚图形。

7.3　曼德勃罗缩略图.py 源码

```
# 导入模块
import matplotlib.pyplot as plt
import numpy as np
# 逃逸时间函数，r 为收敛半径，max_iter 为最大迭代次数
def iterator(x,y,c,r,max_iter):
```

```
    z = x+y*1j # z 的初值，复数形式
    for iter in range(max_iter+1):
        # 如果 z 和原点之间的距离超出收敛半径，视为逃逸，跳出循环
        if abs(z)>r:
            break
        # 否则，继续迭代
        z = z**2+c
    return iter # 返回迭代次数，用于着色

# 朱利亚图形函数
def plot_julia(p,q):
    c = p+q*1j # 固定 c 值，复数形式
    # 生成 z 的初值
    X = np.linspace(-2,2,200) # 生成（-2,2）之间 200 个序列数
    Y = np.linspace(-2,2,200) # 生成（-2,2）之间 200 个序列数
    X,Y = np.meshgrid(X, Y) # 生成网格坐标矩阵，200*200 个点

    # Iterator 函数向量化，第一个参数为函数名，第二个为函数输入参数的个数，第三个为函数返回值的个数
    iterator_func = np.frompyfunc(iterator,5,1)
    # 对 200*200 个点批量执行 Iterator 函数，收敛半径为 2，最大迭代次数为 100，结果转换成浮点数
    results = iterator_func(X,Y,c,2,100).astype(np.float)

    # 清除子图 2
    ax2.clear()
    # 子图 2 隐藏坐标轴
    ax2.set_axis_off()
    # 绘制朱利亚图形，extent 确定坐标范围
    ax2.imshow(results,cmap=plt.cm.summer,extent=(-3,3,-2,2))
    # 在图形上显示对应的 c 值
    ax2.text(-2.8,1.5,'C='+str(p)+'+'+str(q)+'i',fontsize=3,
             color='white')

# 鼠标单击事件
def onclick(event):
    if (event.button == 1):
        # 获取鼠标单击处的 x、y 坐标值
        p = event.xdata
        q = event.ydata
```

```
        # 依据 p、q 绘制对应的朱利亚图形
        plot_julia(p,q)

# 曼德勃罗图形函数
def plot_mandelbrot():
    # 生成 C 值
    X = np.linspace(-2,2,200) # 生成（-2,2）之间 200 个序列数
    Y = np.linspace(-2,2,200) # 生成（-2,2）之间 200 个序列数
    p,q = np.meshgrid(X, Y) # 生成网格坐标矩阵，200*200 个点
    c=p+q*1j #构造 C 值，200*200 个，复数形式

    # Iterator 函数向量化，第一个参数为函数名，第二个为函数输入参数的个数，第三个为函
数返回值的个数
    iterator_func = np.frompyfunc(iterator,5,1)
# 对 200*200 个点批量执行 Iterator 函数，z 的初值为（0,0），
# 收敛半径为 2，最大迭代数为 100，结果转换成浮点数
    results = iterator_func(0,0,c,2,100).astype(np.float)
    # 绘制曼德勃罗图形，extent 确定坐标范围
    ax1.imshow(results,cmap=plt.cm.summer,extent=(-3,3,-2,2))
    # 处理鼠标点击事件
    cid = fig.canvas.mpl_connect('button_press_event', onclick)

# 开始主程序
if __name__=="__main__":
    # 打开交互模式
    plt.ion()

    # 创建 figure 对象和 axes 子图对象
    fig  = plt.figure(dpi=300)
    ax1 = plt.axes([0,0.5,1,0.45]) #[左, 下, 宽, 高]规定的矩形区域，都是 0~1 之间
的数，表示比例
    ax2 = plt.axes([0,0,1,0.45]) #[左, 下, 宽, 高]规定的矩形区域，都是 0~1 之间的
数，表示比例

    # 隐藏子图坐标轴
    ax1.set_axis_off()
    ax2.set_axis_off()

    # 调用曼德勃罗图形函数
```

```
plot_mandelbrot()
```

说明：为了能更快地看到图形，程序只生成并计算了 200×200 个点，如果想要看到更清晰的图形和细致的局部，你可以把 200 改为 2000、3000 或更高，当然，图形生成的时间取决于你的电脑配置，要耐心等待哦！

7.4 网格坐标矩阵

NumPy 的 Meshgrid 函数可用来生成网格坐标矩阵。在 IDLE 窗口中输入以下语句：

```
>>> import matplotlib.pyplot as plt
>>> import numpy as np
>>> x = [1,2,3]
>>> y = [2,3,1]
>>> np.meshgrid(x,y)
[array([[1, 2, 3],
       [1, 2, 3],
       [1, 2, 3]]), array([[2, 2, 2],
       [3, 3, 3],
       [1, 1, 1]])]
```

由上可知，Meshgrid 函数生成了两个数组对象，一个数组对象表示横坐标矩阵，另一个数组对象表示纵坐标矩阵。横坐标矩阵中的每个元素都会和纵坐标矩阵中对应位置的元素共同组成（x，y）坐标的点集。例如，为上面 Meshgrid 函数赋值，可得：

```
>>> X,Y = np.meshgrid(x,y)
>>> print(X)
[[1 2 3]
 [1 2 3]
 [1 2 3]]
>>> print(Y)
[[2 2 2]
 [3 3 3]
 [1 1 1]]
```

以所得结果绘图：

```
>>> plt.plot(X,Y,'bo')
[<matplotlib.lines.Line2D object at 0x09BDC5F0>, <matplotlib.lines.Line2D
object at 0x09BDC6D0>, <matplotlib.lines.Line2D object at 0x09BDC790>]
```

```
>>> plt.show()
```

运行结果如图 7-13 所示。

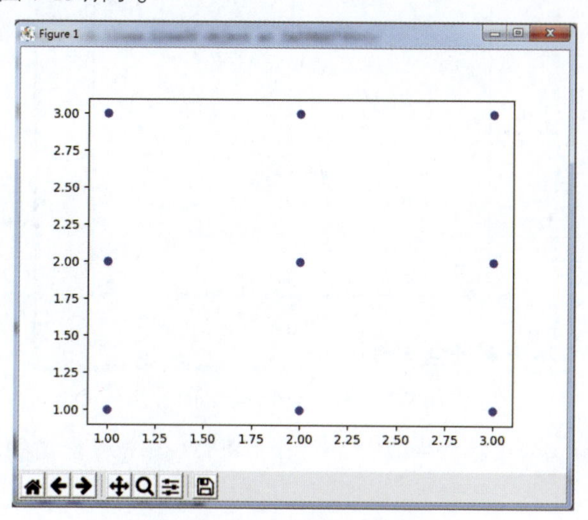

图 7-13　Meshgrid 函数示例 1

由图 7-13 可看到，横坐标矩阵和纵坐标矩阵生成了一个点集，这个点集中包含 9 个（x,y）坐标的点（即 3×3 个），分别为：(1,2)、(2,2)、(3,2)、(1,3)、(2,3)、(3,3)、(1,1)、(2,1)、(3,1)。

我们可以在 IDLE 中继续输入以下语句，加上网格线：

```
>>> plt.xticks(x)
([<matplotlib.axis.XTick object at 0x05880FB0>, <matplotlib.axis.XTick
object at 0x05880F90>, <matplotlib.axis.XTick object at 0x05880D30>], <a list
of 3 Text major ticklabel objects>)
>>> plt.yticks(y)
([<matplotlib.axis.YTick object at 0x058956F0>, <matplotlib.axis.YTick
object at 0x05895370>, <matplotlib.axis.YTick object at 0x03406A10>], <a list
of 3 Text major ticklabel objects>)
>>> plt.grid(linestyle='--')
>>> plt.plot(X,Y,'bo')
[<matplotlib.lines.Line2D object at 0x058B1E70>, <matplotlib.lines.Line2D
object at 0x059F0050>, <matplotlib.lines.Line2D object at 0x059F0110>]
>>> plt.show()
```

运行结果如图 7-14 所示。

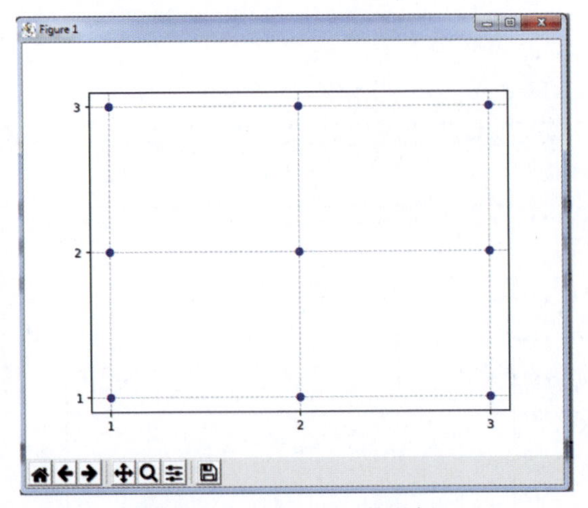

图 7-14 Meshgrid 函数示例 2

可以看到，Meshgrid 函数生成的 3×3 个点都在由（*x*,*y*）组成的网格上。

7.5 函数向量化

如果存在着大量的数据，需要调用同一个函数来进行处理，那么，程序该怎么写呢?

比如，使用以下这个简单的函数:

```
def total(a,b):
    c = a+b
    return c
```

最直接的是多次重复调用该函数，每次输入不同的参数:

```
total(2,3)
total(5,6)
total(3,7)
```

如果数据不多，这当然是可行的，但是当数据有 1000 个、10 000 个，甚至更多时，这样的方法就行不通了。

当然，也可以写一个循环语句，比如，上面的函数调用可以写成:

```
import numpy as np
A = np.arange(1,100)
B = np.arange(1,100)
```

```
results = []
i = 0
while i < len(A):
    results[i] = total(A[i],B[i])
```

这样的写法只适合结构简单的数据，当数据的结构复杂（比如多维数组、矩阵）时，这样的写法就会很烦琐，并且效率不高。

NumPy 库作为一个科学运算领域的强力工具，提供了 Numpy.frompyfunc 函数来实现函数的向量化，也就是可以对大量的数据批量地执行同一个函数，并返回对应的结果。比如，上面的函数调用可以写成：

```
import numpy as np
A = np.arange(1,100)
B = np.arange(1,100)
# 将 Total 函数向量化，Np.frompyfunc 函数的第一个参数为函数名 total，
# 第二个为 Total 函数输入参数的个数，第三个为 Total 函数返回值的个数
total_func = np.frompyfunc(total,2,1)
# 调用向量化的 Total_func 函数来批量执行 Total 函数，
# 输入参数可以是数组或矩阵，results 的结构和输入参数 A、B 的结构相同
results = total_func(A,B)
```

再来看一下“曼德勃罗缩略图.py”源码中的自定义函数 Iterator。

Iterator 函数的输入参数有 5 个：x、y、c、r、max_iter，分别是：x 坐标、y 坐标、c 值、收敛半径和最大迭代数；返回值只有一个：迭代次数。

所以，可以用下面的语句来实现 Iterator 函数的向量化：

```
# Iterator 函数向量化，第一个参数为函数名，第二个为函数输入参数的个数，第三个为函数返回值的个数
iterator_func = np.frompyfunc(iterator,5,1)
```

接下来便可以调用向量化的 Iterator_func 函数来对 200×200 个点批量执行 Iterator 函数，如朱利亚图形函数中的：

```
results = iterator_func(X,Y,c,2,100).astype(np.float)
```

Iterator_func 函数的输入参数中的 X，Y 都是数组，函数会对 X，Y 数组中的每一个元素都执行 Iterator 函数并返回结果，astype 会将返回的结果转换成浮点数，最后，results 会是一个和 X，Y 结构一样的数组。又如曼德勃罗图形函数中的：

```
results = iterator_func(0,0,c,2,100).astype(np.float)
```

Iterator_func 函数的输入参数中的 c 为数组，函数会对 c 数组中的每一个元素都执行 Iterator 函数并返回结果，astype 将返回的结果转换成浮点数，results 会是一个和 c 结构一样的数组。

7.6 图像生成函数 Imshow

在配套资源第 7 章目录下的“曼德勃罗图形.py”“朱利亚图形.py”源程序文件中，都使用了 Matplotlib.pyplot 模块中的 Imshow 函数，来自动生成曼德勃罗图形和朱丽亚图形。同时，在采用面向对象方式编程时，Matplotlib 库的 Axes 对象也包含了对应的 imshow 方法，配套资源第 7 章目录下的“曼德勃罗缩略图.py”就是采用了这个方法来自动生成曼德勃罗图形和朱丽亚图形。

函数和方法是两种不同的编程方式，函数是面向过程编程，没有类和对象的概念；而方法是属于对象的，只有显式地生成对象，才能调用对象的方法。Maplotlib 库同时支持两种编程方式，其中采用 Pyplot 模块的函数方式更简单，代码也更简洁，而采用生成对象、调用对象方法的方式，则可以更精细地控制画布上的所有元素，更适用于生成设计精巧、布局复杂的图表。

Imshow 函数或方法，可依据输入的数据，来自动生成所对应的图像。在数据分析中，Imshow 常被用来绘制热力图（Heatmap）。热力图通过色差、亮度来展现数据的差异，可以直观地反映出热点分布、区域聚集等此类的信息。

```
matplotlib.pyplot.imshow(X, cmap=None, aspect=None, alpha=None, vmin=None, vmax=None,origin=None, extent=None, **kwargs)
```

下面对 Imshow 函数中的常用的参数做详细解释。

X：图像数据，支持的数组形状如下。

- （M,N）：带有标量数据的图像。数据的值会被映射到 Colormap 对应的颜色上。
- （M,N,3）：具有 RGB 值的图像，3 为 RGB 值（Red,Green,Blue）。
- （M,N,4）：具有 RGBA 值的图像，4 为 RGBA 值（Red,Green,Blue,Alpha），即包括透明度。

前两个维度（M,N）定义了行和列，即图片的高和宽；RGB 值应该为 0 到 1 之间的浮点数或 0 到 255 之间的整数。

cmap：将标量数据映射到色彩图上。如果在参数 X 中设置了 RGB（RGBA）的数据，那么此参数会被忽略。该参数默认为 rcParams["image.cmap"]的值，即“viridis”。

aspect：{'equal'，'auto'}或 float，可选。该参数用来控制轴的纵横比。“equal”确保轴的纵横比为 1，图像的像素为正方形（除非使用了 extent 参数，明确指定像素为非正方形）。“auto”会自动调整轴的纵横比以适合数据。通常，这会导致图像像素为非正方形。

alpha：alpha 值介于 0（透明）和 1（不透明）之间，有 RGBA 数据时忽略此参数。

vmin, vmax：定义 colormap 覆盖的数据范围，可选。有 RGB（A）数据时忽略此参数。

origin：{'upper', 'lower'}，默认为 upper。该参数用来设置将数组的[0,0]索引（即原点）放在轴的左上角还是左下角。upper 通常用于矩阵和图像。请注意，当设置为 lower 时，原点在左下角，垂直轴（即纵轴）是向上的；当设置为 upper 时，原点在左上角，垂直轴是向下的。

extent：(left, right, bottom, top)，可选。元组中的 4 个数值分别定义了一个方形区域的四角。图像将分别沿着 x 轴和 y 轴来填充这个方形区域。extent 的默认值随 origin 的不同而不同，当 origin 为 upper 时，extent 的默认值为：(-0.5, numcols-0.5, numrows-0.5, -0.5)。

当 origin 为 lower 时，extent 的默认值为：(-0.5, numcols-0.5, -0.5, numrows-0.5)。

Imshow 函数或方法的使用可参见以下示例：

1. 示例程序：“Imshow 示例.py”（在配套资源第 7 章目录下）

```
# 导入模块
import matplotlib.pyplot as plt
import numpy as np

# 生成图像数据
d = np.arange(-5,5,0.01) # 生成（-5,5）之间，间隔为 0.01 的序列浮点数
X,Y = np.meshgrid(d,d) # 生成网格坐标矩阵
Z1 = np.exp(-X**2-Y**2) # X、Y 数组中每一个元素计算生成数组 Z1
Z2 = np.exp(-(X-1)**2-(Y-1)**2) # X、Y 数组中每一个元素计算生成数组 Z2
Z = (Z1-Z2) # Z 为计算完成的数据

# 划分子图，2 行 2 列
fig,ax = plt.subplots(2,2)

# 由数据生成图像，不同子图选择不同的颜色映射
ax[0][0].imshow(Z) # 子图 1，选择默认的 cmap
```

```
ax[0][1].imshow(Z,cmap=plt.cm.cool) # 子图 2，cmap 为 cool
# 子图 3，cmap 为 hot，extent 确定坐标范围
image1 = ax[1][0].imshow(Z,cmap=plt.cm.hot,extent=(-3,3,-3,3))
fig.colorbar(image1,ax=ax[1][0]) # 子图 3 显示颜色条
# 子图 4，cmap 为 spring，extent 确定坐标范围
image2 = ax[1][1].imshow(Z,cmap=plt.cm.spring,extent=(-5,5,-5,5))
fig.colorbar(image2,ax=ax[1][1]) # 子图 4 显示颜色条

# 显示图像
plt.show()
```

运行程序，结果如图 7-15 所示。

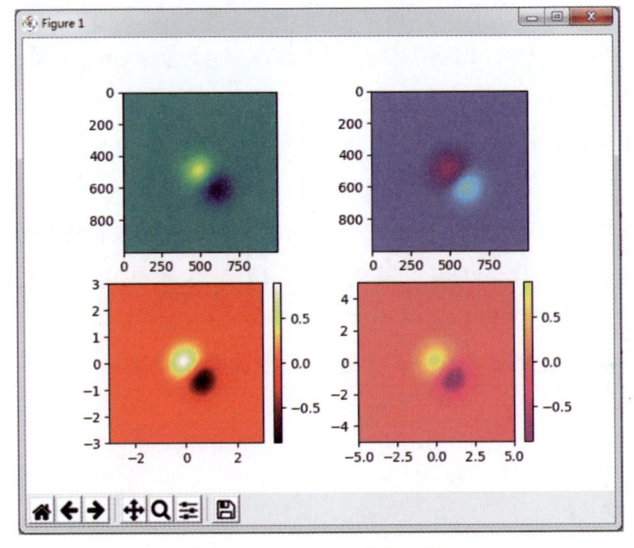

图 7-15 Imshow 函数示例 1

源码中首先采用网格坐标矩阵的方式，生成图像数据，然后计算完成的矩阵 ***Z*** 为 NumPy 数组格式的图像数据。接着，使用了以下语句：

```
fig,ax = plt.subplots(2,2)
```

调用了 Matplotlib.pyplot 模块的 Subplots 函数，一次性将画布划分为 2 行 2 列的 4 个子图。

然后，在 4 个子图中采用同样的图像数据来生成图像，不同的是每个子图都选择了不同的 ColorMap，分别为：默认值（不设定时则为默认值）、plt.cm.cool、plt.cm.hot、plt.cm.spring。不同的 ColorMap 会将图像数据中每个点的值都映射到不同的颜色模式

所对应的色彩上，从而呈现出颜色、风格迥异的 4 副子图。可以从子图 3 和子图 4 的颜色条中，看到该子图颜色模式中数值所对应的颜色。

2. 示例 2：读取图像数据，多层组合生成图像

可在 IDLE 中输入以下语句：

```
>>> import matplotlib.pyplot as plt
>>> import matplotlib.image as mpimg
>>> img = mpimg.imread("E:/2.png") # 2.png 图像文件为图 7-8 所示的图形
>>> print(img)
[[[1.         1.         1.         ]
  [0.         0.49803922 0.4        ]
  [0.         0.49803922 0.4        ]
  ...
 [[1.         1.         1.         ]
  [0.         0.49803922 0.4        ]
  [0.         0.49803922 0.4        ]
  ...
  [0.         0.49803922 0.4        ]
  [0.         0.49803922 0.4        ]
  [1.         1.         1.       ]]]
```

Matplotlib.image 模块中的 Imread 函数可用来读取图像文件，并将图像保存为 NumPy 数组对象。继续在 IDLE 窗口中输入以下语句：

```
>>> plt.imshow(img)
<matplotlib.image.AxesImage object at 0x088E58F0>
>>> plt.show()
```

Imshow 函数会把 NumPy 数组里的数据绘制成图像，弹出窗口中显示的图像如图 7-8 所示。采用这样的方式，我们可以把不同的图像进行叠加。继续在 IDLE 窗口中输入以下语句：

```
>>> img1 = mpimg.imread("E:/1.png") # 1.png 图像文件为图 7-11 所示的图形
>>> plt.imshow(img1) # 先绘制图 7-11 所示的图形
<matplotlib.image.AxesImage object at 0x099B33F0>
>>> plt.imshow(img,alpha=0.5) # 再绘制图 7-8 所示的图形，图形透明度为 0.5
<matplotlib.image.AxesImage object at 0x099B3590>
>>> plt.show()
```

显示的图像如图 7-16 所示。

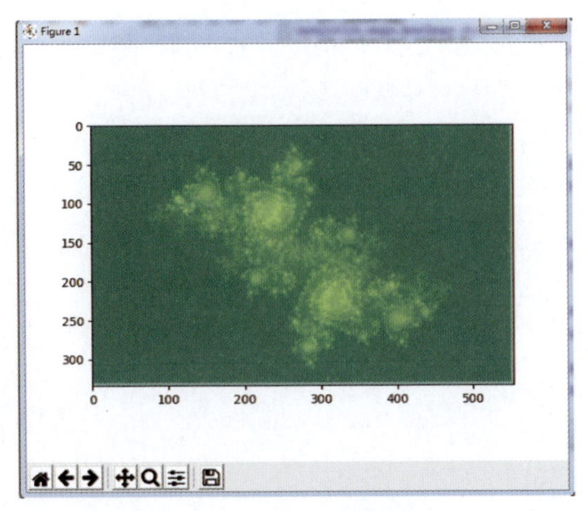

图 7-16 Imshow 函数示例 2

7.7 Matplotlib 事件处理

打开配套资源第 7 章目录下的“曼德勃罗缩略图.py”程序文件，运行程序后，在上方生成的曼德勃罗图形中，使用鼠标左键单击，鼠标单击点所对应的朱利亚图形就会在下方子图中出现，这个交互性的操作是通过 Matplotlib 的事件处理来实现的。Matplotlib 可接收事件，并存储事件的相关属性，如表 7-1 所示。

表 7-1 Matplotlib 可接收的事件

事件名称	类和描述
button_press_event	MouseEvent - 鼠标按钮被按下
button_release_event	MouseEvent - 鼠标按钮被释放
draw_event	DrawEvent - 画布绘图
key_press_event	KeyEvent - 按键被按下
key_release_event	KeyEvent - 按键被释放
motion_notify_event	MouseEvent - 鼠标移动
pick_event	PickEvent - 画布中的对象被选中
resize_event	ResizeEvent - 图形画布大小改变
scroll_event	MouseEvent - 鼠标滚轮被滚动
figure_enter_event	LocationEvent - 鼠标进入新的图形
figure_leave_event	LocationEvent - 鼠标离开图形
axes_enter_event	LocationEvent - 鼠标进入新的轴域
axes_leave_event	LocationEvent - 鼠标离开轴域

要接收事件，需要编写一个回调函数，然后将函数连接到事件管理器，它是 FigureCanvasBase 的一部分，可参见以下示例：

```
# 导入模块
import matplotlib.pyplot as plt

# 打开交互模式
plt.ion()
fig = plt.figure()          # 生成 figure 对象
ax = plt.subplot(111)       # 生成 axes 对象
ax.plot(0,0,'ro')           # 绘制原点

# 回调函数，打印事件相关信息
def onclick(event):
    print(event.button, event.x, event.y, event.xdata, event.ydata)

# 回调函数连接到“鼠标按钮被按下”事件上
cid = fig.canvas.mpl_connect('button_press_event', onclick)
```

打开配套资源第 7 章目录下“事件示例.py”程序文件，按“F5”键运行程序，出现窗口如图 7-17 所示。（注意：在可交互模式下，不能使用鼠标双击.py 程序文件来运行程序）

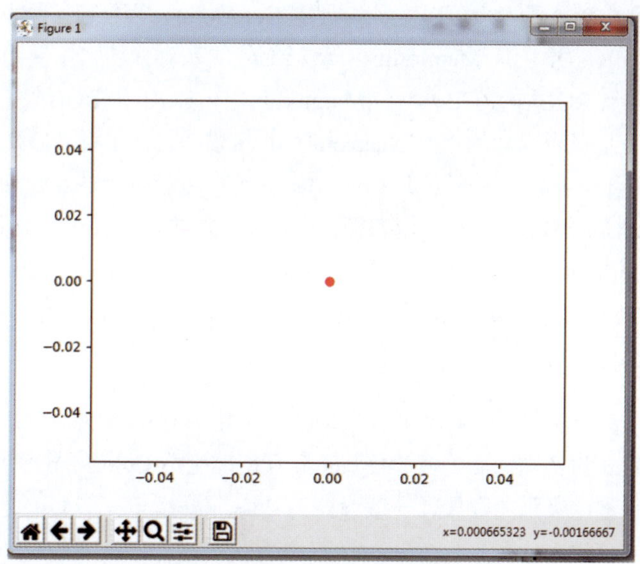

图 7-17　事件示例

在 IDLE 窗口中可以看到事件的相关信息：

```
>>> MouseButton.LEFT 166 329 -0.035927419354838716 0.027202380952380964
MouseButton.RIGHT 152 246 -0.039032258064516136 0.0025000000000000022
MouseButton.LEFT 403 268 0.016633064516129031 0.009047619047619054
MouseButton.RIGHT 411 111 0.018407258064516124 -0.037678571428571436
MouseButton.LEFT 331 268 0.0006653225806451529 0.009047619047619054
```

“button_press_event”有以下属性。

- event.button：按下的按钮，1 是鼠标左键，3 是鼠标右键；
- *x*：鼠标距离画布左端的像素；
- *y*：鼠标距离画布底端的像素；
- xdata：鼠标的 *x* 坐标，以数据坐标为单位；
- ydata：鼠标的 *y* 坐标，以数据坐标为单位。

7.8 自定义 ColorMap

ColorMap 在 Imshow、Scatter 等画图函数中经常会被用到，该方法是把数值映射到色彩上，用色彩作为另一个维度来可视化数据。在 Matplotlib 中有许多内置的 ColorMap，我们前面已经用到的有“cool”“hot”“summer”“spring”“copper”等，其余的可参考官方文档。我们也可以定义自己的 ColorMap，搭配自己喜欢的颜色组合。

Matplotlib.colors 模块是 Matplotlib 中色彩部分的基础模块，主要用来将各类色彩数值或参数转换为 RGB 或 RGBA，在 Matplotlib 中，RGB 和 RGBA 是包含了 3 到 4 个范围在 0 到 1 之间的浮点数的序列。Matplotlib.colors 模块包含了将色彩数值做特定转换，以及把数值映射到一个颜色模式（即 ColorMap）的对应颜色上的函数和类，而其中的 LinearSegmentedColorMap 类使用了分段线性插值的方式来定义一个新的 ColorMap。下面自定义 ColorMap 的示例中使用的就是 Matplotlib.colors.LinearSegmentedColorMap 类的 from_list 方法：

```
static from_list(name, colors, N=256)
```

from_list 方法会根据一个颜色列表来创建一个新的 ColorMap，方法的第 1 个参数 name 为 ColorMap 的名称，第 2 个参数 colors 可用来生成 ColorMap 的颜色列表，第 3 个参数 N 为 rgb 量化级别的数量，一般设置为 256。

1. 自定义 ColorMap 示例 1：（Scatter 散点函数）

```
# 导入模块
```

```
import matplotlib as mpl
import matplotlib.pyplot as plt
import numpy as np

# 设置颜色列表，颜色可以是 RGB，16 进制
cList = ['#9099B7','#91503F','#EADFDB','#CECCCD','#B7B7D1']
# 依据颜色列表，自定义 ColorMap，256 为插值数
new_cmap =
mpl.colors.LinearSegmentedColormap.from_list('ncmap',cList,256)

# 生成图像数据
N = 50
x = np.random.rand(N)  # 随机生成 N 个 x 坐标
y = np.random.rand(N)  # 随机生成 N 个 y 坐标
colors = np.random.rand(N)# 随机生成 N 个随机数，随机数会映射到 ColorMap 指定的色系上
sizes = (30 * np.random.rand(N))**2  # 随机生成各个点的大小

# 根据数据，绘制散点图，使用自定义的 ColorMap
plt.scatter(x, y, s=sizes, marker='*', c=colors, cmap=new_cmap, alpha=1)
# 添加指定 cmap 的色彩条状图
plt.colorbar()
# 显示图像
plt.show()
```

打开配套资源第 7 章目录下“自定义 colormap 示例 1.py”程序文件，运行程序，结果如图 7-18 所示。

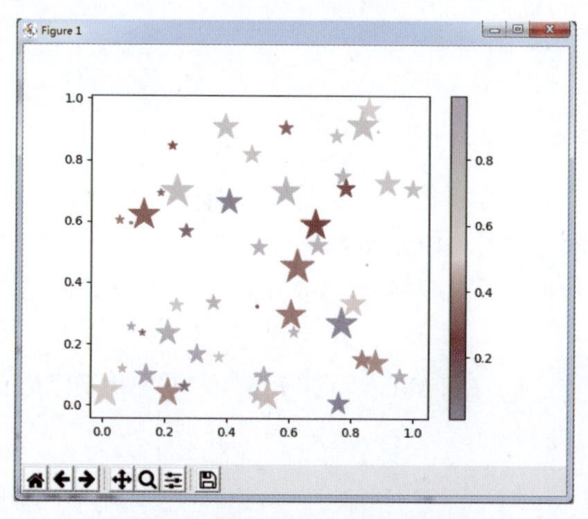

图 7-18　自定义 ColorMap 示例 1

程序中各个点的 x 坐标、y 坐标、颜色和大小，即图像数据，都是随机生成的（随机种子默认为系统时间），所以，在程序每次运行时，依据随机种子所生成的图像数据也会不同，由此生成的图像也就不同。程序采用了 Matplotlib.pyplot 模块的 Scatter 函数来绘制图像。

2. 自定义 ColorMap 示例 2：（Imshow 函数）

```
# 导入模块
import matplotlib.pyplot as plt
import matplotlib as mpl
import numpy as np

# 设置颜色列表，颜色可以是 RGB，16 进制
cList = ['#B7B7D1','#9099B7','#91503F','#EADFDB','#CECCCD']
# 依据颜色列表，自定义 ColorMap，256 为插值数
new_cmap =
mpl.colors.LinearSegmentedColormap.from_list('ncmap',cList,256)

# 生成图像数据
x = np.arange(-2, 2, 0.01) # 生成（-2,2）之间，间隔为 0.01 的序列数
y = np.arange(-2, 2, 0.01) # 生成（-2,2）之间，间隔为 0.01 的序列数
X, Y = np.meshgrid(x, y) # 生成网格坐标矩阵，len(x)*len(y)个点
ellipses = X*X/9 + Y*Y/4 # 最后的计算数据

# 根据数据生成图像，使用自定义的 ColorMap
plt.imshow(ellipses,cmap=new_cmap)
# 添加色彩条状图
plt.colorbar()
# 显示图像
plt.show()
```

打开配套资源第 7 章目录下“自定义 ColorMap 示例 2.py”程序文件，运行程序，结果渲染如玉石一般，如图 7-19 所示。

程序中的图像数据是采用网格坐标矩阵的方式生成的，网格坐标矩阵可查看 7.4 节的介绍。

可以注意到，“自定义 ColorMap 示例 1.py”源码中用来定义新的 ColorMap 的颜色列表为：

```
cList = ['#9099B7','#91503F','#EADFDB','#CECCCD','#B7B7D1']
```

而“自定义 ColorMap 示例 2.py”源码中用来定义的颜色列表为：

```
cList = ['#B7B7D1','#9099B7','#91503F','#EADFDB','#CECCCD']
```

两个 cList 中的颜色采用的都是 RGB 的 16 进制表示方式，包含的也是相同的 5 种颜色，不同的是，这 5 种颜色的排列顺序不同，所以，产生的 ColorMap 也会不同。比较图 7-17 和图 7-18 右边的颜色条（Colorbar），也可以看出两者之间的区别。

如果，将 cList 中颜色的次序调整为 cList =['#91503F','#EADFDB','#CECCCD','#B7B7D1','#9099B7']，又会怎样呢？

在配套资源第 7 章目录下“自定义 ColorMap 示例 3.py”程序文件中，采用了上面的这个 cList 所产生的 ColorMap 来渲染所生成的朱利亚图形。朱利亚图形的 C 值为 $-1.35i$（程序中，虚数单位 i 要改成 j），n 为 2000，运行程序，生成的图像类似于细胞，如图 7-20 所示。

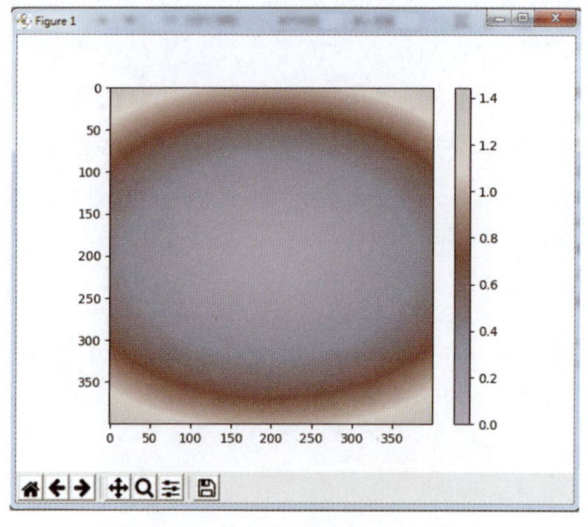

图 7-19　自定义 ColorMap 示例 2

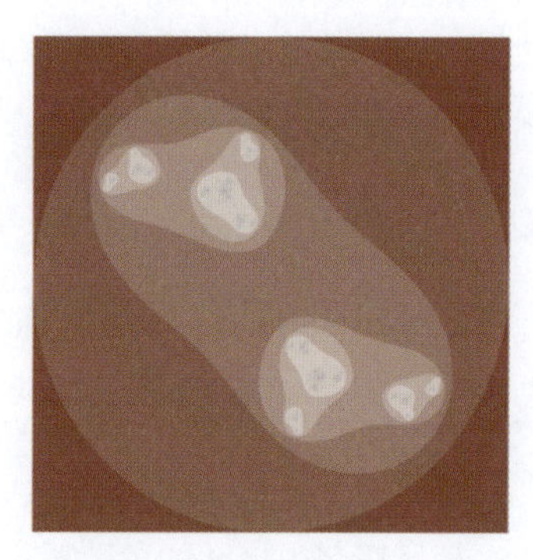

图 7-20　自定义 ColorMap 示例 3

7.9　缩略图源码剖析

在“曼德勃罗缩略图.py”源码中自定义了四个函数，分别是：Iterator(x,y,c,r, max_iter)、Plot_julia(p,q)、Onclick(event)和 PLot_mandelbrot()。

7.9.1　Iterator 函数

函数 Iterator(x,y,c,r,max_iter)就是复数迭代公式：$Z_{n+1}=Z_n^{\ 2}+C$，$n=0,1,2,\cdots$ 的

计算函数，也叫作逃逸时间函数。

函数总共包含 5 个输入参数：x、y、c、r、max_iter，x 为 Z 的初值 Z_0 的 x 坐标值，y 为 Z 的初值 Z_0 的 y 坐标值，c 为 C 值，r 为收敛半径，max_iter 为最大迭代次数。程序中设定了一个最大迭代次数来模拟无限迭代，当迭代到达这个最大迭代次数时，就被视为无限次迭代；采用一个收敛半径来确定区间范围，当 Z_n 点和原点之间的距离超过了这个收敛半径，就视为逃逸。也就是说，当达到最大迭代数时，如果 Z_n 点和原点之间的距离没有超过收敛半径，就视为没有逃逸，这次迭代过程中复数 C 所取的值就是曼德勃罗集的一个元素。

函数的返回值为迭代次数，如果该数值等于最大迭代次数，那么在调用该函数生成曼德勃罗图形时，C 值代表的该点就是曼德勃罗集的一个元素，在图形中的着色会与非曼德勃罗集的点不同；而非曼德勃罗集的点由于在迭代计算中，逃逸跳出循环后所返回的值（即迭代次数）不同，从而导致在图形上的着色也会有颜色层次上的区分。同样，在调用该函数生成朱利亚图形时，Z 的初值 Z_0 所代表的点就是该朱利亚集的一个元素，在图形中的着色会与非该朱利亚集的点不同；而非该朱利亚集的点由于在迭代计算中，逃逸跳出循环后所返回的值（即迭代次数）不同，从而在图形上的着色也有颜色层次上的区分。

7.9.2 Plot_julia 函数

函数 Plot_julia(p,q)用来绘制朱利亚图形，第一步用 p、q 来组成朱利亚图形的 C 值：

```
c = p+q*1j                          # 固定 c 值，复数形式
```

注意，程序中复数的虚数单位 i 要改成 j。

第二步生成用于迭代计算的 Z 的初值 Z_0：

```
    X = np.linspace(-2,2,200)       # 生成（-2,2）之间 200 个序列数
    Y = np.linspace(-2,2,200)       # 生成（-2,2）之间 200 个序列数
    X,Y = np.meshgrid(X, Y)         # 生成网格坐标矩阵，200*200 个点
```

总共生成了 200×200=40 000 个 Z_0 值，即 4 万个点。网格坐标矩阵的概念可查看 7.4 节的介绍。

第三步，以函数向量化的方式（函数向量化的概念可查看 7.5 的介绍），对这 4 万个点进行迭代计算：

```
    # Iterator 函数向量化，第一个参数为函数名，第二个为函数输入参数的个数，第三个为函数返回值的个数
    iterator_func = np.frompyfunc(iterator,5,1)
    # 对 200*200 个点批量执行 Iterator 函数，收敛半径为 2，最大迭代次数为 100，结果转换成浮点数
results = iterator_func(X,Y,c,2,100).astype(np.float)
```

由上可知，Iterator 函数的每次迭代计算，*C* 的值都是不变的，而 *X*、*Y* 的值每次都是不同的，最终的 results 包含了这 4 万个点的 Iterator 函数的计算结果，即每一个点的迭代次数。

第四步，开始在子图 2（即下方子图）上绘制朱利亚图形：

```
    # 清除子图 2
    ax2.clear()
    # 子图 2 隐藏坐标轴
    ax2.set_axis_off()
    # 绘制朱利亚图形，extent 确定坐标范围
    ax2.imshow(results,cmap=plt.cm.summer,extent=(-3,3,-2,2))
```

绘制图形调用了 Axes 对象的 Imshow 方法。可以看到 Imshow 方法中的 ColorMap 指定的是 Matplotlib 中内置的一种颜色模式：plt.cm.summer，Matplotlib 将 results 中的数值（即不同的迭代次数）映射到所设置的颜色模式的色彩上，从而呈现出颜色上有层次的朱利亚图形。

7.9.3　Onclick 函数

函数 Onclick(event)是一个回调函数，用来处理鼠标左键单击事件。函数包含了一个参数，即“鼠标按钮被按下”的事件（“button_press_event”事件），在函数中，用到的是“button_press_event”事件的这些属性。

- event.button：按下的按钮，1 是鼠标左键，3 是鼠标右键；
- xdata：鼠标的 *x* 坐标，以数据坐标为单位；
- ydata：鼠标的 *y* 坐标，以数据坐标为单位。

函数的第一条语句：if (event.button == 1): 就是判断被按下的按钮是否为鼠标的左键。

如果是，就取出鼠标的 *x* 坐标和 *y* 坐标，分别赋值给 *p* 和 *q*，作为实数和虚数部分，用来组成 *C* 值：

```
    p = event.xdata
    q = event.ydata
```

Plot_julia 函数会根据传入的参数 p、q，绘制相关的朱利亚图形：

```
    plot_julia(p,q)
```

7.9.4 Plot_mandelbrot 函数

函数 Plot_mandelbrot 用来绘制曼德勃罗图形，并建立“鼠标按钮被按下”的事件机制。

第一步，生成用于计算的 C 值：

```
X = np.linspace(-2,2,200)      # 生成（-2,2）之间 200 个序列数
Y = np.linspace(-2,2,200)      # 生成（-2,2）之间 200 个序列数
p,q = np.meshgrid(x, y)        #生成网格坐标矩阵，200*200 个点
c=p+q*1j                       #构造 C 值,200*200 个，复数形式
```

总共生成了 200×200=40 000 个 C 值，即 4 万个点。网格坐标矩阵的概念可查看 7.4 节的介绍。

第二步，以函数向量化的方式（函数向量化的概念可查看 7.5 节的介绍），开始对这 4 万个点进行迭代计算：

```
 # Iterator 函数向量化，第一个参数为函数名，第二个为函数输入参数的个数，第三个为函数返回值的个数
  iterator_func = np.frompyfunc(iterator,5,1)
 # 对 200*200 个点批量执行 Iterator 函数，收敛半径为 2，最大迭代数为 100，结果转换成浮点数
    results = iterator_func(0,0,c,2,100).astype(np.float)
```

可以看到 Iterator 函数的每次迭代计算的 X、Y 的值都为 0，即 Z 的初值都为（0,0），而 c 的值是不同的，最终的 results 包含了这 4 万个点的 Iterator 函数的计算结果，即每一个点的迭代次数。

第三步，开始在上方子图上绘制曼德勃罗图形：

```
    # 绘制曼德勃罗图形，extent 确定坐标范围
    ax1.imshow(results,cmap=plt.cm.summer,extent=(-3,3,-2,2))
```

绘制图形调用了 Axes 对象的 Imshow 方法。可以看到 Imshow 方法中的 ColorMap 指定的是 Matplotlib 中内置的一种颜色模式：plt.cm.summer，Matplotlib 将 results 中的

数值（即不同的迭代次数）映射到所设置的颜色模式的色彩上，从而呈现出颜色上有层次的曼德勃罗图形。

第四步，采用事件管理器将回调函数 Onclick 连接到“鼠标按钮被按下”事件上：

```
# 处理鼠标点击事件
cid = fig.canvas.mpl_connect('button_press_event', onclick)
```

这样，当鼠标按钮被按下时，就会调用 Onclick 函数来处理事件，如果按下的是鼠标左键，就会依据鼠标单击处的坐标位置，在下方绘制出坐标值所对应的朱利亚图形，并显示由此坐标值所表示的 C 值。

7.9.5　主程序

“曼德勃罗缩略图.py”源码中的主程序部分，首先采用语句：plt.ion()来打开交互模式；然后，调用 Matplotlib.pyplot 模块的 Figure 函数和 Axes 函数来创建 Figure 对象和 Axes 子图对象：

```
fig  = plt.figure(dpi=300)
#[左, 下, 宽, 高]规定的矩形区域，都是 0~1 之间的数，表示比例
ax1 = plt.axes([0,0.5,1,0.45])
#[左, 下, 宽, 高]规定的矩形区域，都是 0~1 之间的数，表示比例
ax2 = plt.axes([0,0,1,0.45])
```

生成的 ax1 对象（即画布的上方子图）用来绘制曼德勃罗图形，生成的 ax2 对象（即画布的下方子图）用来绘制朱利亚图形。

最后，调用 Plot_mandelbrot 函数，先在画布的上方生成曼德勃罗图形，下方的朱利亚图形一开始不会生成，只有当鼠标左键单击了上方曼德勃罗图形的某个点后，下方才会出现对应的朱利亚图形。

7.10　数据可视化 Tips

7.10.1　可视化交互设计

一个静态的可视化视图，可以展现出简单数据的所有信息，但是对于复杂数据来说，如果仅仅使用静态图表，则很有可能无法充分地呈现出数据复杂的特征和细节。这时侯，需要使用更为丰富的可视化视图，并提供一系列有效的交互手段，才能帮助用户深入浅出地了解图表和图形的具体内容。

视图的交互主要包括以下内容。

（1）缓解有限的空间与数据量过多之间的矛盾，例如上面的缩略图，采用鼠标单击交互的方式，可以在有限的空间里查看曼德勃罗图形中各个点的朱利亚图形。

（2）缩放：当数据无法完整展示时，缩放是非常有效的交互方式。

（3）选择：可以让用户在感兴趣的数据对象上进行标记，以便稍后的查询和跟踪。

（4）重配：可以重新排列图表，切换图表形式，从而提供数据观察的不同视角。

（5）编码：可以改变数据元素的呈现方式，比如对图表换肤，改变颜色、大小、字体、形状等，对图表做一些基本配置等。

（6）关联：采用多视图来显示数据之间的联系。

（7）对比：可以对不同的时间范围、空间范围进行对比，也可以自定义维度进行对比，还可以将总体数据和具体数据来进行对比。

在可视化交互的设计过程中，需保证交互的操作直观、易用、灵活，并且容易理解和记忆。

7.10.2 热力图

热力图（Heatmap）是数据可视化中比较常用的一种显示方式，它适用于二维数据表的可视化，表中数值的大小可以用不同梯度的颜色来进行展示，从而可以直观地反映出热点分布、区域聚集等信息。热力图本质上是一个数值矩阵，图上的每一个小方格都是一个数值，按一条预设好的渐进色带（ColorKey 或 ColorMap），来给每个数值都分配颜色，通过颜色的梯度及相似程度来反映数据的相似性和差异性。

作为一种密度图，热力图适合展现各类大数据的信息，它一般采用亮色来代表事件发生频率高或事物分布密度大，用暗色代表频率低或密度小，显著的颜色差异可以在二维平面或地图上直观地呈现出数据的分布特征（即疏密程度或频率高低）。但是，热力图并不能完全保证数据的准确性。

目前，热力图已被广泛地应用于气象预报、医疗成像、机房温度监控等行业，甚至被应用于竞技体育领域的数据分析。

第 8 章
生命的迭代演化

本章绘图要点如下。

- ✧ 动态演示：在 Matplotlib 中，采用交互模式，调用相关绘图函数，例如 Imshow 函数或 Scatter 函数就可以呈现出动态的演示过程，如第 4 章的凝聚体形成、第 5 章的 IFS 图像显现及本章的生命迭代演化。读者也可以采用同样的方法，设计编写程序，生成所需要的动态演示图像。
- ✧ Animation 模块：Matplotlib 的 Animation 模块负责处理动画部分，它提供了一个框架，可用来构建和生成动画。读者可以调用这个框架中的 FuncAnimation 接口来生成动画，并将动画保存为 MP4 或 gif 文件。这里需要注意的是，必须提前安装 FFmpeg 或 ImageMagick 程序，才能保存相应的动画文件。

8.1 细胞自动机

古今物态辄相通，一体悠悠演化中。

——近现代·宗远崖《驰思十首 其七》

细胞自动机的起源很难确定，第一个真正的细胞自动机可能是由著名的数学家和计算机科学家冯·诺依曼发明的。冯·诺依曼的细胞自动机是一个棋盘，其中的每个方格都表示一个细胞，这些细胞会遵循一些简单的规则，随着时间来演化。冯·诺依曼通过这样的一种方式，在计算机上模拟现实世界中生物细胞的自我复制，以及真实生命的迭代演化。

细胞自动机的基本思想是：自然界中有许多复杂的结构和过程，都是由大量的基本组成单元进行简单的相互作用所形成的。这些基本的组成单元被称为细胞，细胞位于整体（也叫作细胞群）中的某个位置上，它的状态只有两种："生"或者"死"。下面来做几个假设。

假设 1：细胞在细胞丛中有特定的位置和状态；

假设 2：细胞的状态仅受环境的影响，为了降低问题的复杂性，可将环境的范围缩到最小，也就是说，环境只考虑紧邻的细胞，细胞的状态只受紧邻细胞的状态影响；

假设 3：有一个初始的细胞群，细胞群里的每一个细胞都有一个初始的状态，之后会依据环境不断地调整自身的状态。

基于以上的 3 个假设，在反复迭代后，初始的细胞群会发生什么样的变化呢？

类似于生命的繁衍、演化，细胞群里的细胞生生死死、分散、聚集，从而呈现出了各种各样的图案，这些图案有些是单调的、重复的，有些却是不可预测的，演化的过程中既有规律，也有随机，细胞自动机的魅力或许就在于此。

最著名的细胞自动机当属康威的"生命游戏"（Conway's Life），剑桥数学家约翰·霍顿·康威（John Horton Conway）于 1970 年设计该游戏。"生命游戏"其实并不是通常意义上的游戏，它没有竞争，也没有输赢，更像是一个计算机的仿真实验。因为它显示出来的图像看起来就像是模拟了生命的出生、繁衍和演化过程，所以被称之为"生命游戏"。

"生命游戏"场地是一个矩形网格，网格中的每个方块都代表一个细胞，它的状态可以是"生"，也可以是"死"。在游戏开始时，每个细胞都会被随机设定状态"生"

或者“死”，然后在一次迭代中，每个细胞都会依据自身当前的状态和规则，对自身的状态进行调整，当场地中所有细胞被调整完成后，就会形成这一次迭代的生死分布图；重复这样的过程，直到迭代结束。游戏把细胞之间的相互影响限制在靠近该细胞的 8 个邻居中，指定了以下的规则。

（1）如果在 8 个邻居细胞中，有 3 个细胞为“生”，则迭代后该细胞状态调整为“生”；

（2）如果在 8 个邻居细胞中，有 2 个细胞为“生”，则迭代后该细胞状态保持不变；

（3）如果在 8 个邻居细胞中，有 3 个以上细胞为“生”或者有 2 个以下细胞为“生”，则迭代后该细胞状态调整为“死”。

这样的规则遵循着生命之间既协同又竞争的生存定律。在 8 个邻居细胞中有 3 个的状态是“生”，既可以相互协同、依赖，又不会竞争资源，这样的状态也许是生命生存的理想状态，所以，迭代后的结果为“生”。在 8 个邻居细胞中有 2 个的状态是“生”，孤单了些，虽然很难协同，但是生命能够生存，所以，迭代后的结果是维持原状，“生”还是“生”，“死”还是“死”。在 8 个邻居细胞中状态为“生”的数目多于 3 个，会导致物质缺乏、资源竞争，或者在 8 个邻居细胞中状态为“生”的数目少于 2 个，会导致缺乏支持和帮助，所以，迭代后的结果皆为“死”。

“生命游戏”的规则虽然简单，却可以在计算机上模拟生命的出生、繁衍和演化的过程。在“生命游戏”中，每一个细胞知道的仅仅是它周边的情况，并且，依据这些情况来调整自身的状态，但是，正是这些个体在局部的一系列变化，组成并影响到了整个游戏世界。我们所处的现实世界不也是如此吗？

8.2　生命细胞分布图

1.“生命游戏”1

打开配套资源第 8 章目录下的“生命游戏(50).py”程序文件，该程序中区域大小 N 被设置为 50，表示游戏的矩形网格范围为：50×50=2500 个，也就是说，整副图像是由 2500 个点所组成的； 指定的生命种子数 seed_num 为 200 个。在游戏开始前会在矩形网格里随机播撒这些种子，这些种子所在点的位置的值会被设置为 1，表示状态是“生”。在图像中，状态为“生”的点会呈现出同一种颜色。迭代次数 iter_num 为 10，就是要迭代 10 次，在每一次迭代中，图像中的 2500 个点都要依据规则进行计算，判断是“生”还是“死”，在计算完成后，依据计算结果生成图像。

运行“生命游戏(50).py”程序，可以看到动态的演化图像，平面上的每一个点的生死状态都在不停地变化着，在运行过程中，每次迭代后的图像都会被保存到相应的目录下，如图 8-1 ~ 图 8-8 所示。

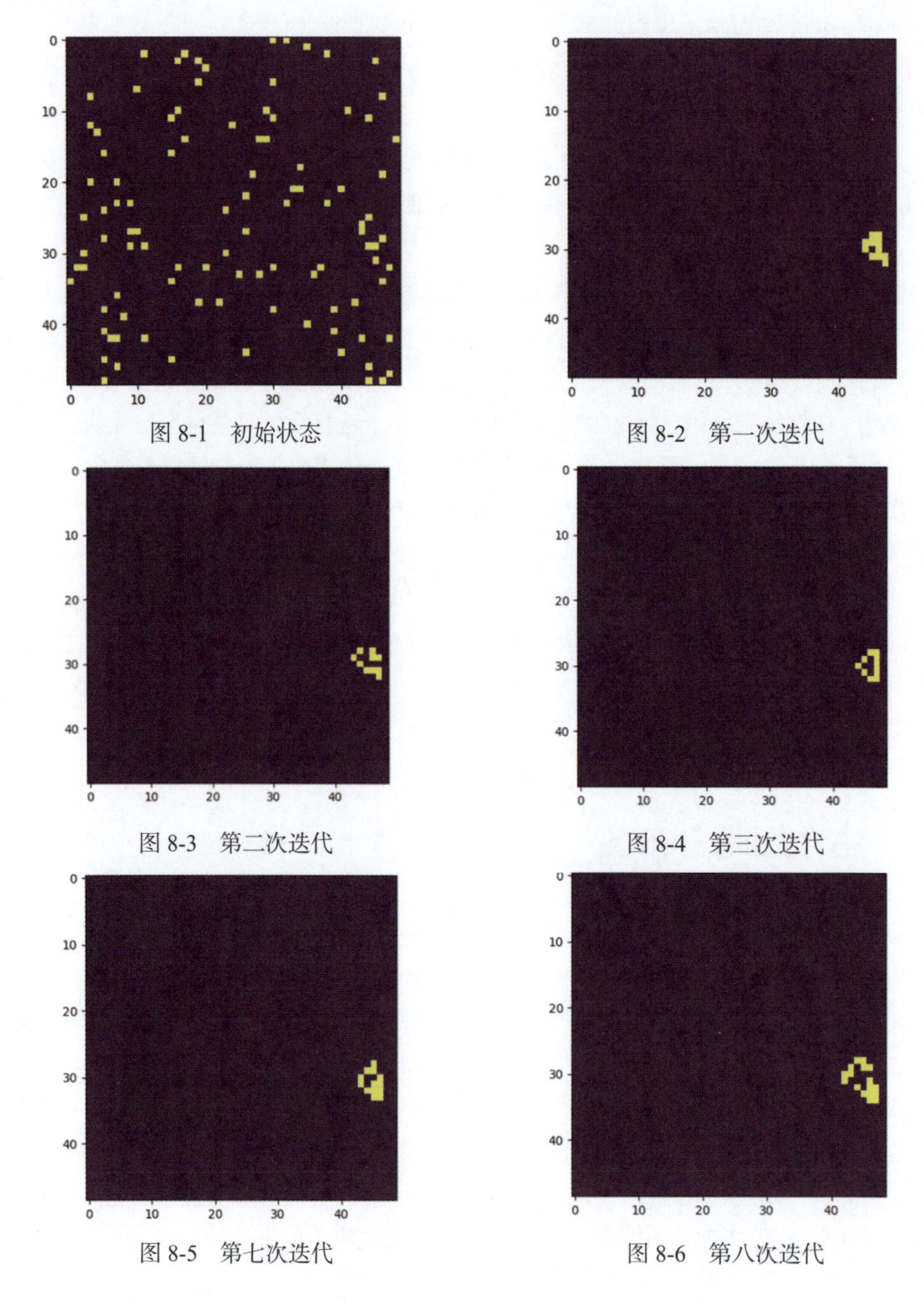

图 8-1　初始状态

图 8-2　第一次迭代

图 8-3　第二次迭代

图 8-4　第三次迭代

图 8-5　第七次迭代

图 8-6　第八次迭代

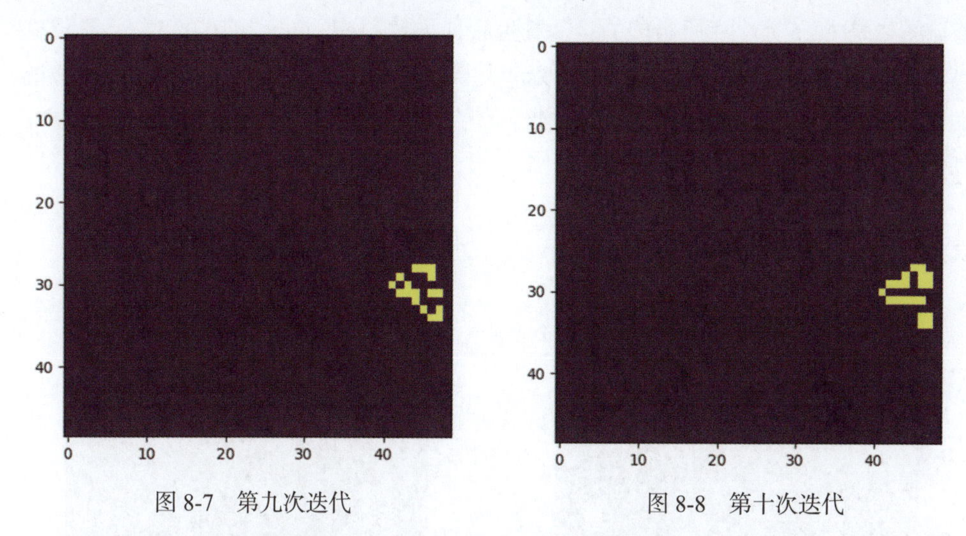

图 8-7　第九次迭代　　　　图 8-8　第十次迭代

生命的种子是随意播撒的，所以，在程序每一次运行时，都会得到一个不一样的初始图像，由此初始图像而产生的动态演化过程也会不同。初始时，如果播撒生命种子的数目过少，那么，在几次变换后，整个图像就会呈现出“死寂”状态（即整个图像只有背景色）；如果数目过多，甚至占满整个画面，则会“人满为患”，一次变换就有可能会造成“死寂”状态。生命种子的位置是随机生成的，如果种子彼此之间相距较远，那么也有可能演变成“死寂”状态。我们可以在“生命游戏(50).py”程序中，改变生命种子数 seed_num 的数值为 100 或 1000，来观察图像的变化情况。

从图 8-1 ~ 图 8-8 中可以看到，在游戏开始时，生命种子是随机分布、混乱无序的，这些种子依据着生存规律迭代了几次后，就会形成一些比较规则的图案。有些图案定居在某个位置上，似乎不会变化了，这类图案一旦出现，如果没有外界的干扰，很有可能就静止、固定了；有些图案虽然在同一个位置上，但是图案是变换的，会在几种不同的图案之间不停地切换；有些图案不会变换，但是会在画布上游走着、变换着位置；有些图案则会一边变换着图形，一边在画布上向前移动。

“生命游戏”中的每一个小细胞所遵循的生存规律都是一样的，但是由它们所组成的不同形状的图案的演化过程却是各不相同的。从“生命游戏”中，同样可以看到分形和混沌的本质：简单的规律可以产生复杂的事物（甚至生命和族群），在一片混沌之中也会逐渐呈现出一些固定的模式，这些模式就是秩序。

2.“生命游戏”2

打开配套资源第 8 章目录下的“生命游戏.py”程序文件，程序中改变了参数设定，区域大小 N 被设定为 500，用于生成一个 500×500=250 000 的矩形网格，也就是说，整副图像是由 25 万个点所组成的；设置生命种子数 seed_num 为 10 000 个；设置迭代次数 iter_num 为 100 次。“生命游戏.py”程序中的矩形网格更密集，初始播撒的生命种子数也更多，迭代的时间也更长，因此，可以模拟更广阔世界里的生命演化过程。

运行“生命游戏.py”程序，可以看到动态图像的演化过程，在运行过程中，每 10 次迭代的状态图会被保存到相应的目录下，如图 8-9 ~ 图 8-19 所示。

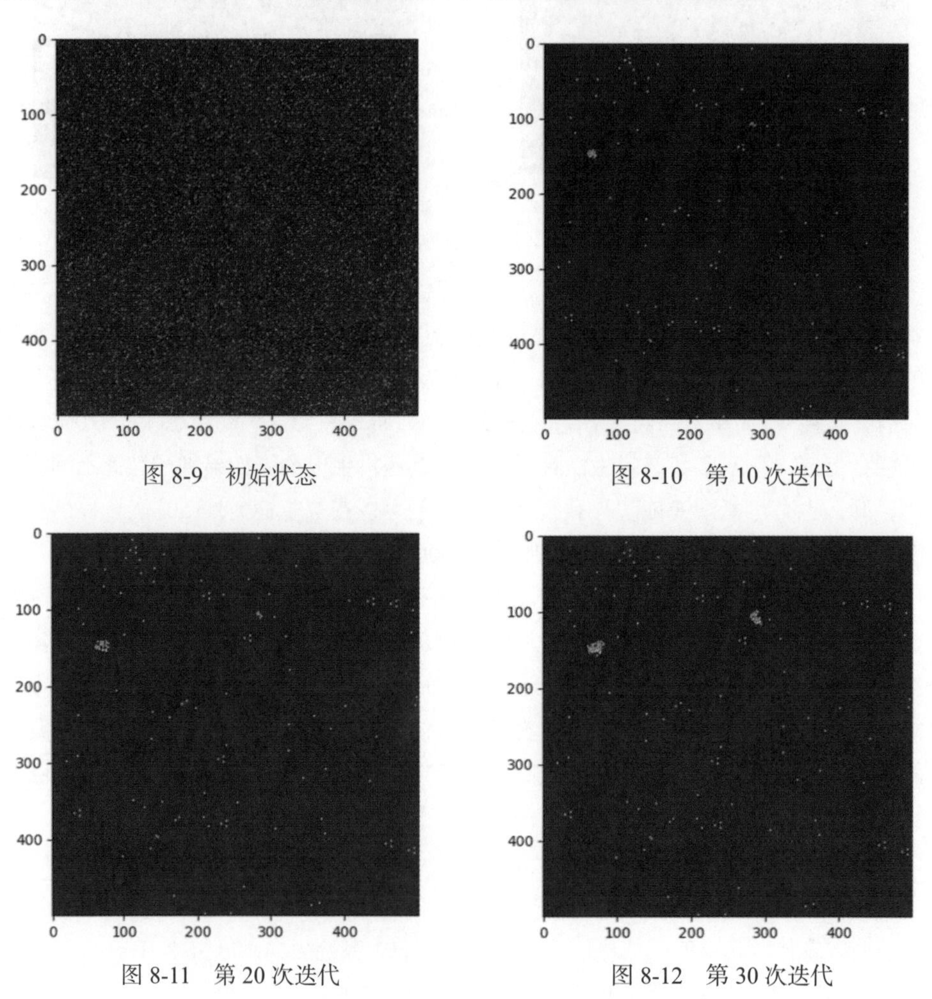

图 8-9　初始状态

图 8-10　第 10 次迭代

图 8-11　第 20 次迭代

图 8-12　第 30 次迭代

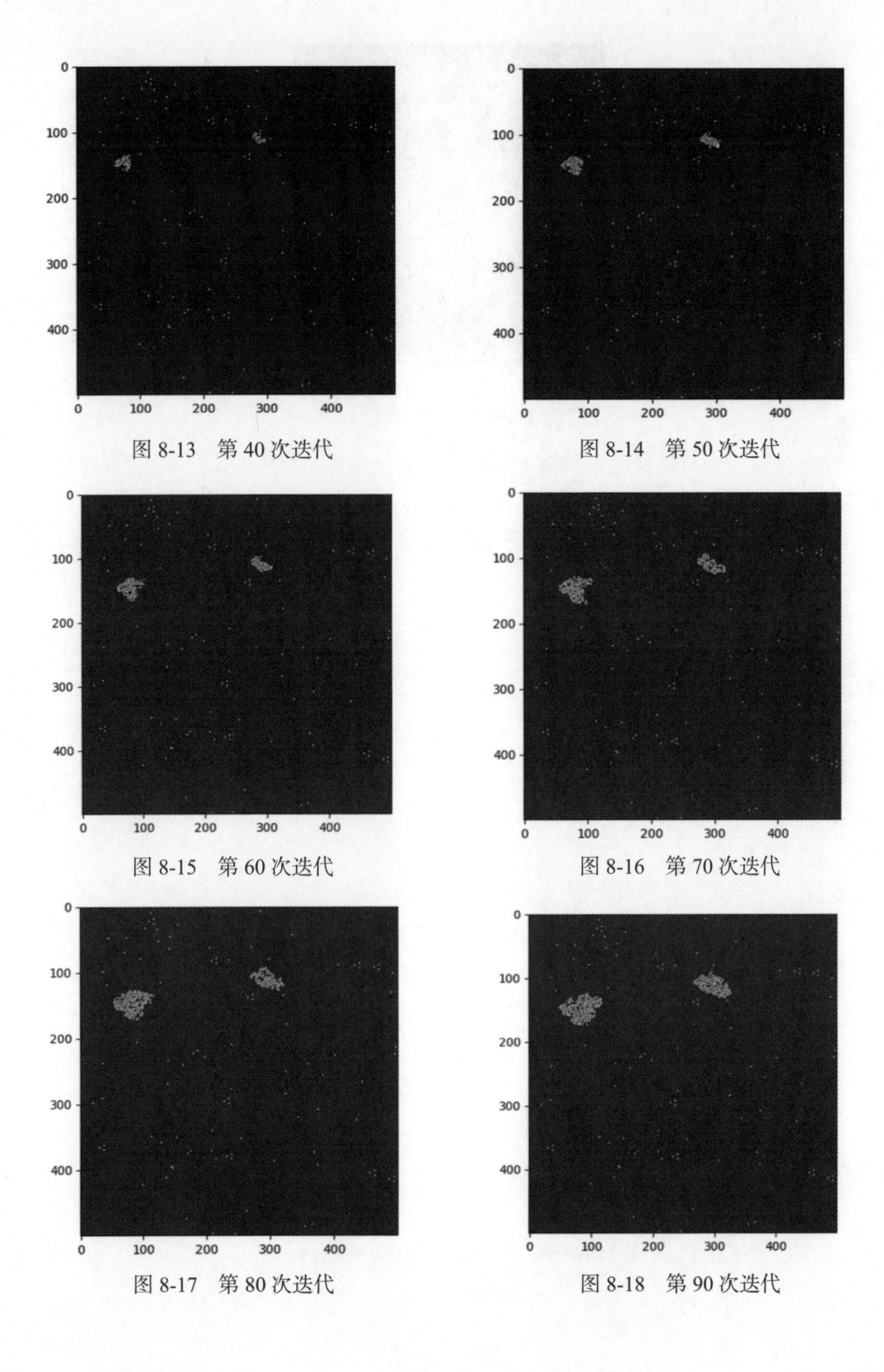

图 8-13　第 40 次迭代

图 8-14　第 50 次迭代

图 8-15　第 60 次迭代

图 8-16　第 70 次迭代

图 8-17　第 80 次迭代

图 8-18　第 90 次迭代

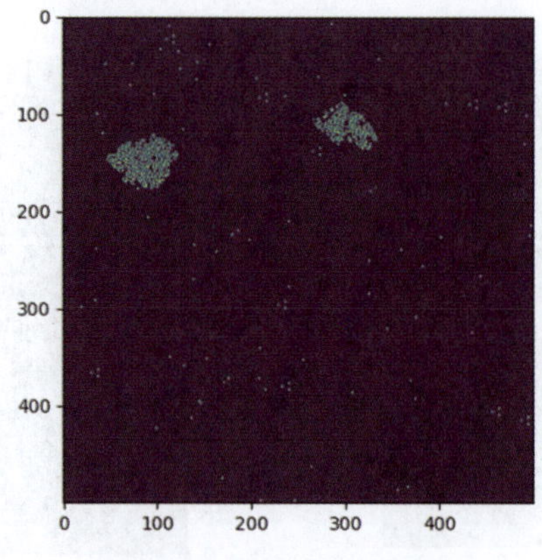

图 8-19　第 100 次迭代

生命的种子随机地播撒，依据着规则，自由地演化。程序的每一次运行，都会得到不一样的动态的图像演化过程，这也就是“生命游戏”长久不衰的秘密。

读者可以增加迭代次数到 200 次、300 次或更高，看看这个世界的细胞会变换成什么样子。

8.3 生命游戏.py 源码

```
# 导入模块
import matplotlib.pyplot as plt
import numpy as np

# 生命规则
def rule(i,j,m,n):
    # 细胞 8 个邻居的位置
    neighbour = [(i-1,j+1),(i,j+1),(i+1,j+1),(i-1,j),
                 (i+1,j),(i-1,j-1),(i,j-1),(i+1,j-1)]

    # 计算活着的邻居细胞数目
    k =0
    for c in neighbour:
       x = c[0]
       y = c[1]
       if (i-1) >0 and (i+1)<m and (j-1)>0 and (j+1)<n:
          if results[x][y] == 1:
```

```
            k = k+1

    # 如果活着的等于 3，细胞状态变为“生”
    if k==3:
        results[i][j] = 1 # 1 表示“生”
        return True

    # 如果活着的等于 2，细胞状态不变；否则，细胞状态变为“死”
    if k == 2:
        return True
    else:
        results[i][j] =0 # 0 表示“死”
        return False

# 开始主程序
if __name__ == '__main__':
    # 打开交互模式
    plt.ion()

    # 指定区域大小
    N=500
    # 指定生命种子数
    seed_num = 10000
    # 指定迭代次数
    iter_num = 100

    # 设定区域
    x = np.arange(1,N+1,1) # 生成（1，N+1）之间，间隔为 1 的序列数
    y = np.arange(1,N+1,1) # 生成（1，N+1）之间，间隔为 1 的序列数
    m = len(x)
    n = len(y)
    X,Y = np.meshgrid(x,y) # 生成网格坐标矩阵，N*N 个点

    # 初始化区域内细胞状态
    results = np.zeros((m,n)) # 初始化 results，初始值都为 0,数组结构与 X、Y 相同

    # 播撒生命种子，种子的位置随机生成
    for d in range(seed_num):
        i = np.random.randint(m)
        j = np.random.randint(n)
```

```
        results[i][j]=1

# 生成初始状态图
plt.imshow(results)

# 保存初始状态图到文件
plt.savefig('E:\\0.png')

# 暂停 0.1 秒
plt.pause(0.1)

# 生命迭代演化
for t in range(iter_num):
    # 应用规则，计算每一个细胞的状态
    for i in range(m):
        for j in range(n):
            rule(i,j,m,n)

    # 清除绘图区域
    plt.cla()

    # 依据数据，生成生命细胞分布图
    plt.imshow(results)

    # 保存中间过程的图像到文件
    if t%10 == 9:
      plt.savefig('E:\\'+str(t+1)+'.png')

    # 暂定 0.1 秒
    plt.pause(0.1)
```

8.4 源码剖析 1

在“生命游戏.py”源码中自定义了一个函数 Rule(i,j,m,n)，用来根据生命规则计算图像中每一点的状态。函数共有 4 个参数：i 为 x 坐标值，j 为 y 坐标值，m 为区域水平方向的边界值（即 x 轴的最大值），n 为区域垂直方向的边界值（即 y 轴的最大值）。

函数的返回值为 True 和 False，当输入点的状态改为“生”（即为 1）或不变时，返回 True；否则，返回 False。

在函数 Rule 的定义中，首先，要确定的是 8 个相邻点的坐标位置：

```
# 细胞 8 个邻居的位置
neighbour = [(i-1,j+1),(i,j+1),(i+1,j+1),(i-1,j),
             (i+1,j),(i-1,j-1),(i,j-1),(i+1,j-1)]
```

然后，计算邻近点中有多少点的值为 1（即状态为“生”的细胞）。这里，需要考虑到区域的边界，如果邻近点的坐标超出了区域边界，就不需要再计算，所以，使用了一个 if 语句来限定：

```
if (i-1) >0 and (i+1)<m and (j-1)>0 and (j+1)<n:
```

最后，依据生命规则对输入点的值进行设置，即当邻近点值为 1 的数目等于 3 时，输入点的值设置为 1（即状态改为“生”）；如果邻近点值为 1 的数目等于 2 时，输入点的值不变；否则，就是邻近点值为 1 的数目大于 3 或者小于 2 时，输入点的值设置为 0（即状态改为“死”）。

在“生命游戏.py”源码的主程序中，因为要动态生成图像，所以，首先要使用语句 plt.ion()打开交互模式，然后，设定区域大小 *N*、生命种子数 seed_num 及迭代次数 iter_num，再根据 *N* 的值生成可用来绘制图像的网格坐标矩阵。

程序采用了一个多维数组 results 来保存图像中各个点的值（即各个细胞的状态），这个数组的结构和生成的网格坐标矩阵的结构相同，所以，在迭代前，先要初始化这个数组结构（即初始化区域内的细胞状态）：

```
results = np.zeros((m,n)) # 初始化 results，初始值都为 0,数组结构与 X、Y 相同
```

下一步，随机播撒生命种子，就是在 results 中，将随机位置上点的值改为 1，即表示该点所代表的细胞状态为“生”。

接下来，依据数组 results 的值，调用 Matplotlib.pyplot 模块的 Imshow 函数来生成生命细胞的初始状态图，在保存图像后，就可以开始迭代演化了。每一次迭代，都会对图像中的每一个点调用 Rule 函数来进行计算，并设置数组 results 中对应点的值。在计算设置完成后，依据数组 results 的值来生成本次迭代的生命细胞分布图。每 10 次迭代时，生成的图像文件都会被保存到指定的目录下。

8.5 生命游戏(animation).py 源码

```
# 导入模块
import numpy as np
import matplotlib.pyplot as plt
from matplotlib.animation import FuncAnimation

# 生命规则
Rule 函数，和第 8.3 节生命游戏源码相同，此处省略

# 动画的初始函数
def init():
    plt.imshow(results)

# 动画函数，参数 i 为帧编号
def animate(i):
    if i == 1:
        # 播撒生命种子，种子的位置随机生成
        for d in range(seed_num):
            i = np.random.randint(m)
            j = np.random.randint(n)
            results[i][j]=1
        # 生成初始状态图
        plt.imshow(results)
    elif i>1:
        # 应用规则，计算每一个细胞的状态
        for j in range(m):
            for k in range(n):
                rule(j,k,m,n)
        # 清除绘图区域
        plt.cla()
        # 依据数据，生成生命细胞分布图
        plt.imshow(results)
```

```
# 开始主程序
if __name__ == '__main__':
    # 获得 figure 对象
    fig = plt.figure()
    # 指定区域大小
    N=50
    # 指定生命种子数
    seed_num = 250
    # 指定迭代次数
    iter_num =10

    # 设定区域
    x = np.arange(1,N+1,1) # 生成（1，N+1）之间，间隔为 1 的序列数
    y = np.arange(1,N+1,1) # 生成（1，N+1）之间，间隔为 1 的序列数
    m = len(x)
    n = len(y)
    X,Y = np.meshgrid(x,y) # 生成网格坐标矩阵，N*N 个点

    # 初始化区域内细胞状态
    results = np.zeros((m,n)) # 初始化 results，初始值都为 0,数组结构与 X、Y 相同

    # 创建动画对象
    anim = FuncAnimation(fig,animate,init_func=init,frames=iter_num+1,
                         interval=600)
    # 保存动画文件
    anim.save('E:\\life_game.mp4', ,writer='ffmpeg')
```

8.6 程序安装

8.6.1 FFmpeg

在 Matplotlib 中，要将动画保存为 MP4 文件，必须先安装 FFmpeg。FFmpeg 中的“FF”表示 Fast Forward，“mpeg”表示 MPEG 视频编码，它是一套可以用来记录、转换数字音频、视频的开源计算机程序。FFmpeg 可以在多个操作系统环境中编译运行，包括

Linux、Windows、Mac OS X 等。

1. 在 Windows 环境下安装 FFmpeg

在本书配套资源中含有 FFmpeg 的安装包，也可以到官网上下载 FFmpeg 的最新版本，下载完成后，将安装包解压到 D:\ffmpeg，并记下路径：D:\ffmpeg\bin。

2. 配置 Windows 环境变量

首先右击桌面【我的电脑】图标，在下拉菜单里选择 【属性】→【高级系统设置】→【高级】→【环境变量】，选择【系统变量】→【Path】，加入 FFmpeg 的路径（D:\ffmpeg\bin），然后单击【确定】。在配置完成后，可测试一下是否配置成功。

3. Win 键+R 键输入 cmd

Dos 窗口输入 ffmpeg-version 命令，显示结果如图 8-20 所示。

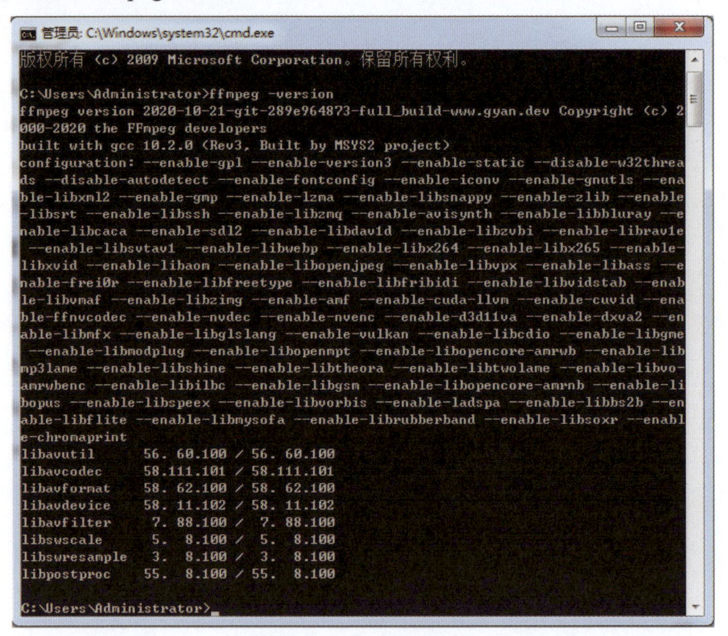

图 8-20　FFmpeg 安装

8.6.2　ImageMagick

在 Matplotlib 中，要将动画保存为 gif 文件，必须先安装图片编辑软件 ImageMagick。

在本书配套资源中含有 ImageMagick 的安装包，也可以到官网上下载推荐的文件，下载安装完成后，系统环境变量会自动配置好，可以输入“magick –version”来查看是否已安装成功，如图 8-21 所示。

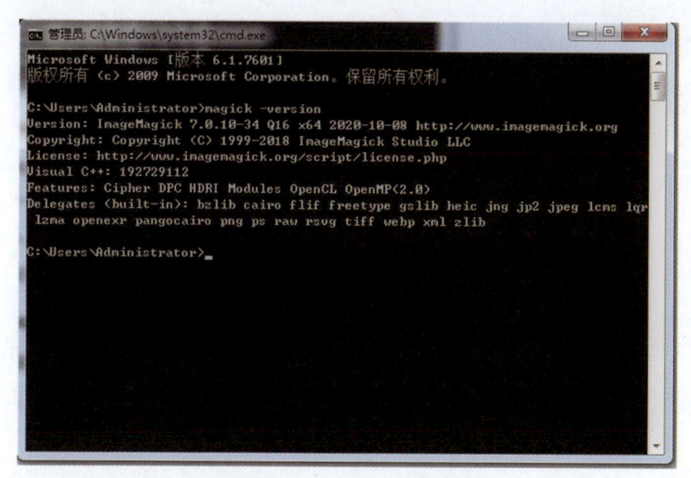

图 8-21　ImageMagick 安装

8.7　创建和保存动画

Matplotlib.animation.FuncAnimation 可用来生成动画。首先，要导入该模块工具：

```
from matplotlib.animation import FuncAnimation
```

接下来，创建动画对象。FuncAnimation 会通过重复调用一个函数来创建一个动画：

```
# 创建动画对象
anim =
FuncAnimation(fig,animate,init_func=init,frames=iter_num+1,interval=600)
```

参数说明如下。

fig：figure 对象；

animation：每帧调用的动画函数；

init_func：使动画开始的初始函数；

frames：动画的每帧，传递给动画函数，如果值为整数，则相当于 range(frames)；

interval：帧之间的延迟（以毫秒为单位），默认为 200。

FuncAnimation 会生成一个动画对象，调用该对象的 save 方法可保存相应的动画文件：

```
# 保存为 MP4 动画文件
anim.save('E:\\life_game.mp4', ,writer='ffmpeg')
```

如果需要保存为 gif 文件，可将语句改成：

```
# 保存为 gif 动画文件
anim.save('E:\\life_game.gif',writer='imagemagick')
```

8.8 源码剖析 2

在“生命游戏(animation).py”程序文件中将“生命游戏”的动态演示图像制作成了动画，并保存为相应的动画文件。源码中总共自定义了 3 个函数，分别为：Rule(*i*,*j*,*m*,*n*)、Init()和 Animate(*i*)，这些函数的说明如下。

（1）函数 Rule(*i*,*j*,*m*,*n*)与“生命游戏.py”中的相同，用来根据生命规则计算图像中每一点的状态。

（2）函数 Init()为动画开始的初始函数。

（3）函数 Animate(i)为每帧调用的动画函数，输入参数 *i* 为帧的编号。当 *i* 为 1 时，即动画的第一帧时，则随机播撒生命种子，即在数组 results 中，将随机位置上点的值改为 1，表示该点所代表的细胞状态为“生”；随后，依据数组 results 的值，调用 Matplotlib.pyplot 模块的 Imshow 函数来生成生命细胞的初始状态图。当 *i* 不为 1 时，则开始迭代演化，每一次迭代（即每一帧），都会对图像中的每一个点调用 Rule 函数来进行计算，并设置数组 results 中对应点的值。在计算设置完成后，依据数组 results 的值来生成本次迭代（本帧）的生命细胞分布图。

在“生命游戏(animation).py”程序文件的主程序中，由于要创建一个动画，所以并不需要打开交互模式，而是要先采用以下语句，显式地创建并获得一个 figure 对象：

```
fig = plt.figure()
```

该 figure 对象会被传递给 Matplotlib.animation.FuncAnimation 模块，用来生成一个动画对象。接下来和“生命游戏.py”程序一样，指定区域大小 *N*、生命种子数 seed_num 及迭代次数 iter_num，再根据 *N* 的值生成可用来绘制图像的网格坐标矩阵。

“生命游戏(animation).py”同样采用了一个多维数组 results 来保存图像中各个点的值（即各个细胞的状态），这个数组的结构和生成的网格坐标矩阵的结构相同，所以，在迭代前，也要先初始化这个数组结构（即初始化区域内的细胞状态）：

```
results = np.zeros((m,n)) # 初始化 results，初始值都为 0,数组结构与 X、Y 相同
```

初始化完毕后，就可以开始生成动画对象了：

```
# 创建动画对象
anim =
FuncAnimation(fig,animate,init_func=init,frames=iter_num+1,interval=600)
```

语句采用了 Matplotlib.animation.FuncAnimation 模块来生成动画，所以在程序开始导入模块时，必须导入以下模块：

```
from matplotlib.animation import FuncAnimation
```

FuncAnimation 会通过重复调用一个函数来创建一个动画，这个函数就是自定义的 Animate(*i*)函数。生成的动画总共有 iter_num+1 帧，每帧之间的延迟为 600 毫秒。

在动画对象生成后，就可以调用该对象的 save 方法来保存相应的动画文件。

8.9　数据可视化 Tips——动画

动画是一种影像技术，这种技术采用了逐帧拍摄对象，并连续播放的形式来形成运动的影像。在可视化系统中，动画效果通常被用来增加可视化结果的丰富性。动画的应用大致有以下一些方面。

（1）采用动画的方式，可以编码随着时间演进而产生的数据的变化，在有限的视图空间上展示更多的信息。例如，可以逐帧绘制每个时刻的数据，重现动态的演化规律。

（2）采用动画的方式，能够更容易地发现和理解变化，比如，一个特定的标记变成一个异常值时，或突然的值尖峰或下降时，或出现数据簇时。用户可以从动画中感知到数据是如何相对生长、收缩或重新排序的，也可以跟踪到单个标记的路径。

（3）动画可以通过标记关键内容，将用户的注意力引导到重要的地方，帮助用户了解不断发展的数据背后的原因和方式。

经过深思熟虑设计的动画，可以增强用户对数据的理解，但是，如果过度地使用动画，或者在不恰当的地方使用动画，就会导致简单的事物复杂化，反而会干扰到用户，不利于用户对数据的理解。所以，是不是一定要使用动画，同样需要斟酌思量，简单、适合永远是可视化设计的第一原则。

第 9 章

股票交割单数据可视化案例

本章绘图要点如下。

- ✧ 提供了一个完整的数据可视化案例样本，过程包括：收集数据、确定分析目标、设计可视化方案、数据输入、数据处理和计算、配置全局参数、绘制图表、增加图表的可读性、保存和显示图表等。图表的类型有：柱状图、折线图、气泡图、可交互的堆叠多柱状图等；涉及的绘图知识点包括：绘图参数的配置，多个绘图函数的使用，标题、坐标轴刻度、标签、网格、图例的设置，子图的设置，事件处理等。

9.1　数据可视化的过程

数据可视化的过程会随着数据集和项目的不同而不同，但一般来说，大致会有以下的步骤。

1. 收集数据

对于数据可视化来说，数据是最重要的。如果无法收集到足够的数据，那么可视化也就无从做起，正所谓“巧妇难为无米之炊”。通常，获取所需要的数据是可视化过程中最困难，也是最耗费时间的一步。我们可以直接或间接地从各个网站中下载所需要的数据，比如采用搜索引擎、爬虫技术等；或者从某个软件中导出所需要的数据，比如证券交易软件；或者可以通过设计并发放问卷、电话访谈等形式来直接收集数据；当然，也可以查询各种书面的或电子的资料，采用手动或编程的方式，整理、汇总所需要的数据。

2. 提出问题、确定分析目标

有了数据以后，首先要分析所获得的数据，了解数据的特性，比如：数据的背景，数据的含义，数据的数量，数据的范围，数据是一维、二维还是三维的，数据是分类、时序还是空间的等。然后，根据数据的特性，提出第一个问题：“从这些数据当中，你想要了解的是什么？”对于这个问题的回答不能过于模糊，如果过于模糊，就会导致找不到方向。回答得越具体，方向就会越明确。接下来，顺着方向继续细化第一个问题，从第一个问题衍生出来更多的问题。一一回答这些问题，直到能够找到并确定本次可视化分析的目标。

3. 数据的前期准备工作

确定可视化的分析目标后，就可以根据这个目标来进行一些数据的准备工作了。这些工作包括以下几个方面。

（1）补充数据。在第二步确定分析目标后，有时会发现前面收集的数据有遗漏，这时候，就要返回到第一步，重新收集数据、补充数据，以达到分析本次数据的目标。

（2）数据审核。现实世界中数据通常都是不完整、不一致的，所以，首先要对原始数据进行审核。数据审核的内容主要包括以下 4 个方面：准确性审核、适用性审核、及时性审核和完整性审核。完整性审核主要是检查是否有遗漏，所有的指标是否填写齐全。准确性审核主要是检查数据是否真实地反映了实际情况，内容是否符合实际，数据是否有错误，计算是否正确等。对于取得的资料，除了对其完整性和准确性进行审核外，还应审核数据的适用性和时效性。

（3）数据筛选。在数据审核结束后，如果发现有些数据的错误很难纠正，或者有些数据不符合要求，那么，就需要对数据进行筛选。数据筛选有两种方式，一种方式是删除某些不符合要求的数据或者有明显错误的数据，比如，筛除一些不可信的字段、去除可信度较低的问卷、对空白的数据进行处理、异常数据清除、重复数据的清除等；另一种方式是筛选出符合某种特定条件的数据，删除其他数据。数据筛选在市场调查、经济分析及管理决策中占有非常重要的地位。

（4）数据排序。数据排序是指按照一定的顺序将数据排列。数据排序的好处是通过浏览数据就可以发现一些明显的数据特征或趋势；方便数据的检查和纠错，为重新归类或分组等提供依据。排序可借助计算机来轻松完成。对于分类数据，如果是字母型数据，习惯使用的是升序，因为升序与字母的自然排列顺序相同；如果是汉字型数据，那么排序的方式有很多，比如按汉字的首位拼音字母排列，或者可按笔画排序；如果是数值型数据，排序只有两种，即递增和递减。

（5）数据的调整和集成。数据调整主要包括纠正数据错误、数据的格式调整等。而数据集成就是将多个数据源中的数据结合起来并统一存储。

对收集的数据所做的数据审核、筛选、排序、集成等处理，统称为数据预处理。

4. 选择合适的可视化方式

在确定了可视化项目的目标并完成数据预处理后，就可以开始可视化的设计。选择什么样的可视化表达方式，取决于你的数据和项目目标。不同类型的数据有它最适合的图表类型，比如，折线图最适合表现与时间有关的趋势或者两个变量的潜在关系（x 轴和 y 轴分别表示两个变量），散点图最适合表示包含大量数据点的数据集，直方图最适合展示数据的分布等。所以，在研究的初期阶段，要从不同的角度来观察数据，把握住对项目目标来说最关键的点。

首先，要从整体上来观察，明确可视化作品应该传达一个什么样的核心信息；然后，观察具体的数据分类和单个的数据点，具体到细节上，要明确的问题有以下方面：在可视化作品中，需要绘制什么变量？这些变量有什么含义？变量之间又有什么样的关系？要表现的是与时间有关的趋势，还是变量之间的关系？采用什么样的坐标系？*x* 轴和 *y* 轴分别代表什么？数据点的大小有什么含义？数据的颜色有什么含义？如何将注意力引到关键信息？如何增强作品的可读性等。

在可视化设计中，需要反复尝试用不同的尺寸、颜色、形状、大小和几何图形来进行组合，探索、研究并找到最适合的数据表达方式，特别是当数据复杂的时候。

5. 选择工具，可视化数据

本书采用 Python 编程语言作为数据的可视化工具来完成将设计变为成品的过程。

9.2 收集数据

数据是可视化的基础，本章选择的是股票交割单的数据。股票交割单是用来记录股票具体交易情况的单据，交割单的数据可以从证券交易软件中以文本或 Excel 电子表格的形式来导出。文本使用相对简单，但是 Excel 电子表格要更清晰也更容易进行数据的初步处理，所以，本章的案例将使用 Excel 电子表格来作为数据的输入。不同的证券交易软件导出的 Excel 表格可能会有所不同。在运行本章程序时，需要保证所输入的 Excel 表格的条目、格式与程序所采用的数据文件相同，程序采用的数据文件是配套资源第 9 章目录下的“交割单.xlsx”和“交割单 1.xlsx”。

股票交割单是股民买卖股票的资金流水账单，可根据它来计算成本及盈亏。股票交割单的内容包括交收日期、证券代码、成交价格、成交数量、成交金额等 19 项内容，具体如表 9-1 所示。

表 9-1 交割单内容

交收日期	业务名称	证券代码	证券名称	成交价格	成交数量	剩余数量	成交金额	清算金额	剩余金额	佣金	印花税	过户费	结算费	附加费	币种	成交编号	股东代码	资金账号

可以从证券交易软件中导出某个账户某一年全年的多个交割单，并汇总在单个的 Excel 电子表格中，随后，删除表格中不必要的内容，将这个表格作为案例的数据文件，如图 9-1 所示。

注意：配套资源中第 9 章中的文件“交割单.xlsx”和“交割单 1.xlsx”为本案例的数据文件。

交收日期	证券代码	证券名称	业务名称	成交均价	成交数量	成交金额	发生金额	资金本次余额
20100106	601899	紫金矿业	买入	9.83	800	7864	-7876.8	9098.18
20100106	601727	上海电气	卖出	9.67	500	4835	4821.91	13920.09
20100111	601899	紫金矿业	买入	9.47	1400	13258	-13278.89	641.2
20100119	601899	紫金矿业	卖出	9.45	1600	15120	15081.19	15722.39
20100120	601899	紫金矿业	买入	9.43	1600	15088	-15111.63	610.76
20100128	601899	紫金矿业	卖出	8.35	1000	8350	8328.12	8938.88
20100129	601899	紫金矿业	卖出	8.37	2200	18414	18366.96	27305.84
20100202	600219	南山铝业	买入	10.94	1200	13128	-13148.89	14156.95
20100202	600219	南山铝业	买入	10.83	1300	14079	-14101.42	55.53
20100203	600219	南山铝业	卖出	11.09	2500	27725	27653.18	27708.71
20100203	601899	紫金矿业	买入	8.65	2000	17300	-17326.95	10381.76
20100204	601899	紫金矿业	买入	8.43	1200	10116	-10132.17	249.59
20100204	601899	紫金矿业	卖出	8.54	1200	10248	10221.39	10470.98
20100205	601899	紫金矿业	买入	8.22	1200	9864	-9879.8	591.18
20100209	601899	紫金矿业	卖出	8.33	1200	9996	9970.01	10561.19
20100209	601899	紫金矿业	卖出	8.33	1200	9996	9970.01	20531.2
20100209	000839	中信国安	买入	13.94	700	9758	-9772.64	10758.56
20100210	000839	中信国安	买入	13.97	700	9779	-9793.67	964.89

图 9-1　案例的数据文件

9.3　设计可视化方案

9.3.1　提出问题

在收集完数据后，可视化设计的第一步是通过提问来确定可视化的需求。要问的第一个问题是：“从这些数据当中，我们能够获得怎样的信息？又想要了解些什么呢？”

打开数据文件，仔细分析表格中的内容后，思考第一个问题，并引申出更多具体的问题。

问题 1：在这一年度内，该账户的股票交易频率如何？在哪段时间内交易得比较多？又有哪些股票是在频繁交易呢？

问题 2：在这一年度内，该账户的每笔成交的情况如何？这些成交数据之间又有着怎样的关系和差异呢？

问题 3：在这一年度内，该账户的资金盈亏情况如何？资金的流入和流出情况又是如何呢？

9.3.2　选择合适的数据图表

针对以上的三个问题来选择合适的数据图表，用形状、大小、颜色等形式来对数据进行编码，设计大致如下。

- 问题 1 涉及个股成交次数的比较和时间的变化。柱状图适合于分类数据，可用不同的柱体长度来比较个股不同的成交次数，所以，选择柱状图的形式来表现个股的年度总成交次数，其中，横坐标轴为“证券名称”，纵坐标轴为“总成交次数”。折线图适合表示在一定时间范围内数据的变化，所以，选择折线图的方式来表现个股每个月成交次数的变化，其中，横坐标轴为“月份”，纵坐标轴为“每月成交次数”。
- 问题 2 涉及数据之间的关系及分布情况，所以，选择气泡图的形式来表现年度每笔成交的情况，其中，横坐标轴为“月份”，纵坐标轴为“成交价格”，气泡大小为“成交金额”，气泡颜色为“业务名称”（买入或者卖出），气泡形状为“证券名称”，一笔成交数据为一个气泡。
- 问题 3 涉及多项比较，所以，选择堆叠多柱状图的形式来表现盈亏情况，以及资金流入、资金流出、持股市值的情况，其中，横坐标轴为“证券名称”，纵坐标轴为“金额”。在这张图中，增加了可交互性设计来展现个股盈亏的具体金额，设计方式为：点击选中坐标轴的“证券名称”里的某个股，就可以在图中看到该股具体的盈亏金额。

9.4 制作和保存图表

9.4.1 成交次数柱状图

1. 数据输入

数据文件为 Excel 电子表格，要用 pip 工具来安装对应的库。本章中使用到的是 Openpyxl 库，Openpyxl 是专门用于读取和写入 Excel 2010 xlsx / xlsm / xltx / xltm 文件的 Python 库（注意：Openpyxl 不支持 xls 文件）。在安装成功后，首先要导入模块，再实例化工作簿和激活相关的表单后，才能读取表格中的数据：

```
# 导入模块
import openpyxl
# 实例化工作簿
wb = openpyxl.load_workbook('交割单.xlsx')
# 激活表单‘Sheet1’
ws = wb['Sheet1']
```

也可以使用 ws = wb.active 语句来激活正在运行的工作表（即默认的第一张工作

表）。wb 为“交割单.xlsx”的工作薄（worksheet）对象，ws 为“交割单.xlsx”中“sheet1”的表单（sheet）对象。在激活工作表后，就可以调用表单对象的相应方法从表单中读取所需要的各列数据了，这里需要的是证券名称和业务名称：

```
# 读取表单数据
colC = ws['C'] # 证券名称一列的数据
colD = ws['D'] # 业务名称一列的数据
```

colC 是一个嵌套列表，列表中的每一个元素都代表着“sheet1”表单 C 列中的一个单元格。之后，可以使用 colC[i].value 的方式来获取 C 列每个单元格的数据，其中，i 表示行数，colC[i].value 的意思就是取出表单中 C 列第 i 行的数据。colD 同样是一个嵌套列表，同理，列表中的每一个元素都代表着“sheet1”表单 D 列中的一个单元格。

表单（sheet）对象可以直接取出某个指定的单元格，比如语句：c = ws['A2']，表示取出 A 列第 2 行这个单元格；也可以采用切片的方式取出某个范围内的单元格，比如语句：cell_range = ws['A2':'C5']，表示取出从 A 列第 2 行到 C 列第 5 行之间的单元格。

2. 数据处理和计算

根据读入的数据，可以计算出每只股票的年度总成交次数。首先，需要准备一个空字典 deal_times 来预备保存之后每只股票的年度总成交次数：

```
deal_times ={} # 成交次数的字典，键为证券名称，值为该证券的总成交次数
```

接着，遍历 colC 列表，计算每只股票的年度总成交次数：

```
# 计算个股的年度总成交次数
i = 1
while i < len(colC):
    if colD[i].value[-2:] not in ['买入','卖出']:
        i = i+1
        continue
    stock_name = colC[i].value
    if stock_name not in deal_times:
        deal_times[stock_name] = 1
    else:
        deal_times[stock_name] = deal_times[stock_name]+1
i = i+1
```

表单中 D 列是“业务名称”。业务名称除“证券买入”“证券卖出”外，还有“红利入账”“股息红利差异扣税”等，这里只需要计算“证券买入”“证券卖出”的条目，

所以，使用了一个 if 语句来判断：if colD[i].value[-2:] not in ['买入', '卖出']。

其中，colD[i].value[-2:]使用了字符串切片，以负索引的方式取出 D 列 i 行单元格中数据的最后两个字，如果这两个字不是“买入”或“卖出”就不再执行以下的语句，而是跳到下一行，继续循环，如果是，则继续执行以下的语句。计数器 i 用于表示行数，在初始时，被设置为 1，表示跳过表单的第一行记录。表单的第一行为条目名称，不需要计算处理。

stock_name = colC[i].value 取出 C 列（即证券名称）i 行的数据，就是个股的名称。如果，该股还不在字典 deal_times 中，就将其加入这个字典中，并将该股的值设置为 1；否则，将字典中该股对应的值加上 1。

3. 配置全局参数

在绘图前，要配置 Matplotlib 的全局参数，首先需要 Matplotlib.pyplot 模块的 rcParams 参数来配置中文字体：

```
# 正常显示中文标签，字体为“楷体”
plt.rcParams['font.sans-serif']=['KaiTi']
```

然后，调用了 Matplotlib.pyplot 模块的 Subplots 函数来显示地生成 figure 对象和 axes 对象。

```
# 设置自动调整画布和绘图区域
fig, ax = plt.subplots(constrained_layout=True)
```

在 Subplots 函数中，将 constrained_layout 参数设置为 True，会自动地调整画布和绘图区域。在 Matplotlib 中，axes 的位置是通过标准化的图像坐标轴来定制的，所以，axes 很有可能会超出图片的边界而被剪切掉，并且当有多个子图的时候，子图也很可能会重叠在一起。将 constrained_layout 参数设置为 True 后，Matplotlib 就会自动调整，从而避免出现上面的这两种情况。另外，使用 ColorBar 函数创建颜色条（ColorBar）的时候，也需要在绘图区域为颜色条预留一些空间，将 constrained_layout 参数设置为 True 后，Matplotlib 会自动完成这一项工作。由于“交割单.xlsx”中股票的数目过多，所以，需要设置 constrained_layout 参数为 True，来保证 *x* 轴的标签文字不会超出图片的边界而被剪切掉。

4. 绘制柱状图

根据 deal_times 字典中的键和值，调用 Matplotlib.pyplot 模块的 Bar 函数来绘制柱状图：

```
X = deal_times.keys()                    # x 轴为证券名称
height = deal_times.values()             # 柱状高度为成交次数
plt.bar(X,height,alpha=0.6)              # 绘制柱状图
```

Bar 函数中将 alpha 的值设为 0.6，用来调整颜色的透明度，降低颜色的饱和度，让整体的视觉感受更柔和、更舒适。在图表中，应尽量避免采用饱和度高的颜色，因为过于鲜艳的颜色会使视觉负担过重，甚至会让人眼产生非常难受的“震颤”效应（Color Vibration）。

5. 增加图表可读性

调用 Matplotlib.pyplot 模块的 Xlabel 函数、Ylabel 函数来增加 x 轴、y 轴的标签：

```
plt.ylabel('成交次数',fontsize=12)        # 设置 y 轴标签
plt.xlabel('股票名称',fontsize=12)        # 设置 x 轴标签
```

调用 Xticks 函数、Yticks 函数来增加 x 轴、y 轴的刻度：

```
plt.xticks(fontsize=9,rotation=45)       # 设置 x 轴刻度
plt.yticks(range(0,26,2))                # 设置 y 轴刻度
```

因为“交割单.xlsx”中股票数目过多，所以，Xticks 函数中需要设置 rotation 为 45°，使 x 轴的刻度标签文字倾斜一定的角度，而避免重叠在一起。

调用 Title 函数、Grid 函数来增加标题和网格，以提高图表的可读性：

```
plt.title('xxxx 年度总成交次数')              # 设置标题
plt.grid(linestyle='-.',linewidth=0.5)  # 设置网格
```

Xlabel 函数、Ylabel 函数可查看 5.7.3 小节的介绍，Xticks 函数、Yticks 函数可查看 5.7.4 小节的介绍，Title 函数可查看 5.7.1 小节的介绍，Grid 函数可查看 5.7.2 小节的介绍。

6. 保存和显示图表

最后，调用 Matplotlib.pyplot 模块的 Savefig 函数来保存图像：

```
# 保存图像
plt.savefig('E:\\成交次数柱状图.png',dpi=300)
# 显示图像
plt.show()
```

注意：在 Show 函数调用后，会关闭图像窗口，所以必须在调用 Show 函数前保存所绘制的图像。

7. 成交次数柱状图.py 源码

```
# 导入模块
import matplotlib.pyplot as plt
import openpyxl

# 实例化工作簿
wb = openpyxl.load_workbook('交割单.xlsx')
# 激活表单 'Sheet1'
ws = wb['Sheet1']

# 读取表单数据
colC = ws['C'] # 证券名称一列的数据
colD = ws['D'] # 业务名称一列的数据

# 数据计算
deal_times ={} # 成交次数的字典，键为证券名称，值为该证券的总成交次数
# 计算个股的年度总成交次数
i = 1
while i < len(colC):
    if colD[i].value[-2:] not in ['买入','卖出']:
        i = i+1
        continue

    stock_name = colC[i].value
    if stock_name not in deal_times:
        deal_times[stock_name] = 1
    else:
        deal_times[stock_name] = deal_times[stock_name]+1
    i = i+1

# 正常显示中文标签，字体为“楷体”
plt.rcParams['font.sans-serif']=['KaiTi']
# 设置自动调整画布和绘图区域
fig, ax = plt.subplots(constrained_layout=True)

# 绘制柱状图
X = deal_times.keys()                     # x 轴为证券名称
height = deal_times.values()              # 成交次数为柱状高度
plt.bar(X,height,alpha=0.6)               # 绘制柱状图
```

```
# 增加标题和坐标轴标签
plt.ylabel('成交次数',fontsize=12)          # 设置 y 轴标签
plt.xlabel('股票名称',fontsize=12)          # 设置 x 轴标签
plt.xticks(fontsize=9,rotation=45)          # 设置 x 轴刻度
plt.yticks(range(0,26,2))                   # 设置 y 轴刻度
plt.title('xxxx 年度总成交次数')            # 设置标题
plt.grid(linestyle='-.',linewidth=0.5)      # 设置网格

# 保存图像
plt.savefig('E:\\成交次数柱状图.png',dpi=300)
# 显示图像
plt.show()
```

打开配套资源第 9 章目录下的“成交次数柱状图.py”，运行程序，结果如图 9-2 所示。

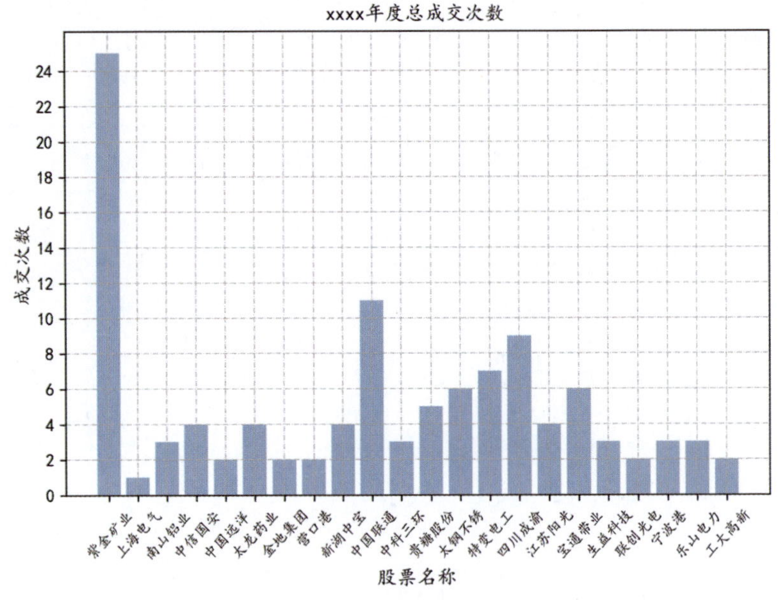

图 9-2　成交次数柱状图

9.4.2　个股成交次数折线图

1. 个股成交次数折线图.py 源码

```
# 导入模块
import matplotlib.pyplot as plt
```

```
import numpy as np
import openpyxl

# 实例化工作薄
wb = openpyxl.load_workbook('交割单.xlsx')
# 激活表单 'Sheet1'
ws = wb['Sheet1']

# 读取表单数据
colA = ws['A'] #交收日期一列的数据
colC = ws['C'] #证券名称一列的数据
colD = ws['D'] #业务名称一列的数据

# 正常显示中文标签，字体为“楷体”
plt.rcParams['font.sans-serif']=['KaiTi']

# 数据计算并绘制折线图
stock_names =['紫金矿业','南山铝业','中信国安','中国联通']
# 遍历 stock_name 中的个股
for name in stock_names:
    # 数据计算
    # 初始化每月成交次数字典
    month_times =[0 for t in range(12)]

    # 计算个股每月的成交次数
    i = 1
    while i < len(colA):
        if colD[i].value[-2:] not in ['买入','卖出']:
            i = i+1
            continue

        if colC[i].value != name:
            i = i+1
            continue

        month = int(colA[i].value[4:6])
        month_times[month-1] = month_times[month-1]+1
        i = i+1

    # 绘制折线图
```

```
    X = np.arange(1,13,1) # x轴为月份
    Y = [int(y) for y in month_times] # y轴为成交次数
    plt.plot(X,Y,'o-.',label=name) # 绘制折线

# 增加标题、坐标轴标签、网格、图例，设置坐标轴刻度
plt.title('xxxx年度个股每月成交次数') # 设置标题
plt.ylabel('成交次数',fontsize=12) # 设置y轴标签
plt.xlabel('月 份',fontsize=12) # 设置x轴标签
plt.xticks(np.arange(1,13,1)) # 设置x轴刻度
plt.grid(linestyle='-.') # 设置网格
plt.legend() # 设置图例

# 保存图像
plt.savefig('E:\\个股成交次数折线图.png',dpi=300)
# 显示图像
plt.show()
```

打开配套资源第 9 章目录下的“个股成交次数折线图.py”，运行程序，结果如图 9-3 所示。

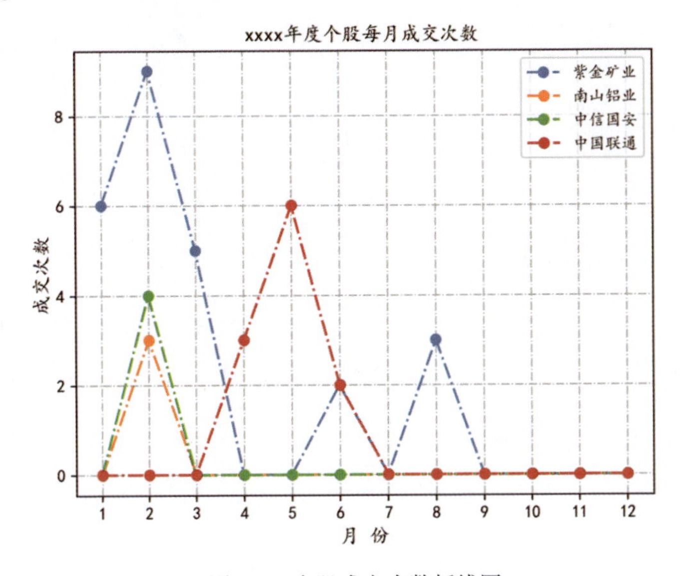

图 9-3 个股成交次数折线图

2. 源码剖析

“个股成交次数折线图.py”源码中的第一步同样是数据输入：首先导入模块，实例化“交割单.xlsx”数据文件的工作簿并激活相关的表单，然后，调用表单对象的方

法来读取所需要的数据。这里，除了 C 列的“证券名称”和 D 列的“业务名称”外，还需要 A 列的“交收日期”，以便统计个股每个月的成交次数：

```
colA = ws['A'] #交收日期一列的数据
colC = ws['C'] #证券名称一列的数据
colD = ws['D'] #业务名称一列的数据
```

因为“交割单.xlsx”数据文件中的个股数目过多，如果在折线图中将股票全部显示的话，就会显得图形非常混乱，所以，源码中只计算和绘制了成交次数最多的 4 只股票的数据。这四只股票用一个列表 stock_names 来表示：

```
stock_names =['紫金矿业','南山铝业','中信国安','中国联通']
```

接下来，遍历 stock_name 中的个股，计算每只股的每月的成交次数，并对 stock_name 中的每只股，都执行以下的步骤。

（1）使用一个列表 month_times 来保存个股每个月的成交次数，列表总共有 12 个元素，索引 0 代表 1 月，索引 1 代表 2 月，以此类推。采用列表推导式的方式初始化 12 个月的值皆为 0：

```
month_times =[0 for t in range(12)]
```

（2）遍历表单中的所有记录，计算个股每月的成交次数。计数器 i 表示行数，初始化为 1，表示跳过第一行记录。针对表单中的每一条记录，如果记录的业务名称不是“买入”或“卖出”，或记录的证券名称不是这只股票，那么就不再执行以下语句，而是跳到下一行记录，否则采用切片的方式取出交收日期里的月份数据：

```
month = int(colA[i].value[4:6])
```

比如，交收日期是“20100106”，colA[i].value[4:6]就是取出了 A 列 i 行的字符串“20100106”中的“01”，然后，调用 Int 函数将“01”转换成整数 1，即 1 月。

这里要注意的是，“交割单.xlsx”数据文件中“交收日期”一列的所有单元格的格式都必须是文本类型，否则程序会无法取出准确的数据。

接下来，根据取出的 month 值，将 month_times 对应月份的元素值加上 1，比如 month 为 1（即 1 月），就将列表 month_times 索引 0 的元素的值加上 1；month 为 5（即 5 月），就将列表 month_times 索引 4 的元素的值加上 1；以此类推。

（3）表单中的所有记录遍历结束，个股的计算完成后，就可以开始调用 Matplotlib.pyplot 模块的 Plot 函数来绘制折线图了：

```
X = np.arange(1,13,1)                  # x 轴为月份
```

```
Y = [int(y) for y in month_times]          # y 轴为成交次数
plt.plot(X,Y,'o-.',label=name)             # 绘制折线
```

Plot 函数中设置了线型为‘-.’，标记为圆点，用来更清晰地表示个股每个月的成交变化，既采用了点画线来展示时间趋势的变化，又使用了圆形标记来突出显示成交的次数。折线的颜色会自动按照 Matplotlib 默认的颜色循环而设定，每一条折线都会有不同的颜色。此外，Plot 函数将 label 设置为个股的名称，用来生成图例。

stock_name 中所有的个股计算并绘制图形完成后，就可以开始增加标题、坐标轴标签、网格、图例并设置坐标轴刻度来提高图表的可读性。这里调用了 Matplotlib.pyplot 模块的 Legend 函数，并依据 Plot 函数的 label 来自动生成图例。最后，调用了 Matplotlib.pyplot 模块的 Savefig 函数保存并显示图像。

9.4.3 成交气泡图

1. 成交气泡图.py 源码

```
# 导入模块
import matplotlib.pyplot as plt
import numpy as np
import openpyxl

# 实例化工作薄
wb = openpyxl.load_workbook('交割单 1.xlsx')
# 激活表单 'Sheet1'
ws = wb['Sheet1']

# 读取表单数据
colA = ws['A'] # 交收日期一列的数据
colC = ws['C'] # 证券名称一列的数据
colD = ws['D'] # 业务名称一列的数据
colE = ws['E'] # 成交均价一列的数据
colG = ws['G'] # 成交金额一列的数据

# 确定证券名称列表
stock_names = []
for cell in colC:
    if cell.value not in stock_names:
        stock_names.append(cell.value)
stock_names = stock_names[1:]
```

```
# 气泡形状列表，不同证券对应不同形状
l_marker = ['o','*','<','>','h','D']

# 正常显示中文标签，字体为“楷体”
plt.rcParams['font.sans-serif']=['KaiTi']
# 指定背景颜色
b_color = 'black'
# 设置窗口和绘图区域的默认颜色
plt.rcParams['figure.facecolor'] = b_color
plt.rcParams['axes.facecolor'] = b_color
# 设置坐标轴颜色
fig = plt.figure() # 获取 figure 对象
ax = fig.gca() # 获取 axes 对象
ax.spines['left'].set_color('white')      # 设置 axes 对象的左坐标轴颜色为白色
ax.spines['bottom'].set_color('white')    # 设置 axes 对象的底坐标轴颜色为白色
ax.tick_params(colors='white')            # 设置 axes 对象坐标轴刻度为白色

# 绘制气泡图，一笔成交为一个气泡
# 遍历证券名称列表
for name in stock_names:
    # 初始化气泡数据列表
    l_date = []
    l_price = []
    l_size = []
    l_color = []

    # 遍历 Excel 表单
    i = 1
    while i < len(colA):
        if colC[i].value != name:
            i = i+1
            continue

        # 根据业务名称确定气泡颜色
        deal_name = colD[i].value[-2:]
        if deal_name not in ['买入','卖出']:
            i = i+1
            continue
        if deal_name in ['买入']:
```

```
                color ='g'  # 买入为绿色
            if deal_name in ['卖出']:
                color = 'r' # 卖出为红色
            l_color.append(color)

            # 计算每笔成交日期，确定气泡 x 轴坐标
            month = int(colA[i].value[4:6])
            day = int(colA[i].value[6:])
            date = month+day/30
            l_date.append(date)

            # 根据成交价格确定气泡 y 轴坐标
            price = float(colE[i].value)
            l_price.append(price)

            # 根据每笔成交金额确定气泡大小
            size = float(colG[i].value)/50
            l_size.append(size)
            i = i+1

        # 根据证券名称确定气泡形状
        index = stock_names.index(name)
        # 绘制个股的气泡图，一笔成交为一个气泡
        plt.scatter(l_date,l_price,s=l_size,c=l_color,
                    marker=l_marker[index],alpha=0.9,label=name)

# 增加标题、坐标轴标签，设置坐标轴刻度
plt.xticks(np.arange(1,13,1)) # 设置 x 轴刻度
plt.ylabel('成交价格',fontsize=12,color='white') # 设置 y 轴标签
plt.xlabel('月 份',fontsize=12,color='white') # 设置 x 轴标签
plt.title('xxxx 年度股票成交气泡图',color='white') # 设置标题
# 绘制网格
plt.grid(True,linewidth=0.5,linestyle='-.',color='white')
# 设置图例，markerscale 为图例的缩小比例
leg = plt.legend(loc = 'best',markerscale=0.5,fontsize=8)
# 设置图例文本的颜色
for text in leg.get_texts():
    text.set_color('w')

# 保存图像
```

```
plt.savefig('E:\\成交气泡图.png',facecolor='black',dpi=300)
# 显示图像
plt.show()
```

注意：源码中采用了“交割单 1.xlsx”中短线操作不那么频繁的股票年度数据来生成相应的气泡图。因为成交气泡图展现的是整体的成交分布情况，如果气泡过于密集，图像就会混乱而不清晰，所以，如果短线操作太过频繁，就不适合使用年度成交数据，而需要使用季度数据或月度数据来生成气泡图，并且将横坐标轴的刻度设置为星期、天或者小时。

打开配套资源第 9 章目录下的“成交气泡图.py”，运行程序，结果如图 9-4 所示。

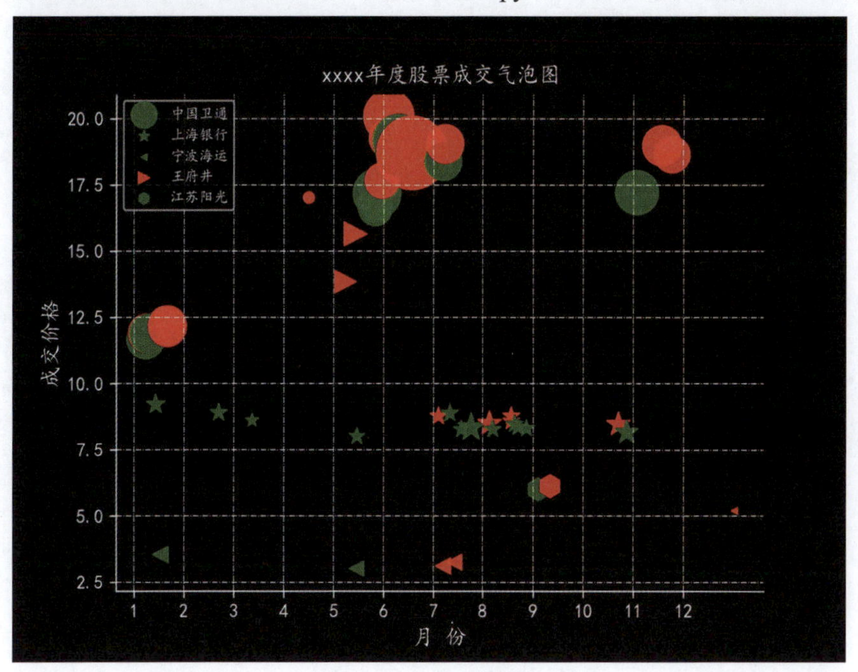

图 9-4　成交气泡图

说明：气泡颜色只有两种：绿色和红色，绿色表示买入，红色表示卖出；气泡形状有五种：“中国卫通”为圆形，“上海银行”为星形，“宁波海运”为左三角形，“王府井”为右三角形，“江苏阳光”为六边形；气泡的大小由成交金额确定，金额越多，气泡越大，金额越少，气泡越小。

通过这张图，可以看到个股的成交价格区间，以及个股的买入、卖出情况，也可大致了解个股的盈亏状况，但是要确定是否盈亏，需要补充上一年度末及本年度末的资金账户的持股数据，在下一节的资金盈亏图中将补充这些数据来表现具体的盈亏情况。

2. 源码剖析

“成交气泡图.py”源码中的第一步同样是数据输入：导入模块，实例化“交割单1.xlsx”数据文件的工作簿并激活相关的表单。然后调用表单对象的方法来读取所需要的数据。这里，除了C列的“证券名称”、D列的“业务名称”和A列的“交收日期”外，还需要E列的“成交均价”和G列的“成交金额”：

```
colA = ws['A'] # 交收日期一列的数据
colC = ws['C'] # 证券名称一列的数据
colD = ws['D'] # 业务名称一列的数据
colE = ws['E'] # 成交均价一列的数据
colG = ws['G'] # 成交金额一列的数据
```

“成交气泡图.py”源码中的证券名称列表 stock_names 不是采用赋值的方式来确定的，而是采用遍历表单C列（“证券名称”）中的所有单元格，并取出所有的证券名称：

```
stock_names = []
for cell in colC:
    if cell.value not in stock_names:
        stock_names.append(cell.value)
stock_names = stock_names[1:]
```

stock_names[1:]去除列表中的第一个值，即去除第一行的条目名“证券名称”。

“成交气泡图.py”源码中采用了一个列表 l_marker 来保存气泡的形状，不同证券对应不同气泡形状：

```
l_marker = ['o','*','<','>','h','D']
```

成交气泡图采用了更符合用户背景的配色，以黑色为背景色，文字为白色，红色为卖出，绿色为买入，这样的配色更能对应证券交易的环境，也更容易被理解。所以，在绘制图形前，首先要设置画布的颜色、绘图区域的颜色为黑色：

```
# 指定背景颜色
b_color = 'black'
# 设置窗口和绘图区域的默认颜色
plt.rcParams['figure.facecolor'] = b_color
plt.rcParams['axes.facecolor'] = b_color
```

然后，要设置坐标轴的线、刻度为白色：

```
fig = plt.figure()
ax = fig.gca()
ax.spines['left'].set_color('white') # 设置 axes 对象的左坐标轴颜色为白色
```

```
ax.spines['bottom'].set_color('white') # 设置 axes 对象的底坐标轴颜色为白色
ax.tick_params(colors='white') # 设置 axes 对象坐标轴刻度为白色
```

在配置完成后，就可以开始绘制气泡图了，一笔成交记录为一个气泡。源码中并没有采用一笔成交就调用一次 Matplotlib.pyplot 模块的 Scatter 函数画一个气泡的方式，而是先遍历证券名称列表 stock_names 中的每只股票，并计算、保存该股的所有成交信息后再统一调用 Scatter 函数来绘制该股的所有气泡。一只股票的所有数据绘制完，再绘制下一只股票。这样的方式既可以提高绘图的效率，又可以使用 label 的方式来自动生成个股的图例，而不会一个点一个图例。对列表 stock_names 中的每只股票，都需要执行以下步骤。

（1）因为要统一绘制一只股票的所有成交信息，所以，首先要采用一些数据结构来保存这些信息，源码中使用了一些列表来保存用以绘制气泡的信息：

```
l_date = []          # 日期列表，x 轴坐标列表
l_price = []         # 成交价格列表，y 轴坐标列表
l_size = []          # 气泡大小列表
l_color = []         # 气泡颜色列表
```

这些列表先初始化为空列表。

（2）遍历 Excel 表单中的每一条记录，如果不是该股就不再执行以下语句，跳到下一行；如果是该股，则根据业务名称确定气泡颜色（买入是绿色，卖出是红色），并将值加入气泡颜色列表 l_color 中，之后取出“交收日期”字符串中的月和日，计算该条成交记录的日期：

```
month = int(colA[i].value[4:6])
day = int(colA[i].value[6:])
date = month+day/30
```

date 是一个浮点数的日期，计算完成后将其加入日期列表 l_date 中；根据成交价格确定气泡 y 轴坐标，并加入成交价格列表 l_price 中；将成交金额除以 50 来确定气泡的大小：size = float(colG[i].value)/50

将计算完成的值加入气泡大小列表 l_size 中。

（3）将表单中的每一条记录都遍历完成后，用索引对应的方式，根据证券名称来确定气泡形状。也就是，首先取出该股在证券名称列表 stock_names 中的索引值，该索引值会传递给列表 l_marker。在列表 l_marker 中的该索引值所对应的值（即标记），会作为该股的气泡形状（marker），用于绘图。然后，调用 Matplotlib.pyplot 模块的 Scatter 函数来绘制该股的所有气泡：

```
    # 根据证券名称确定气泡形状
    index = stock_names.index(name)
    # 绘制个股的气泡图，一笔成交为一个气泡
    plt.scatter(l_date,l_price,s=l_size,c=l_color,
                marker=l_marker[index],alpha=0.9,label=name)
```

Scatter 函数中的 label 被设置为个股的名称，用来生成图例。

将证券名称列表 stock_names 中的所有股票都绘制完成气泡后，就可以增加标题、坐标轴标签，设置坐标轴刻度、网格，以提高可读性。这里要注意的是，因为背景是黑色的，所以，要将 *x* 轴、*y* 轴的标签、标题、网格线的颜色设置为白色：

```
plt.ylabel('成交价格',fontsize=12,color='white')    # 设置 y 轴标签
plt.xlabel('月 份',fontsize=12,color='white')      # 设置 x 轴标签
plt.title('xxxx 年度股票成交气泡图',color='white')   # 设置标题
# 绘制网格
plt.grid(True,linewidth=0.5,linestyle='-.',color='white')
```

增加图例，同样图例文本的颜色也要设置为白色：

```
# 设置图例，markerscale 为图例的缩小比例
leg = plt.legend(loc = 'best',markerscale=0.5,fontsize=8)
# 设置图例文本的颜色
for text in leg.get_texts():
    text.set_color('w')
```

最后，保存并显示图像。

9.4.4 资金盈亏图

1. 资金盈亏图.py 源码

```
# 导入模块
import matplotlib.pyplot as plt
import numpy as np
import openpyxl

# 实例化工作薄
wb = openpyxl.load_workbook('交割单.xlsx')
# 激活表单 'Sheet1'
```

```
ws = wb['Sheet1']

# 读取表单数据
colC = ws['C'] # 证券名称一列的数据
colD = ws['D'] # 业务名称一列的数据
colF = ws['F'] # 成交数量一列的数据
colH = ws['H'] # 发生金额一列的数据

# 上一年度末资金账户的持股情况，字典值的第 1 个元素为股数，第 2 个元素为成本价格
pre_year_stocks ={'上海电气':[500,9.3]}
# 本年度末资金账户的持股情况，字典的值为股数
remain_stocks = {'乐山电力':1100,'工大高新':2500}
# 本年度末资金账户的持股的收盘价格
stock_price = {'乐山电力':14.8,'工大高新':6.00}

# 确定证券名称列表
stock_names = []
for cell in colC:
    if cell.value not in stock_names:
        stock_names.append(cell.value)
stock_names = stock_names[1:]

# 计算个股的资金流出、资金流入及资金股份的总数，
# out_account 为个股的资金流出，in_account 为个股的资金流入，
# change_account 为个股的持股市值，随收盘价格而变化，只做参考，未具体成交
out_account = [0 for n in stock_names]         # 初始化 out_account 列表
in_account = [0 for n in stock_names]          # 初始化 in_account 列表
change_account = [0 for n in stock_names]      # 初始化 change_account 列表

# 计算上一年度末个股的资金流出总数
for k in pre_year_stocks:
    index = stock_names.index(k)
    out_account[index] = pre_year_stocks[k][0]*pre_year_stocks[k][1]

# 计算本年度个股资金流出、流入总数，资金流出需加上上一年度末的数据
i = 1
while i <len(colC):
    name = colC[i].value
```

```
    index = stock_names.index(name)
    if colH[i].value < 0:
        out_account[index] = out_account[index]+abs(colH[i].value)
    else:
        in_account[index] = in_account[index]+colH[i].value
    i = i+1

# 计算本年度末个股的持股市值，由现有持股股数和收盘价格相乘而得
for k,v in remain_stocks.items():
    index = stock_names.index(k)
    change_account[index] = v*stock_price[k]

# 正常显示中文标签，字体为“楷体”
plt.rcParams['font.sans-serif']=['KaiTi']
# 指定背景颜色为黑色
b_color = 'black'
# 设置窗口和绘图区域的默认颜色
plt.rcParams['figure.facecolor'] = b_color
plt.rcParams['axes.facecolor'] = b_color
# 设置自动调整画布和绘图区域
fig, ax = plt.subplots(constrained_layout=True)

# 设置坐标轴、刻度颜色为白色
ax_color = 'white'
ax.spines['left'].set_color(ax_color )
ax.spines['bottom'].set_color(ax_color)
ax.spines['top'].set_color(ax_color)
ax.spines['right'].set_color(ax_color)
ax.tick_params(colors=ax_color)

# 绘制柱状图
x = np.arange(len(stock_names)) # x 轴为证券名称
width = 0.45 # 柱体的宽度

# 绘制资金流出柱体
plt.bar(x-width/2,out_account,width,color=(0,180/255,0),
        alpha=1,label='资金流出')
```

```
# 绘制资金流入柱体
plt.bar(x+width/2,in_account,width,color=(1,0.2,0),
        alpha=1,label='资金流入')

# 绘制持股市值柱体，柱体为白色，边缘线为虚线，表示该柱体为虚值
plt.bar(x+width/2,change_account,width,bottom=in_account,
        color='white',linewidth=1,edgecolor='r',linestyle='--',
        alpha=1,label='持股市值')

# 增加标题、坐标轴标签，设置坐标轴刻度、图例、网格
plt.ylabel('金额（万）',fontsize=12,color='white') # 设置 y 轴标签
plt.xlabel('股票名称',fontsize=12,color='white') # 设置 x 轴标签
# 设置 x 轴刻度
plt.xticks(np.arange(len(stock_names)),stock_names,fontsize=10,rotation=
45)
# 设置标题
plt.title('xxxx 年度资金盈亏图',fontsize=13,color=(84/255,255/255,255/255))
# 设置图例
leg = plt.legend(loc = 'best')
# 设置图例文本颜色
for text in leg.get_texts():
    text.set_color('w')
# 设置网格
plt.grid(True,linewidth=0.3,linestyle='-.',color='white')

# 保存图像
plt.savefig('E:\\资金盈亏图.png',facecolor='black',dpi=300)
# 显示图像
plt.show()
```

打开配套资源第 9 章目录下的“资金盈亏图.py”，运行程序，结果如图 9-5 所示。

说明：持股市值由本年度末资金账户现有的持股股数和收盘价格相乘而得，随收盘价格而变化，不是具体成交的数据，所以，在图中以虚线呈现。

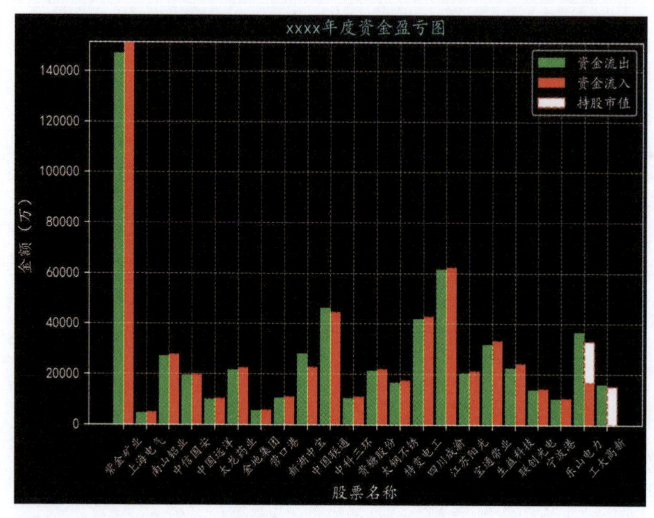

图 9-5　资金盈亏图

2. 源码剖析 1

“资金盈亏图.py”源码中的第一步同样是数据输入：导入模块，实例化“交割单.xlsx”数据文件的工作簿并激活相关的表单，然后调用表单对象的方法来读取所需要的数据。这里，需要的是 C 列的“证券名称”、D 列的“业务名称”、F 列的“成交数量”以及 H 列的“发生金额”：

```
colC = ws['C'] # 证券名称一列的数据
colD = ws['D'] # 业务名称一列的数据
colF = ws['F'] # 成交数量一列的数据
colH = ws['H'] # 发生金额一列的数据
```

要计算本年的资金盈亏，需要补充上一年度末及本年度末的资金账户的持股数据，源码中采用了赋值语句的方式来直接指定：

```
# 上一年度末资金账户的持股情况，字典值的第 1 个元素为股数，第 2 个元素为成本价格
pre_year_stocks ={'上海电气':[500,9.3]}
# 本年度末资金账户的持股情况，字典的值为股数
remain_stocks = {'乐山电力':1100,'工大高新':2500}
```

字典 pre_year_stocks 用来保存上一年度末资金账户的持股情况，它的值的意思是：在上一年度末，资金账户还持有“上海电气”500 股，每股的成本价格为 9.3 元。字典 remain_stocks 用来保存本年度末资金账户的持股情况，它的值的意思是：在本年度末，资金账户还持有“乐山电力”1100 股、“工大高新”2500 股。因为需要计算本年度末

的持股市值，所以要补充本年度末资金账户所持股的收盘价格：

```
stock_price = {'乐山电力':14.8,'工大高新':6.00}
```

字典 stock_price 的值表示在本年度末时，“乐山电力”的收盘价格为 14.8 元，“工大高新”的收盘价格为 6.00 元。

接下来，遍历表单，确定证券名称列表 stock_names。源码中采用了 3 个列表来保存个股的资金流出、资金流入及持股市值的总数：out_account 为个股的资金流出；in_account 为个股的资金流入；change_account 为个股的持股市值，随收盘价格而变化，未具体成交。采用列表推导式，依据证券名称列表 stock_names 来初始化 3 个列表（每只股票初始时的资金流出、流入、持股市值都为 0）：

```
out_account = [0 for n in stock_names]
in_account = [0 for n in stock_names]
change_account = [0 for n in stock_names]
```

3 个列表采用了索引对应的方式来保存个股的资金流出、流入、持股市值，即 out_account 的第一个元素的值表示的是列表 stock_names 中第一个元素（即第一只股）的资金流出总数，第二个元素的值表示的是列表 stock_names 中第二个元素（即第二只股）的资金流出总数，以此类推，in_account、change_account 同理。

在列表初始化完成后，就可以进行数据的处理和计算了。计算上一年度末个股的资金流出总数；计算本年度个股资金流出、流入总数，资金流出需加上上一年度末的数据；计算本年度末个股的持股市值，持股市值由现有持股数和收盘价格相乘而得。

资金盈亏图同样采用的是符合用户背景的配色，以黑色为背景色，文字为白色，资金流出为绿色，资金流入为红色，这样的配色更适合证券交易的环境，也更容易被理解。所以，在绘制图形前，首先要设置画布、绘图区域的颜色为黑色，然后要设置坐标轴的线、刻度颜色为白色，由于“交割单.xlsx”的个股数目过多，还要设置自动调整画布和绘图区域，从而避免 x 轴的标签和刻度标签被裁剪到绘图区域外：

```
# 设置自动调整画布和绘图区域
fig, ax = plt.subplots(constrained_layout=True)
# 设置坐标轴、刻度颜色为白色
ax_color = 'white'
ax.spines['left'].set_color(ax_color )
ax.spines['bottom'].set_color(ax_color)
ax.spines['top'].set_color(ax_color)
ax.spines['right'].set_color(ax_color)
ax.tick_params(colors=ax_color)
```

上面的语句设置并显示了绘图区域内上、下、左、右的 4 条坐标轴。

接下来，就可以依据 out_account、in_account、change_account3 个列表的值，调用 Matplotlib.pyplot 模块的 Bar 函数来绘制堆叠多柱状图了。第一步，设置 *x* 轴坐标和柱体宽度：

```
x = np.arange(len(stock_names))    # x 轴为证券名称
width = 0.45                       # 柱体的宽度
```

第二步，在左边 x-width/2 处绘制个股的资金流出柱体，设置 label 用来生成图例：

```
plt.bar(x-width/2,out_account,width,color=(0,180/255,0),alpha=1,label='资金流出')
```

第三步，在右边 x+width/2 处绘制个股的资金流入柱体，设置 label 用来生成图例：

```
plt.bar(x+width/2,in_account,width,color=(1,0.2,0),alpha=1,label='资金流入')
```

第四步，在资金流入柱体上绘制堆叠的持股市值柱体，因为持股市值随收盘价格而变化，并不是具体成交的数据，所以柱体为白色，边缘线为虚线，以表示该柱体为虚值：

```
plt.bar(x+width/2,change_account,width,bottom=in_account,color='white',
linewidth=1,
edgecolor='r',linestyle='--',alpha=1,label='持股市值')
```

Bar 函数中的 bottom 设置为 in_account，表示该柱体堆叠在资金流入柱体（in_account）的上面，color 指定柱体的颜色，edgecolor 指定柱体边缘线的颜色。

堆叠多柱状图绘制完成后，就可以增加标题、坐标轴标签，设置坐标轴刻度、图例、网格，以提高图表可读性，这里，同样需要将线、文本的颜色设置为白色。由于"交割单.xlsx"的个股数目过多，*x* 轴的刻度需要设置角度，刻度标签（显示为个股的名称）才不会重叠：

```
plt.xticks(np.arange(len(stock_names)),stock_names,fontsize=10,rotation=45)
```

第五步，保存并显示图像。

3. 可交互的资金盈亏图.py 源码

```
# 导入模块
import matplotlib.pyplot as plt
import numpy as np
import openpyxl
```

```
# 处理 x 轴刻度标签被选取的事件
def onclick(event):
    # 设置 x 轴所有的刻度标签颜色为白色
    for label in ax1.get_xticklabels():
        label.set_color('w')
    # 获取选中的标签对象
    t = event.artist
    # 设置该对象颜色为红色，以表示选中
    t.set_color('r')

    # 获取对象的文本，即个股名称
    text = t.get_text()

    # 计算个股的盈亏金额
    index = stock_names.index(text)
    if change_account[index] == 0:
        account = in_account[index]-out_account[index]
        c_a = 0 # 0 表示资金账户没有持有该股
    else:
        account =
in_account[index]+change_account[index]-out_account[index]
        c_a =1 # 1 表示资金账户还持有该股

    if account > 0:
       if c_a == 0:
          s = text+'盈利：'
       else:
          s = text+'账面盈利：'
    elif account < 0:
       if c_a == 0:
          s = text+'亏损：'
       else:
          s = text+'账面亏损：'
    account = str(int(abs(account)))
    # 在窗口中要显示的文本
    s = s+account+'元'

    # 清除子图 2
    ax2.clear()
```

```
    # 隐藏子图 2 坐标轴
    ax2.set_axis_off()
    # 在子图 2 中绘制文本，显示个股盈亏金额
    ax2.text(0.5,0.5,s,color='w',fontsize=15)

# 开始主程序
# 实例化工作薄
wb = openpyxl.load_workbook('交割单.xlsx')
# 激活表单'Sheet1'
ws = wb['Sheet1']

# 读取表单数据
colC = ws['C'] # 证券名称一列的数据
colD = ws['D'] # 业务名称一列的数据
colF = ws['F'] # 成交数量一列的数据
colH = ws['H'] # 发生金额一列的数据

# 上一年度末资金账户的持股情况，字典值的第 1 个元素为股数，第 2 个元素为成本价格
pre_year_stocks ={'上海电气':[500,9.3]}
# 本年度末资金账户的持股情况，字典的值为股数
remain_stocks = {'乐山电力':1100,'工大高新':2500}
# 本年度末资金账户的持股的收盘价格
stock_price = {'乐山电力':14.8,'工大高新':6.00}

# 确定证券名称列表
stock_names = []
for cell in colC:
    if cell.value not in stock_names:
        stock_names.append(cell.value)
stock_names = stock_names[1:]

# 计算个股的资金流出、资金流入及持股市值的总数，
# out_account 为个股的资金流出，in_account 为个股的资金流入，
# change_account 为个股的持股市值，随收盘价格而变化，只做参考，未具体成交
out_account = [0 for n in stock_names]
in_account = [0 for n in stock_names]
change_account = [0 for n in stock_names]

# 计算上一年度末个股的资金流出总数
for k in pre_year_stocks:
```

```
    index = stock_names.index(k)
    out_account[index] = pre_year_stocks[k][0]*pre_year_stocks[k][1]

# 计算本年度个股资金流出、流入总数，资金流出需加上上一年度末的数据
i = 1
while i <len(colC):
    name = colC[i].value
    index = stock_names.index(name)
    if colH[i].value < 0:
        out_account[index] = out_account[index]+abs(colH[i].value)
    else:
        in_account[index] = in_account[index]+colH[i].value
    i = i+1

# 计算本年度末个股的持股市值，由现有持股股数和收盘价格相乘而得
for k,v in remain_stocks.items():
    index = stock_names.index(k)
    change_account[index] = v*stock_price[k]

# 开始绘图
plt.ion() # 打开交互模式
# 正常显示中文标签，字体为“楷体”
plt.rcParams['font.sans-serif']=['KaiTi']
# 指定背景颜色为黑色
b_color = 'black'
# 设置窗口和绘图区域的默认颜色
plt.rcParams['figure.facecolor'] = b_color
plt.rcParams['axes.facecolor'] = b_color
# 设置自动调整画布和绘图区域
fig, ax1 = plt.subplots(constrained_layout=True)

# 设置坐标轴、刻度颜色为白色
ax1_color = 'white'
ax1.spines['left'].set_color(ax1_color )
ax1.spines['bottom'].set_color(ax1_color)
ax1.spines['top'].set_color(ax1_color)
ax1.spines['right'].set_color(ax1_color)
ax1.tick_params(colors=ax1_color)

# 绘制柱状图
```

```
x = np.arange(len(stock_names)) # x 轴为证券名称
width = 0.45 # 柱体的宽度

# 绘制资金流出柱体
ax1.bar(x-width/2,out_account,width,color=(0,180/255,0),
        alpha=1,label='资金流出')

# 绘制资金流入柱体
ax1.bar(x+width/2,in_account,width,color=(1,0.2,0),
        alpha=1,label='资金流入')

# 绘制持股市值柱体，柱体为白色，边缘线为虚线，表示该柱体为虚值
ax1.bar(x+width/2,change_account,width,bottom=in_account,
        color='white',linewidth=1,edgecolor='r',linestyle='--',
        alpha=1,label='持股市值')

# 增加标题、坐标轴标签，设置坐标轴刻度、图例、网格
ax1.set_ylabel('金额（万）',fontsize=12,color='white') # 设置 y 轴标签
ax1.set_xlabel('股票名称',fontsize=12,color='white') # 设置 x 轴标签
ax1.set_xticks(np.arange(len(stock_names)))# 设置 x 轴刻度
# 设置 x 轴刻度标签
ax1.set_xticklabels(stock_names,fontsize=10,rotation=45)
# 设置 x 轴刻度的标签为可选取
for label in ax1.get_xticklabels():
    label.set_picker(True)

# 设置标题
ax1.set_title('xxxx 年度资金盈亏图
',fontsize=13,color=(84/255,255/255,255/255))
# 设置图例
leg = ax1.legend(loc = 'best')
for text in leg.get_texts():
    text.set_color('w')
# 设置网格
ax1.grid(True,linewidth=0.3,linestyle='-.',color='white')

# 生成子图 2，四个参数均为占图比例
ax2 = plt.axes([0.3,0.8,0.02,0.02])

# 处理对象拾取事件
cid = fig.canvas.mpl_connect('pick_event', onclick)
```

打开“可交互的资金盈亏图.py”程序文件，按“F5”键运行（注意：在可交互模式下，不能用鼠标双击.py 文件来运行程序），在图中，鼠标点击选中 x 轴的个股名称，显示结果如图 9-6 所示。

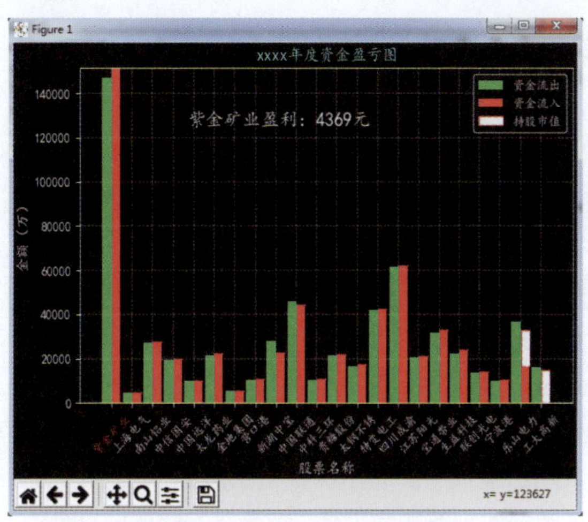

图 9-6　可交互的资金盈亏图

4. 源码剖析 2

“可交互的资金盈亏图.py”源码增加了可交互机制，让用户可以通过点击 x 轴刻度标签的个股名称来了解个股在本年度的资金盈亏金额。

源码中的可交互部分采用了 Matplotlib 的 pick_event 事件（拾取事件）来实现。pick_event 事件表示画布中的对象被选中，该事件默认是禁用的，需要 artist 对象（数据元素）设置 picker 属性才会被启用。源码中使用了以下方式，设置 x 轴的刻度标签（即个股的名称）为可选取：

```
# 设置 x 轴刻度标签
ax1.set_xticklabels(stock_names,fontsize=10,rotation=45)
# 设置 x 轴刻度的标签为可选取
for label in ax1.get_xticklabels():
    label.set_picker(True)
```

源码增加了 Onclick 函数，用来处理 pick_event 事件，即鼠标左键点击选中 x 轴的刻度标签，就会在窗口中显示个股的具体盈亏金额。Onclick 函数是一个回调函数，需要将该函数连接到事件管理器上，才能接收事件，即：

```
# 处理对象拾取事件
cid = fig.canvas.mpl_connect('pick_event', onclick)
```

Matplotlib 的事件处理机制可查看 7.7 节的介绍。源码采用了子图的方式，在子图 2 中显示个股的盈亏金额，所以，采用了以下语句来生成 2 个子图，子图 ax1 为主图，子图 ax2 嵌入到子图 ax1 中：

```
# 生成 figure 对象和子图 ax1 对象
fig, ax1 = plt.subplots(constrained_layout=True)
# 生成子图 ax2，四个参数均为占图比例
ax2 = plt.axes([0.3,0.8,0.02,0.02])
```

子图 ax2 对象的生成，调用的是 Matplotlib.Pyplot 模块的 Axes 函数，Axes 函数可查看 4.7.3 小节的介绍。由于有两个子图，所以，源码中调用了 Matplotlib 中的 Axes 对象的相关方法来控制子图中的元素并进行绘图。

下面介绍一下 Onclick(event)函数。

函数 Onclick(event)用来处理 *x* 轴刻度标签被选取的事件，输入参数 event 为传入的事件对象。在可交互的资金盈亏图中，当鼠标点击选中 *x* 轴的刻度标签时，该刻度标签会显示红色，表示已被选中。为了保证每次鼠标点击选中后，*x* 轴的刻度标签中都只有且仅有本次被选中的标签变为红色，在函数 Onclick 的定义中，首先应将 *x* 轴所有的刻度标签颜色恢复为白色：

```
for label in ax1.get_xticklabels():
    label.set_color('w')
```

然后，获取选中的标签对象，将该标签对象的颜色设置为红色，以表示选中：

```
t = event.artist
t.set_color('r')
```

接下来，获取标签对象的文本，即个股名称，根据个股的名称来计算该股的盈亏金额。如果资金账户中还持有该股，那么，会显示“账面盈亏”或“账面亏损”。要在窗口上显示的金额会取绝对值、取整数后转换成字符串：

```
account = str(int(abs(account)))
```

计算完成并组成了要显示的文本字符串 s 后，函数会将子图 2 中的内容清除，然后在子图 2 中显示本次鼠标点击选中的个股的盈亏金额：

```
# 清除子图 2
ax2.clear()
# 隐藏子图 2 坐标轴
ax2.set_axis_off()
# 在子图 2 中绘制文本，显示个股盈亏金额
ax2.text(0.5,0.5,s,color='w',fontsize=15)
```

附录A

分形

中国传统中的“分形”

“分”是会意字，由八和刀上下组合而成，表示用刀把物体切开。分的本义是分别、分开，引申为辨别、分辨，又引申为从主体分出的部分、分支。

“形”在篆文中是形声字，“彡”为形，“幵”（jian）为声，“彡”表示绘制的图案花纹。形的本义指形体，引申指物体的形状和样子。又引申指事物表现出的较为抽象的特征、情状。再转作动词，引申为显露、表现。

——商务印书馆《新华大字典》

“分形”由“分”与“形”组成，融合了两个字的含义，在古汉语中有以下3种意义。

（1）相似且关系密切。如成语“分形同气”，出自《吕氏春秋·精通》：“父母之于子也，子之于父母也，一体而两分，同气而异息。”，意思是父母与子女虽形体个别，但气息相通，彼此之间的关系相似、密切。

（2）分离。如鲍照的《赠故人马子乔》中言道“双剑将别离，先在匣中鸣。烟雨交将夕，从此遂分形。”这里的“分形”表示形同而分，形似而别的意思。

（3）形态复杂。如张衡的《西京赋》中道：“奇幻倏忽，易貌分形。”这里的“分形”指的是变化的各种形态。

在宋朝与明朝期间，理学盛行，其中的一个核心命题叫作“理一分殊”，也就是“分形”的哲学。“理一分殊”这一观点强调的是：理为万殊的根源，是本体，由本体可以化生出天地万物。这里的“分”，不是指分散分解，而是化生。

这种分形化生的思想，可以用南宋文学家陆游的一首咏梅绝句来诠释：

闻道梅花坼晓风，雪堆遍满四山中。

何方可化身千亿，一树梅前一放翁。

听闻梅花已在晨风中绽放，纷繁似雪，遍布山中，我要如何才能靠近每一株梅花呢？“分念成形”，一而二，二而三，化生千亿个身影，让每一棵梅花树前都有一个陆游常在。

大自然的分形几何

变化莫测的云彩，连绵起伏的山脉，风起云涌的波浪，犬牙交错的海岸线，树木、闪电、星团、水系、泥裂、冻豆腐、火焰、真菌、小麦须根、树冠、花草、支气管、小肠绒毛、大脑皮层……，从宏观到微观，从自然现象到生物构造，大自然向人类展示着各式各样、千变万化的形态，而这些形态都有着一个共同点，那就是：不规则、支离破碎，无法用经典的、规则的几何图形来进行描述。

在经典的欧氏几何中，图形是规则的，无论是墙壁、车轮、道路还是建筑物，都可以用直线、圆弧、圆锥或球等形状来描述。这些物体是基于规则生成的，所以在这些领域，欧氏几何游刃有余，然而，当面对大自然，面对各式各样的鬼斧神工时，它却往往显得力不从心。面对这样的状况，科学家们一直探索着从欧氏几何体系中脱离出来的方法。直到 1975 年，著名数学家本华 • 曼德勃罗（Benoît B. Mandelbrot）构思和发展了一种新的几何学：分形几何。这种几何学探讨的是我们在自然界中观察到的破碎的、不光滑的、不规则的形状，这种形状具有无限嵌套层次的精细结构，在不同的尺度下保持着某种相似性，也就是，局部是整体的缩影。所以，分形几何又被称为大自然的几何学，它是自然世界中动物、植物、矿物、星系、云彩等的几何学，是对经典几何学的拓展和丰富。

分形的原文 Fractal 是 Mandelbrot 用拉丁词根拼造出来的单词，意思是细片、破碎、分数、分级等。20 世纪 70 年代末，Fractal 传到中国，中国科学院物理所的李荫远院士提出“Fractal”应当译成“分形”，得到许多科学家的赞同，最终，Fractal 被定译为“分形”。李荫远院士的“分形”之译，准确地抓住了 Fractal 的本质，并结合中国传统文化中“分形”的内涵。由此，中国传统的自然哲学思想，与几何学中的“Fractal”理念，完美地融合到了一起 ——“简单产生复杂，混沌孕育秩序”。

分形与非线性科学

非线性问题的研究，已经形成了一门崭新的交叉学科非线性科学，而非线性科学的三大理论问题就是：混沌（Chaos）学、分形（Fractal）理论和孤立子（Soliton）理论。其中，分形理论是理解混沌学及孤立子理论的基础，在现代的科学技术中，被广泛地应用。

“线性”和“非线性”的概念来源于数学。在笛卡儿坐标系中，“线性”表现为一条直线，指的是两个变量之间具有正比例的关系；而“非线性”表现为一条曲线，比如抛物线，指的是两个变量之间不具有正比例的关系。直线或抛物线等一般采用数学方程（也就是数学模型）来进行表示，它们的方程也被称作为线性方程或非线性方程。在解决实际问题的过程中，描述复杂事物变化规律的方程通常都是非线性的，所以，科学家们就把复杂现象叫作非线性现象，把研究非线性现象的科学叫作非线性科学。

现实世界是复杂的，其本质是非线性的。牛顿引力理论中平方反比定律，热力学中的气体的密度与压强的关系式，流体力学中描述动量变化的欧拉方程等，都是非线性的。19 世纪经典力学的两大难题——刚体定点运动和三体问题也是非线性的。1834 年，英国造船工程师罗素发现的孤立波也是由于非线性的关系而产生的。在生命科学和社会科学中，非线性的关系更是处处可见。

在科学发展之初，人们通常会将复杂的问题进行简化，从而降低解决问题的难度，以求得问题的近似解。这种把复杂问题简化的方法，被称作非线性问题线性化。比如力学弹性理论中的一条基本定律：胡克定律，就是忽略了阻力等因素而得出的。又比如，将非线性问题中的参数展开后，可以得到多个线性问题，逐次地解决这些线性问题，就可以得到非线性问题的近似解。

非线性问题线性化的方法，在社会和科学领域被应用了很久，直到 18 世纪，这种方法才逐渐暴露出它的局限性。大量的非线性问题并不能简单地通过线性化的方法来有效地解决，许多以前认为可以忽略的因素其实并不能忽略。例如，有很多因素可以影响到人口增长，食物供应量、自然灾害、战争、科技发展等，其中的每一个因素都是必不可少的。这说明，只有当考虑到更多的因素时，才能更准确地反映客观事物的变化规律，而考虑的因素越多，所要建立的数学模型就越复杂。这样复杂的数学模型（即非线性方程），不可能只是简单地采用线性化的方式来求得近似解。

世界的本质是非线性的，所以，各门各科中都存在着各自的非线性问题，例如激光理论中的非线性光学问题，工程结构中的非线性结构力学问题，无线电技术中的非线性振荡问题等。非线性科学研究的就是各个学科中非线性现象的共性问题。所以，非线性科学是一门涉及众多学科和工程技术的交叉学科。

分形的应用

分形理论在现代的科学技术中被广泛地应用，这些领域包括：生物学、物理学、化学、材料科学、地球物理学及计算机图形学等。

1. 生物学

肺是一种分形构造，它的分形维数大约为 2.17。分形维数越大，曲面的表面积就会越大，肺就是利用了这样的性质使得表面积变大的。肺泡的总表面积平均为 100 平方米，要比人体的表面积大 50 倍，这么大的一个表面积为人体提供了足够的气体交换的场地。但是如果分形维数过大，那么曲面的凹凸就会变得明显，从而导致气流的流通会受到太大的阻力。所以，肺有一个非常合适的分形维数 2.17，这个数值既可以让表面积变得足够大，又不会让气流的流通遭遇到太大的阻力。

除肺以外，血管、大脑等也是分形构造。生物体本身的体积是有限的，所以，血管必须在这有限的体积内拥有巨大的表面积，才能支撑生物体所需要的血液循环，比如遍布全身的人体血管，只占到了人体不超过 5%的空间。脑也是如此，分形的构造让脑在有限的体积内拥有了巨大的表面积，如人脑的分形维数大约为 2.73 到 2.79，比肺的 2.17 要大，也说明了脑的表面积要比肺的表面积更大。同时，微观的细胞、生物大分子、蛋白质、基因等也都具备了分形的特征。比如蛋白质分子链，适当地“放大”一段弯曲的蛋白质链，可以“看到”更多更小的弯曲，蛋白质链具有统计意义上的自相似性。

2. 物理学、化学、材料科学

分形在物理和化学的各个研究领域里被大量地应用，比如：结晶、相变、电解、薄膜沉积、黏性指延、电介质击穿等条件下的分形生长，化学振荡、浓度花纹、化学波等。

在材料科学的研究领域中，分形理论主要用于研究材料的力学行为，包括材料的韧性、断裂韧性和强度三个方面。观察材料的断面细节，可以发现，材料的裂纹是不规则的、大小不等、方向不一的 Z 字形，大的 Z 字裂纹上嵌套着小的 Z 字裂纹。这种裂纹在不同层次上的嵌套，具备了自相似性，所以，可以认为材料裂纹在一定尺度范围内是一种分形。一种材料中可能存在着多种分形结构，如沿晶裂纹、穿晶裂纹、位错线、空位团、沉积相等，它们都只是在一定的尺度范围内属于分形。

3. 地球物理学

海岸线是分形，河流也是典型的分形。日本名古屋大学的分形研究会，在对日本和世界的多条河流进行了研究以后得出了一个结论：河流的主流的分形维数在1.1~1.3。除此之外，河水流量的时间变化也被发现具有分形的特征。气候的变化是否也是分形呢？这是一个有待研究的领域。

分形理论还被应用于地震研究，包括：地震的能量分维、时空分维、地震断层分维、地震前兆分维、岩石破裂的过程等。除此之外，分维理论还和其他非线性学科一起，形成了一种新的地震预报观——有物理基础的概率性地震预报。

4. 计算机图形学

计算机图形学是计算机科学的一个分支，是用户接口、数据可视化、虚拟现实等等应用领域的基础。在计算机图形学中，分形可用来对自然景物进行模拟。除此之外，分形还可以应用于各种图像信息（如生物、医学图像、卫星图像等）的提取和识别，以及图像的压缩、处理和传输。比如，一幅大小为300×300像素的图像，要存储到计算机中，如果采用一个像素一个像素来保存的方式，可能需要占用一百万位（bits）以上的存储空间；而如果采用分形理论的迭代函数系统的方式，图像则可以简化成一组仿射变换，从而压缩所需要存储的信息量，压缩比能够达到1/500以上，节省了大量的计算机存储空间，也有利于图像的传输。

附录 B

可视化的起源和发展

17 世纪前：早期地图与图表

我们无法得知最早的可视化作品出现在哪里，可能只是用树枝在泥土上随意勾勒的图像，或者是沙地上被水流冲盖的印记。实际上，可视化早就默默地存在于人类进程中，许多流失在了时间长河中，许多还掩于世界某处未被发现，也有的在史料文物中记载流传至今，其中也包括了几乎伴随中国历史的八卦图。八卦图的成因起源一直是一个谜，没有确切的依据证实八卦图的起源。目前最广为流传的说法是八卦图起始于伏羲，传说当时一匹龙马驮着一幅奇怪的图案游出黄河将它献给伏羲，这幅图后来被称作《河图》。后来又有一只神龟从洛水中爬出，龟壳上写着些神秘的符号，后被称为《洛书》。伏羲得到这两幅图后，苦思许久最终绘制出了八卦图，也被称作伏羲八卦图或先天八卦图。

几千年以来，八卦图在排列组合上的严密性、逻辑性就像数学公理一样，随着各类史料一直流传至今。

在历史长河中，地图是最为人熟知的数据可视化作品之一。在意大利都灵市博物馆内，珍藏着一幅绘制在古埃及莎草纸上的古老地图。据考证，这张古老的地图是古埃及法老洛美西斯四世执政时期，尼罗河以东荒无人烟山口中干枯河床的手绘地图，约创造于公元前 1157 年至公元前 1153 年左右，是世界上最古老的手绘地图，其绘制手法几乎接近现代地图。

星图也是较早出现的可视化作品，是观测恒星的记录和查找恒星的工具。原藏于敦煌莫高窟的敦煌星图，是我国和世界上现存最早的星图。

大约 10 世纪时，一位不知名的天文学家创作了描绘 7 个主要天体时空变化的多重时间序列图。现代统计图形的许多元素都存在于此图中，包括坐标轴、网格图系统、平行坐标和时间序列等。

17 世纪：测量与理论

从 17 世纪开始，数据可视化变得更为细致多样，尤其是大航海时代的开启，促进了人们对距离和空间的思考，也极大地带动了地图的发展和推广。之后解析几何与坐标系的兴起，概率论和人口普查的出现，更是让人们对可视化有了新模式的思考，数据的收集、整理和绘制逐渐有了系统性。

1644 年，第一幅（已知的）统计图形出现，迈克尔・范・兰格伦（Michael van Langren）描述了从托莱多到罗马的 12 种经度确定。这幅图以一维线图的形式绘制了在托莱多到罗马之间 12 个当时已知的经度差异，并在经度上标注了观测的天文学家的名字。这幅图有效地绘制了数据的可视化展示，堪称数据可视化历史中的里程碑之作。

科学领域的增加，数据量的扩张带动了人们对数据的系统性思考，这一世纪也被视为可视化的开端。

18 世纪：图形符号

18 世纪以来，物理、化学、数学、微积分兴起，推动着数据朝量化的方向发展。人们逐渐意识到了数据的价值与重要性，经济、人口、商业等数据开始被系统地收集整理，并且记录保存。统计学的需求开始增大并快速发展，各种图表和图形也由此诞生。

在此期间，哈雷（Halley）绘制了《大西洋电磁图》，此图是第一个使用等值线（或等高线）发布的图表。约瑟夫・普里斯特利（Joseph Priestley）发明了时间线图《传记图》，记录了诸多哲学家及政治家的一生，时间轴上列出了姓名、出生年及死亡年。马塞林・杜卡拉（Marcellin Du Carla）绘制的第一幅地形图，用一条曲线表示相同的高程，这也成为现代地图绘制的标准形式之一。

1786 年，苏格兰工程师、经济学家威廉・普莱费尔（William Playfair）出版了《商业与政治图解集》（*The Commercial and Political Atlas*），书中一共有 44 个图表，记录了当时英国的进出口贸易，以及与各个国家的商业事件。他创造了世界上第一张有意义的线图、柱图、饼图与面积图等。这些图表构成了现今数据可视化的核心要素，他也被称为是统计图形学的奠基人。

随着科学、数字与经济的发展，18 世纪的数据可视化形式已比较接近当代数据可视化的使用形式。数据可视化逐渐被广泛地应用在各个领域，也预示着数据新时代的到来。

1800—1849 年：现代数据图形的开端

19 世纪上半叶，得力于视觉表达及设计的创新完善，统计图形和主题制图爆炸性增长。包括柱状图、饼图、折线图、直方图、轮廓图、时序图等当前已知的所有统计图形几乎都是在这段时间内被发明的。单一地图发展为全面的图集，涵盖了社会、经济、自然、贸易、医疗等各个领域，成为这个年代常用的一种数据表达方式。

例如：亚历山大·冯·洪堡使用条形图来表示墨西哥领土和殖民地人口的相对大小，绘制等温线来显示维度及经度与世界各地的平均温度之间的关系。查尔斯·杜品在《法国总人口图鉴》中，使用了连续的黑白底纹来展示法国识字分布情况。

这一时期，数据可视化的应用范围大大扩张，由科学经济逐渐扩展到社会管理领域，相关的数据被大量收集分析，人们开始有意识地使用和研究数据可视化，思考更高效广泛的解决方案来处理目标领域的各种问题。

1850—1899 年：数据图形的黄金时代

19 世纪中期，数据可视化开始快速发展，欧洲各地逐渐认识到数据信息对商业、工业、运输及社会计划的重要性，开始建立起官方的国家统计局。由高斯和拉普拉斯发起的统计学理论的建立，使数据的来源变得更为规范化，再由盖瑞和克特莱特扩展到社会领域。数据被赋予了更多的意义，数据可视化迎来了历史上的第一个黄金时代。经典作品有：

英国的医生约翰·斯诺（John Snow）绘制了一张散点分布图来分析霍乱病例发生地与水源的关系，发现了大量病例集中在布拉德街水井附近，关闭该水井后不久，霍乱便停息了。这表明了霍乱是由水源污染而引起的，而不是以前认为的空气传播。斯诺医生的研究是公共卫生历史上的重大事件，也被认为是流行病学的创始事件。这张散点分布图在事件中起到了至关重要的作用。

弗罗伦斯·南丁格尔（Florence Nightingale）使用了玫瑰图来展示军医院季节性的死亡率。她用了三种颜色来表示死亡的三种原因：蓝色表示死于卫生条件差而感染、红色表示死于战场受伤过重、黑色表示死于其他原因。这张图表色彩绚烂，表达鲜明且让人印象深刻。用不同的颜色来区分不同的类型，数量越多则面积越大，这是一种圆形的直方图，也被称为南丁格尔玫瑰图。

查尔斯·约瑟夫·米纳德发布了拿破仑对 1812 年俄罗斯的东征事件的流图，呈现了拿破仑军队的位置和行军方向、军队汇集、分散和重聚的时间地点、减员等信息，这幅图也被誉为有史以来最好的数据可视化作品。

穆尔霍尔（Mulhall）绘制了象形图，通过与数字成正比的图形来表示数据。

1900—1949 年：现代启蒙

20 世纪初，随着数理统计这一理论的诞生，数据可视化开始被应用于天文学、物理学、生物学等领域。例如：Hertzsprung—Russell 绘制的温度与恒星亮度图，成为了近代天体物理学的奠基石之一；伦敦地铁线路图的绘制形式如今仍在沿用；E.W.Maunder 的蝴蝶图用于研究太阳黑子随时间的变化，验证了太阳黑子的周期性。

统计学的兴起，逐渐取代了数据可视化的地位。在这一时期，可视化的方式并没有太大的创新。如果说 19 世纪下半叶被誉为数据可视化的“黄金时代”，那 20 世纪上半叶就是可视化的“休眠期”。但这一时期，统计学者的潜心研究也为之后数据可视化的复苏和更快速地发展打下了基础。可视化黄金时代的结束，并非是可视化进程的终点。

1950—1974 年：复苏期

20 世纪上半叶末到 1974 年，计算机的出现让人类处理数据的能力有了爆发式的提升。在计算机和统计学的推动下，数据可视化得以复苏。

等到 20 世纪 60 年代晚期，大型计算机已经广泛使用于各大高校及研究机构，手工绘图逐渐被计算机绘制的可视化图形所替代。由于计算机处理精度及速度有着极大的优势，高精度、高复杂度的分析图形就不再适合手动绘制。这一时期，数据缩减图、聚类图、多维度标度法等更为复杂精密的可视化形式开始出现。计算机的高处理能力给数据分析提供了更多的可能性，提供了手绘时代无法实现的表达能力。

同时，另一唤醒数据可视化的事件是统计应用的发展，数理统计将数据可视化变成了科学，工业和科学的发展让人们迫切地将其应用到各个领域。

例如：埃德加·安德森使用圆形字形，用射线表示多元数据。Alban William Housego Phillips 发明散点图来表现通货膨胀与失业之间的关系，以促进经济的发展。

1975—2004 年：动态交互式数据可视化

在这一阶段，计算机成为必不可少的数据处理工具，计算机图形学、图形显示设备、人机交互技术的发展激发了人们对可视化的热情，数据可视化进入了新的黄金时代。例如：John Hartigan 等发明的马赛克图，以表达多维类别的数据。Xerox 8100 Star 引入了第一个商业图形用户界面（GUI），并带有诸如电子表格之类的应用程序，它们能从信息表中导出数据并自动生成图形。只要简单地点击按钮就能完成曾经费时数小时甚至数月的绘制工作，并且可以轻松地编辑和更新。之后，动态的交互式数据可视化成为新的发展主题。

乔治·罗里克（George Rorick）绘制的彩色天气图，开创了报纸上的彩色信息图形时代。色彩斑斓的视觉图形开始普及。

Antony Unwin 和格雷厄姆·威尔斯制作出可直接操作（如缩放，覆盖等）的多个时间序列式的交互图形。

视窗系统的出现使得人们能够直接与信息进行交互，一系列用于数据分析和可视化的高度交互式的系统被开发出来，并且公共发行。

2004 年至今：大数据与可视化

进入 21 世纪，随着经济与科技的发展，每日新增的数据量以指数倍暴增，大数据时代正式开启。大数据时代的到来，对数据可视化的现有形式有着冲击性的影响。现有的可视化方案已难以应对海量、多源、高维的数据，所以一门新兴学科——可视化分析学诞生了。这门学科结合了可视化、图形学、数据统计与数据挖掘的理论与方法，研究并搭建了新的理论模型，帮助用户从复杂烦琐的海量数据中快速挖掘有效可用的数据。大规模的动态化数据，需要依靠更高效的处理算法和表达形式来展现有价值的信息，因此大数据可视化的研究已成为这个时代的新课题。